普通高等学校"十四五"规划计算机类专业特色教材

信息安全原理与技术

（第 2 版）

主 编 蔡 芳 溪利亚 朱若寒

华中科技大学出版社

中国·武汉

内 容 简 介

本书从信息安全基础理论入手,按照网络空间安全大类的基本知识点由浅入深地介绍了信息安全的基础理论、原理和技术。本书分为12章,内容包括密码学的基本概念、原理和技术,系统地介绍了网络安全技术的基础知识体系,涵盖了网络安全攻击与防御等方面的内容(前一部分是以理论知识为主,后一部分是以实践为主)。

本书内容翔实,可以作为信息安全、计算机、信息管理及其他相关专业的教学用书或教学参考资料,也可以作为从事信息技术应用工程人员的参考用书。

图书在版编目(CIP)数据

信息安全原理与技术/蔡芳,溪利亚,朱若寒主编. —2 版. —武汉:华中科技大学出版社,2022.12
ISBN 978-7-5680-8992-0

Ⅰ.①信…　Ⅱ.①蔡…　②溪…　③朱…　Ⅲ.①信息安全-安全技术　Ⅳ.①TP309

中国版本图书馆 CIP 数据核字(2022)第 249083 号

信息安全原理与技术(第 2 版)
Xinxi Anquan Yuanli yu Jishu(Di 2 Ban)

蔡　芳　溪利亚　朱若寒　主编

策划编辑:范　莹
责任编辑:刘艳花
封面设计:原色设计
责任校对:张会军
责任监印:周治超
出版发行:华中科技大学出版社(中国·武汉)　　电话:(027)81321913
　　　　　武汉市东湖新技术开发区华工科技园　　邮编:430223
录　　排:武汉市洪山区佳年华文印部
印　　刷:武汉市洪林印务有限公司
开　　本:787mm×1092mm　1/16
印　　张:19.5
字　　数:475 千字
版　　次:2022 年 12 月第 2 版第 1 次印刷
定　　价:48.00 元

第 2 版前言

《信息安全原理与技术》第 1 版问世已有 3 年时间,在第 1 版的使用过程中发现了一些问题,再版的一个原因是对这些问题进行修正,另一个原因是随着信息安全基础理论研究的深化,在互联网环境下,网络与信息系统的基础性、全局性作用不断增强,全社会对信息安全的关注度越来越高。目前,世界各国都积极开展信息安全的研究和教育。在欧美,信息安全的教育已大为普及,美国的多所大学为政府和军事部门培养了大批专业的信息安全人才。我们国家也迫切需要高素质、有实战能力的具备扎实基础的信息安全专业人才。

我们根据自己多年的教学经验和实践,参考诸多著作,结合信息安全的基础理论,形成了本书。本书在编写过程中,注重知识性、系统性、连贯性,注重理顺各知识点之间的内在联系,将本书定位于偏向于信息安全与网络安全的理论与技术相结合的教材,介绍了各种网络与系统攻击的原理以及防范措施,并介绍了相关工具的使用,以帮助学习者运用所学的知识优化网络与信息系统。

本书内容既涵盖信息安全的理论基础知识,又包括信息安全的实用技术和最新发展趋势。讲用结合,按照从一般到特殊的原则,每章在介绍相关理论基础知识的基础上,还结合科研实践,对相关领域进行深入探讨。

本书各章的主要内容如下:第 1 章简要介绍了信息安全的研究内容,并对信息安全的知识体系结构进行了详细描述;第 2 章主要介绍密码学概论,是信息安全的核心内容之一,全面讲授了对称密钥体制和非对称密钥体制,对密码学的分类、密码学的工作原理进行了详细介绍,介绍了一些安全理论和密码破译的方法;第 3 章主要介绍对称密码体制;第 4 章主要介绍非对称密码体制;第 5 章主要介绍消息认证和散列函数;第 6 章主要介绍身份认证和访问控制;第 7 章主要介绍网络攻击相关原理、技术及工具,主要供学生在网络安全攻击实践时使用,以便学生熟悉和掌握信息系统安全防御的技术与方法;第 8 章主要介绍入侵检测系统的类型与技术,以及入侵检测技术的实施和发展方向;第 9 章主要介绍防火墙的概念、作用、技术和体系结构;第 10 章主要介绍网络安全协议,围绕 SSL 和 IPSec 这两个应用最为广泛的网络安全协议进行了深入讨论;第 11 章介绍了大数据背景下的云计算安全和物联网安全等;第 12 章是实践部分,介绍常见的信息安全实验。

参考文献可为读者作进一步的深入研究提供支持和帮助。

本书在编写过程中,得到了张硕老师等的帮助,在此对他们表示衷心的感谢。

编　者

2022 年 12 月

第1版前言

信息安全对国家安全和经济建设有着极其重要的作用。近年来,随着我国国民经济和社会信息化进程的全面加快,网络与信息系统的基础性和全局性作用不断增强,全社会对信息安全的关注度越来越高。目前,世界各国都积极开展了信息安全的研究和教育。在欧美,信息安全的教育已经普及。美国多所大学为其政府和军事部门培养了大批专业的信息安全人才。我们国家也迫切需要高素质、有实战能力、具备扎实基础的信息安全专业人才。

我们根据多年的教学经验和实践,参考诸多著作,结合信息安全的基础理论,编写了本书。本书在编写过程中,注重知识性、系统性、连贯性,注重理顺各知识点之间的内在联系。本书定位于偏向信息安全与网络安全的理论与技术相结合的教材,提供了各种网络与系统攻击的原理以及防范措施,并介绍了相关工具的使用,以帮助学习者运用所学的知识优化网络与信息系统。

本书内容全面,既涵盖信息安全的理论基础知识,又包括信息安全的实用技术和最新发展趋势。讲用结合,按照从一般到特殊的原则,每章在介绍相关理论基础知识的基础上,还结合科研实践,对相关领域进行了深入探讨。

本书各章节的主要内容如下:

第1章简要介绍了信息安全的研究内容,并对信息安全的知识体系结构知识进行了详细描述;第2章主要介绍了密码学概论,是信息安全的核心内容之一,介绍了对称密码体制和非对称密码体制,对密码学的分类、密码学的工作原理进行了详细介绍,介绍了一些密码体制的安全性和密码破译的方法;第3章主要介绍对称密码体制;第4章主要介绍非对称密码体制;第5章主要介绍消息认证和散列函数;第6章主要介绍身份认证和访问控制;第7章主要介绍网络攻击相关原理、技术及工具,主要供学生在网络安全攻击实践时使用,以便熟悉和掌握信息系统安全防范的技术与方法;第8章主要介绍入侵检测系统的类型与技术,以及入侵检测技术的实施和发展方向;第9章主要介绍防火墙的概念、作用、技术和体系结构;第10章主要介绍网络安全协议,围绕着 TLS 和 IPSec 这两个应用最为广泛的代表性协议,进行了深入讨论;第11章介绍了大数据背景下的云计算安全和物联网安全等。

参考文献可为读者进一步的深入研究提供支持和帮助。

由于信息安全技术正在飞速发展,加之编者学识有限、经验不足,编写时间仓促,本书难免有表述不当之处,恳请广大同行和读者不吝赐教,我们虚心接受并改正。

编　者

2019 年 8 月

目　　录

第1章 概　　述

1.1　信息安全的概念

随着计算机网络技术的广泛应用,信息技术得到了高速发展,信息技术给人们生活带来了新的模式和诸多便利,支撑着社会各行各业日常业务的开展,同时也使计算机的安全问题日益突出。资源共享和信息安全历来相互矛盾,网络的发展使用户之间的信息交换越来越方便,同时也使恶意攻击变得越来越容易。信息安全问题受到极大的重视。

信息安全是一个广泛而抽象的概念,不同领域、不同专业对其概念的描述都有所不同。信息安全是建立在计算机网络之上的管理信息系统,它的定义注定与计算机网络无法分离。国际标准化组织(ISO)对计算机系统安全的定义是:为数据处理系统建立和采用的技术及管理的安全保护,保护计算机硬件、软件和数据不因偶然和恶意的原因遭到破坏、更改和泄露。这个定义偏重静态的信息保护,也着重描述动态意义。

信息安全是一门涉及计算机科学、网络、通信、密码学、信息安全、应用数学等多种学科的综合性学科。

信息安全面临的问题多种多样,但大都表示系统在运行过程中受到损害,可能是数据被窃取,也可能是网络通信被窃听,也可能是网络被入侵或遭受破坏等。信息安全通常强调CIA 三元组的目标,即机密性、完整性和可用性,也称为信息安全的三要素。有的观点认为信息安全的基本要素除了以上三要素之外,还包括不可否认性。

1. 机密性

机密性(Confidentiality)是指保证信息不能被非授权访问,即使非授权用户得到信息也无法知晓信息的内容,确保信息不会被未授权的用户访问。通常通过访问控制阻止非授权用户获得机密信息,通过加密变换阻止非授权用户获知信息内容。

2. 完整性

完整性(Integrity)是指维护信息的一致性,即信息在生成、传输、存储和使用过程中不应发生人为或非人为的非授权篡改。一般通过访问控制阻止篡改行为,同时通过消息摘要算法来检验信息是否被篡改。信息的完整性一般包括以下两个方面。

(1) 数据完整性:数据没有被篡改或者损坏。

(2) 系统完整性:系统未被非法操纵,按既定的目标运行。

3. 可用性

可用性(Availability)是指保障信息资源随时可提供服务的能力特性,即授权用户根据需要可以随时访问所需信息。可用性是信息资源服务功能和性能可靠性的度量,涉及物理、网络、系统、数据、应用和用户等多方面的因素,是对信息网络总体可靠性的要求。

4. 不可否认性

不可否认性(Non-repudiation)即不可抵赖性,是指保障用户无法在事后否认曾经对信息进行的生成、签发、接收等行为,是针对通信各方信息真实性的安全要求。一般通过数字签名来提供抗否认性。其他安全服务针对来自未知者的威胁,而抗抵赖服务的主要目的是保护通信实体免遭来自系统中其他合法实体的威胁,防止通信的任何一方抵赖所进行的传输及传输的内容。

1.2 信息安全学科内容

目前,本书仅从自然科学的角度介绍信息安全的研究内容。信息安全研究的主要内容及相互关系如图1-1所示,信息安全研究大致包括以下方面:信息安全基础理论、信息安全技术和信息安全管理。其中,信息安全基础理论包括密码理论和安全理论;信息安全技术包括平台安全和信息安全;信息安全管理包括安全标准、安全策略和安全测评。

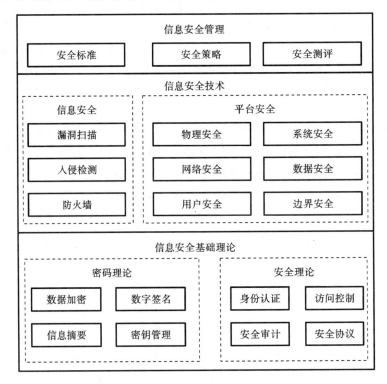

图1-1 信息安全研究的主要内容及相互关系

1.2.1 信息安全基础理论

信息安全基础理论的内容主要是密码理论和安全理论。

随着计算机网络不断渗透各个领域,密码理论的应用也随之扩大,数字签名、身份认证等都是由密码理论派生出来的。为了保证信息的机密性可以采取数据加密的手段;为了维护信息的完整性可以采取信息摘要的方式;为了保护信息的不可否认性可以采取数字签名的方式。在进行加密变换的过程中需要注入密钥,所以密钥管理也是密码理论研究的一部分。因而,密码理论研究的内容涉及数据加密、信息摘要、数字签名和密钥管理等。

安全理论包括身份认证、访问控制、安全审计和安全协议。

1. 数据加密

数据加密算法本质上是一种数学变换,在密钥的作用下,将信息从易于理解的明文加密为不易理解的密文,之后也可将密文解析为明文。加密和解密时使用的密钥可能相同也可能不同。加密和解密时使用的密钥相同的算法称为对称加密算法,典型的对称加密算法有DES、AES 等;加密和解密时使用的密钥不同的算法称为非对称加密算法,一般一个密钥公开,另一个密钥保密,故也称为公钥算法,典型的公钥算法有 RSA、ECC 等。

2. 数字签名

数字签名主要用于解决通信双方发生否认、伪造、篡改和冒充等问题,是与消息一起发送的一串代码。数字签名主要是消息摘要和公钥加密技术的组合应用。数字签名的目的是让对方相信消息的真实性。

数字签名的用途:在电子商务和电子政务中用来鉴别消息的真伪。

数字签名的要求:无法伪造,能发现消息内容的任何变化。

数字签名证书的内容:有关密钥的信息、有关者的身份信息,以及已验证证书内容的数字机构的签名。

3. 消息摘要

消息摘要主要用于验证数据完整性,即保证消息在发送之后和接收之前没有被篡改。消息在生成、存储或传输过程中不被偶然或蓄意删除或破坏,需要一个较为安全的标准和算法,以保证数据的完整性。数据完整性验证的方法是发送方先计算要发送的消息 M 的摘要 D_1,然后把消息 M 和计算得到的摘要 D_1 一起发送给接收方,接收方收到消息和摘要后,用同样的方法计算消息 M 的摘要 D_2,然后比较 D_1 和 D_2。如果 D_1 和 D_2 相等,则可以肯定 M 是完整的,否则,认为原消息被篡改。

常见的消息摘要算法有 Ron Rivest 设计的消息摘要标准(Standard For Message Digest,MD)算法和 NIST 设计的安全散列算法(Secure Hash Algorithm,SHA)。

4. 密钥管理

建立安全密码系统要解决的一个棘手问题就是密钥的管理问题。即使密码体制的算法在计算上是安全的,如果缺乏对密钥的管理,那么整个系统仍然是脆弱的。为了产生可靠的总体安全设计,不同的密钥应用场合,应该规定不同类型的密钥,所以根据密钥使用场合的不同,可以把密钥分为不同的等级。密钥管理的目的是保证密码系统对密钥的使用需要,及时维护、保障密钥,对密钥实施有效的管理,保证密钥的绝对安全。密钥管理就是对密钥从最初产生到最终销毁的全过程进行管理。密钥管理的主要内容包括密钥的产生、分配和维护。其中,维护涉及密钥的存储、更新、备份、恢复、销毁等方面。

5. 身份认证

身份认证是信息安全的基本机制,又称身份鉴别、实体认证。它是这样的一个过程:其中一方确认参与协议的第二方的身份,并确认对方真正参与了该过程。通信的双方之间应相互认证对方的身份,以保证赋予正确的操作权限和数据的存储控制。身份鉴别是应用系统的第一道防线,其目的在于识别用户的合法性,从而阻止非法用户访问系统。身份鉴别对确保系统和数据的安全保密是极其重要的。

一般来说,通过三种方法验证主体的身份:一是利用只有该主体才了解的秘密,如口令或密钥;二是该主体携带的物品,如智能卡或令牌卡;三是只有该主体具有的独一无二的特征或能力,如指纹、声音、虹膜或签字等。最常见的身份认证是口令认证。复杂的身份认证则需要可信的第三方权威机构的认证和复杂的密码协议来支持,如基于证书认证中心和公钥算法的认证等。

身份认证研究的内容有认证的特征(知识、推理、生物特征等)和认证的可信协议及模型。

6. 访问控制

在计算机系统中,身份认证、访问控制和安全审计共同建立了保护系统安全的基础,身份认证是用户进入系统的第一道防线,访问控制是鉴别用户合法身份后,控制用户对数据信息的访问。访问控制是在身份认证的基础上依据授权对提出资源访问的请求加以控制。访问控制是一种安全手段,既能控制用户与其他系统和资源进行通信和交互,也能保证系统和资源未经授权的访问的安全,并为成功认证的用户授权不同的访问等级。

访问控制实现的策略:入网访问控制;网络权限限制;目录级安全控制;属性安全控制;网络服务器安全控制;网络监测和锁定控制;网络端口和节点的安全控制;防火墙控制。

7. 安全审计

审计就是发现问题,暴露相关的脆弱性。审计使用认证和授权机制,对保护的对象或实体的合法或非法访问进行记录。安全审计是指对网络的脆弱性进行测试、评估和分析,以找到极佳的途径在最大限度保障安全的基础上使得业务正常运行的一切行为和手段。计算机网络安全审计主要包括对操作系统、数据库、Web 网络设备和防火墙等项目的安全审计。日志是系统或软件生成的记录文件,通常是多用户可读的,日志通常用于检查用户的登录、分析故障、进行收费管理、统计流量、检查软件运行状况和调试软件。

8. 安全协议

安全协议是指构建系统平台时所使用的与安全防护有关的一系列协议,是安全技术和策略具体实现时共同遵守的规则。常用的网络安全协议有 Kerberos 认证协议,安全电子交易协议 SET、SSL、S/MIME、SHTTP、SSH、IPSec 等。这些网络安全协议属于不同的网络协议层次,提供不同的安全功能。根据 OSI 安全体系结构的定义,在不同的协议层次上适合提供的安全功能不尽相同。网络安全协议是网络安全的一个重要组成部分,通过网络安全协议可以实现实体认证、数据完整性校验、密钥分配,以及不可否认性验证等安全功能。

网络安全协议研究的主要内容是协议的内容和实现层次、协议本身的安全性和协议的互操作性等。

1.2.2　信息安全技术

信息安全技术在不同的阶段表现出不同的特点。在通信安全方面,针对数据通信的保密性需求,人们对密码理论和技术的研究逐渐成熟了起来。随着计算机和网络技术的急剧发展,信息安全阶段的技术要求集中表现为 ISO 7498-2 标准中描述的各种安全机制,这些安全机制的共同特点就是对信息系统的保密性、完整性和可用性进行静态的防火。到互联网遍布全球的时期,以信息保障技术框架(IATF)为代表的标准规范勾画了更全面、更广泛的信息安全技术框架。这时的信息安全技术已经不再是单一的以防护为主流的技术,而是结合了防护、检测、响应和恢复这几个关键环节的动态发展的完整体系技术。

1. 平台安全

平台安全研究的重点是保障承载信息产生、存储、传输和处理的平台的安全和可控,涉及物理安全、系统安全、网络安全、数据安全、用户安全和边界安全。

1) 物理安全

物理安全(Physical Security)是指围绕网络与信息系统的物理装备及其有关信息的安全。

物理安全主要包括三个方面:环境安全、设备安全、媒体安全。

保证物理安全可用的技术手段很多,也有许多可以依据的标准,以及其他诸如防辐射、防电磁干扰的众多标准。

2) 系统安全

系统安全是各种应用程序的基础,包括操作系统安全和数据库系统安全。对于操作系统安全,通过提供对计算机信息系统的硬件和软件资源的有效控制,能够为所管理的资源提供相应的安全保护。它们或是以底层操作系统所提供的安全机制为基础构建安全模块,或者完全取代底层操作系统,目的是为建立安全信息系统提供一个可信的安全平台。具体措施包括系统加固、系统访问控制等。对数据库系统安全,一般采用多种安全机制与操作系统相结合,以实现对数据库系统的安全保护。

3) 网络安全

网络安全满足基本的安全需求,是网络成功运行的必要条件;在此基础上提供强有力的安全保障,是网络系统安全的重要原则;网络内部部署了众多的网络设备和服务器,保护这些设备的正常运行、维护主要业务系统的安全,是网络的基本安全需求。对各种各样的网络攻击,网络安全提供灵活且高效的网络通信及信息服务的同时,抵御和发现网络攻击,并且提供跟踪攻击的手段。网络安全的基本目标是防止针对网络平台的实现和访问模式的安全威胁。

4) 数据安全

数据是信息的直接表现形式,数据的安全性是不言而喻的。数据安全关心数据在存储和应用过程中是否会被非授权用户有意破坏,或被授权用户无意破坏。数据安全主要是数据库或数据文件的安全问题。

数据安全面对的威胁主要包括对数据(信息)窃取、篡改、冒充、抵赖、破译、越权访问等。数据安全主要的保护方式有加密、认证、访问控制、鉴别、签名等。

5) 用户安全

用户安全与否包括合法用户的权限是否被正确授权、是否被越权访问,授权用户是否获得了必要的访问权限,是否存在多业务系统的授权矛盾等。

用户安全研究的主要内容:用户账户管理、用户登录模式、用户权限管理、用户角色管理。

6)边界安全

边界安全关心的是不同安全策略的区域边界连接的安全问题:不同的安全区域具有不同的安全策略,将它们互联时应满足什么样的安全策略,才不会破坏原来的安全策略,应该采取什么样的隔离和控制措施来限制互访,各种安全机制和措施互连后满足什么样的安全关系等。

2. 信息安全

信息安全技术研究的重点是单机或网络环境下信息防护的应用技术,主要有漏洞扫描、入侵检测、防火墙等技术。研究成果直接为平台安全防护和检测提供技术依据。

1)漏洞扫描

对于一个复杂的多层结构的系统和网络安全规划,漏洞扫描是一项重要的组成元素。漏洞扫描能够模拟黑客的行为,对系统设置进行攻击测试,以帮助管理员在黑客攻击之前,找出网络中存在的漏洞。这样的工具可以远程评估网络的安全级别,并生成评估报告,指出系统存在的弱点,提出补救措施和建议,为提高网络安全整体水平提供重要依据。漏洞扫描是一种主动检测的技术,是对以防护为主的安全技术体系的重要补充。漏洞扫描的位置包括网络、防火墙、服务器(Web 服务器、应用服务器、数据库服务器)、应用程序等。

漏洞扫描的技术主要包括基于网络的、基于主机的、基于代理的、C/S 模式的扫描技术。监听技术包括主动扫描技术和被动扫描技术。

2)入侵检测

入侵检测(Intrusion Detection)是对入侵行为的发觉。入侵检测技术主要是通过对网络信息流提取和分析,发现非正常访问的技术,并在不影响网络性能的情况下,对网络进行检测,提供对内部攻击、外部攻击和误操作的实时保护。

入侵检测系统(Intrusion Detection System,IDS)抓取网络上的所有报文,分析处理后,报告异常、重要的数据模式和行为模式,使网络安全管理员清楚地了解网络上发生的事件,并能够采取行动阻止可能的破坏。IDS 主要有两大职责:实时检测和安全审计。实时检测是实时地监视、分析网络中所有的数据报文,发现并实时处理所捕获的数据报文;安全审计是通过对 IDS 记录的网络事件进行统计分析,发现其中的异常现象,得出系统的安全状态,找出所需要的证据。

入侵检测技术研究的主要内容有入侵特征分析、入侵行为模式分析等技术。

3)防火墙

防火墙是一个网络安全的专用词,它是可在内部网(或局域网)和互联网之间,或者是内部网的各部分之间实施安全防护的系统。它通常由硬件设备——路由器、网关、堡垒主机、代理服务器和防护软件等共同组成。它在网络中可对信息进行分析、隔离、限制,既可限制非授权用户访问敏感数据,又可允许合法用户自由地访问网络资源,从而保护网络的运行安全。防火墙与内部网和互联网的连接如图 1-2 所示。

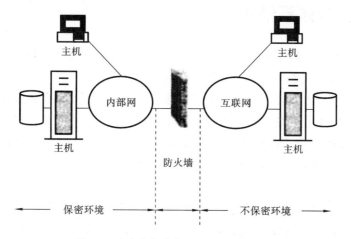

主机　　　　　　　　　　　　　主机

内部网　　　互联网

主机　　　　　　　　　　　　　主机

防火墙

保密环境　　　　　　　不保密环境

图 1-2　防火墙与内部网和互联网的连接

1.2.3　信息安全管理

1. 安全标准

信息安全标准是信息安全保障十分重要的技术标准,其作用主要体现在两个方面:一是确保有关产品和设施的技术先进性、可靠性、一致性,以确保信息化安全技术工程的整体合理性;二是按照国际规则,为新 IT 产品进入市场提供安全性依据及合格评定的标准,以强化和保证我国信息化的安全产品、工程、服务的技术自主可控。

强化信息安全技术防护体系,采用先进技术手段,确保网络和电信传输、应用区域边界、应用环境等环节的安全,既能防护外部攻击,又能防止内部作案。

安全标准研究的主要内容包括安全等级划分标准、安全技术操作标准、安全体系结构标准、安全产品测评标准等。

2. 安全策略

信息安全策略就本质上来说是描述系统或组织具有哪些重要资产,并说明这些资产如何被保护的一个方案计划,是安全系统设计、实施、管理和评估的依据。信息安全策略提供了信息保护的内容和目标、信息保护的职责落实、信息保护的实施方法,以及故障的处理。

安全策略研究的主要内容有安全风险的评估、安全机制的制定,以及安全措施的实施和管理等。

3. 安全测评

信息安全测评是组织围绕信息化持续发展与信息安全保障的现状和未来综合能力的反映,不仅是对过去和现在能力的展现,而且为未来发展提供保障和动力。安全测评包括功能测评、性能测评、安全性测评和安全等级测评等。

安全测评研究的主要内容有测评模型、测评方法、测评工具等。

1.3 信息安全体系结构

研究信息安全体系结构的目的是将普遍性安全体系原理与自身信息系统的实际相结合,形成满足信息系统安全需求的安全体系结构。

安全体系结构定义了最一般的关于安全体系结构的概念,如安全服务、安全机制等,安全体系结构的形成主要是根据所要保护的信息系统资源,对资源攻击者的假设及其攻击目的、技术手段以及造成的后果来分析该系统所受到的已知的、可能的与该系统有关的威胁,并且考虑构成系统各部件的缺陷和隐患共同形成的风险,然后建立起系统的安全需求。

构建安全体系结构就是要从管理和技术上保证安全策略完整、准确地得以实现,安全需求全面、准确地得以满足,包括确定必需的安全服务、安全机制和技术管理,以及它们在系统上的合理部署和关系配置。

国家标准《信息处理系统开放系统互连基本参考模型——第2部分:安全体系结构》给出了基于 OSI 参考模型的七层协议之上的信息安全体系结构,其核心内容是保证异构计算机进程与进程之间远距离交换信息的安全,它定义了该系统五大类安全服务,以及提供这些服务的八类安全机制及相应的 OSI 安全管理,并可根据具体系统适当地配置于 OSI 模型的七层协议中。图 1-3 所示的开放系统互连安全体系结构三维图解释了这一体系结构。

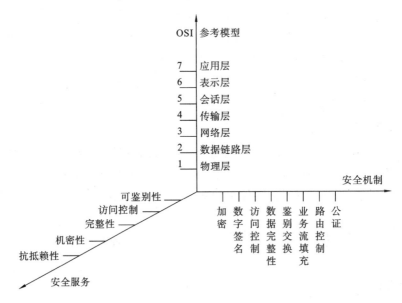

图 1-3 开放系统互连安全体系结构三维图

OSI 安全体系结构各协议层相关的安全服务如表 1-1 所示。

表 1-1　OSI 安全体系结构各协议层相关的安全服务

安全服务		物理层	数据链路层	网络层	传输层	会话层	表示层	应用层
可鉴别性	对等实体鉴别			√	√			√
	数据源鉴别			√	√			√
访问控制				√	√			√
机密性	连接机密性	√	√	√			√	√
	无连接机密性		√	√	√		√	√
	选择字段机密性							√
	通信业务流机密性						√	
完整性	带恢复的连接完整性	√		√				
	不带恢复的连接完整性				√			√
	选择字段连接完整性			√	√			√
	无连接完整性							√
	选择字段无连接完整性			√	√			√
抗抵赖性	有数据原发证明的抗抵赖							√
	交付证明的抗抵赖							√

1.4　信息安全的重要性与面临的威胁

1.4.1　信息安全的重要性

随着现代通信技术迅速发展和普及,特别是随着通信技术与计算机相结合而诞生的计算机互联网全面进入千家万户,信息的应用与共享日益广泛,且更为深入。人类开始从主要依赖物质和能源的社会步入物质、能源和信息三位一体的社会。各种信息系统已成为国家基础设施,支撑社会保障。信息成为人类社会必需的重要资源。与此同时信息的安全问题也日益突出。

1. 信息安全建设的必然性

近些年来,各企业在信息化应用和要求方面也在逐步提高,信息网络覆盖面也越来越广,网络的利用率稳步提高。计算机网络技术与各重要业务系统相结合可以实现无纸化办公,提高工作效率,如外部门户网站系统、内部网站系统、办公自动化系统、营销管理系统、配网管理系统、财务管理系统、生产管理系统等。然而信息化技术给人们带来便利的同时,各种网络与信息系统安全问题也逐渐暴露出来。信息安全是企业的保障,是企业信息系统运作的重要部分,是信息流和资金流的流动过程,其优势体现在信息资源的充分共享和运作方式的高效率上,其安全的重要性不言而喻,一旦出现安全问题,所有的工作等于零。

2. 社会对信息安全技术的依赖性增强

随着社会信息化发展进程的不断加快,信息技术已渗透到国家政治、经济、军事和社会生活的各个方面,国家、社会和个人对信息的依赖程度越来越高,信息已成为重要的战略资源,信息化水平已成为衡量一个国家和地区的综合国力、国际竞争力、现代化水平和经济成长能力的重要标志。从国家层面上看,当前我国国民经济和社会信息化建设进程全面加快,信息安全在保障经济发展、社会稳定、国家安全、公众权益和军事斗争中的作用和地位也日益重要。网络应用服务的普及直接涉及个人的合法权益,宪法规定的多项公众权益在网络上逐步得到体现,需要得到保护。这种普遍的、社会化的需求对信息安全问题提出了比以往更广、更高的要求。

3. 信息安全已经成为社会的焦点问题

信息作为一种资源,它的普遍性、共享性、增值性、可处理性和多效用性对人类具有特别重要的意义。信息安全的实质就是要保护信息系统或信息网络中的信息资源免受各种类型的威胁、干扰和破坏,即保证信息的安全。信息安全是任何国家、政府、部门、行业都必须十分重视的问题,是一个不容忽视的国家安全战略。但是不同的部门和行业对信息安全的要求和重点是有区别的。

中国的改革开放带来了各方面信息量的急剧增加,并要求大容量、高效率地传输这些信息。为了适应这一形势,通信技术发生了前所未有的爆炸性发展。除有线通信外,短波、超短波、微波、卫星等无线电通信也正在越来越广泛地应用。与此同时,国外敌对势力为了窃取中国的政治、军事、经济、科学技术等方面的秘密信息,运用侦察台、侦察船、侦察机、卫星等手段,形成固定与移动、远距离与近距离、空中与地面相结合的立体侦察网,截取中国通信传输中的信息。

1.4.2 信息安全面临的威胁

依据信息安全事件发生后对重要系统的业务数据安全性和系统服务连续性两个方面的不同后果,重要信息系统频发的信息安全事件按其事件产生的结果可分为四类:数据篡改、系统入侵与网络攻击、信息泄露、管理问题。

1. 数据篡改

导致数据篡改的安全事件主要有以下几种情况。

(1) 管理措施不到位、防范技术措施落后等造成针对静态网页的数据篡改。

据安全测试人员统计,许多网站的网页是静态页面,其网站的后台管理及页面发布界面对互联网开放,测试人员使用简单的口令暴力破解程序就破解了后台管理的管理员口令,以管理员身份登录到页面发布系统,在这里可以进行页面上传、删除等操作。如果该网站的后台管理系统被黑客入侵,整个网站的页面都可以被随意修改,后果十分严重。一般导致静态网页被篡改的几大问题如下:

① 后台管理页面对互联网公开可见,没有启用加密措施对其实施隐藏保护,使其成为信息被入侵的重要入口;

② 后台管理页面没有安全验证机制,使得利用工具对登录页面进行管理员账户口令暴

力破解成为可能；

③ 后台管理页面登录口令强度偏弱，使暴力软件在有限的时间内就破解了管理员账户口令；

④ 没有使用网页防篡改产品，使得网页被篡改后不能及时发现问题并还原网页。

（2）程序漏洞、配置文件不合理等造成针对动态网页、网站数据库的篡改。

经过安全测试人员的统计，大部分网站存在 SQL 注入。SQL 注入并不是简单地由网页程序安全漏洞、配置文件不合理导致的。一般地，导致重要信息系统动态网页、网站数据库篡改的几大问题如下：

① 存在 SQL 注入点，使攻击者可以利用该漏洞得知网站数据库的基本信息；

② 使用第三方开源软件，未进行严格的代码审查，使软件中存在的漏洞信息可以被攻击者轻易获得；

③ 网站数据库配置文件的配置不合理，使攻击者可以遍历整个网站文件目录，进而找到后台管理页面；

④ 后台管理页面使用默认登录名和口令，使攻击者可以轻易上传后门程序，并最终利用后门程序控制整个网站、篡改网站数据。

（3）安全意识淡薄、管理层措施不到位等造成内部人员篡改数据。

内部人员篡改数据往往是由于安全意识淡薄、管理措施不到位等造成的。在重要信息系统中，导致内部人员篡改数据的几大问题如下：

① 数据库访问权限设置不合理，没有划分角色，没有根据不同角色分配不同权限，导致用户可越权访问数据库；

② 安全审计和监控不到位，内部人员实施犯罪的过程没有被安全审计系统捕捉，无法追查，在犯罪实施过程中也没有很好的监控机制对犯罪行为进行监控，不能及时阻断进一步的犯罪行为，因此造成了更严重的后果；

③ 人员离职后没有及时变更系统口令等相关设置，也没有删除与离职人员相关的账户等。

（4）软件代码安全造成软件产品漏洞或后门安全隐患。

软件产品漏洞或后门安全隐患往往是由于软件代码安全等问题造成的。一般在重要信息系统中，导致软件产品漏洞或后门安全隐患的几大问题如下：

① 软件设计阶段没有考虑来自互联网的安全威胁；

② 软件开发阶段缺少针对源代码安全质量的监控；

③ 软件在交付使用前没有进行源代码安全分析。

2. 系统入侵与网络攻击

导致系统入侵与网络攻击的安全事件主要有以下几种情况。

（1）技术手段落后造成针对系统的远程节点的入侵。

目前仍然有重要系统服务器的管理员使用 Telnet 远程登录协议来维护系统，有的管理员甚至将服务器的 Telnet 远程登录协议端口映射到外网，以便自己在家中就能维护服务器和网络设备。针对系统的远程节点入侵的几大问题如下：

① 使用明文传输的远程登录软件；

② 没有设置安全的远程登录控制策略。

(2) 保护措施不到位造成针对公共网站的域名劫持。

由于系统或网站保护措施不到位,导致域名被劫持。政府网站、大型门户网站、搜索引擎成为域名劫持的主要对象。针对公共网站的域名劫持往往是由于保护措施不到位等问题造成的。针对大型公共网站的域名劫持的几大问题如下:

① 域名提供商的程序有漏洞;

② 域名注册信息可见,特别是用于域名更改的确认邮件可见,这也是重大安全问题。一旦这个邮件账户被劫持,就可以冒充合法用户修改网站域名。

(3) 抗分布式拒绝服务(DDoS)攻击的安全措施不到位造成公共服务网站被 DDoS 攻击。

缺少专门针对 DDoS 攻击的技术手段等现象在所测评的信息系统中普遍存在。有些系统甚至没有冗余带宽和服务器。许多重要信息系统是单链路,20% 的重要信息系统服务器没有冗余或集群,即便是在正常访问突发的情况下也会造成系统可用性下降,更不要说承受来自黑客组织的 DDoS 攻击了。公共服务网站被 DDoS 攻击的几大问题如下:

① 缺少专门的针对 DDoS 攻击的安全措施;

② 网络带宽及服务器冗余不足。

3. 信息泄露

导致信息泄露的安全事件主要有以下几种情况。

(1) 软件漏洞和安全意识淡薄造成的内部邮件信息泄露。内部邮件信息泄露往往是由于软件漏洞和安全意识淡薄等问题造成的。导致内部邮件信息泄露的几大问题如下:

① 没有及时删除测试用户账户,且测试账户的口令强度很弱;

② 使用存在已知安全漏洞的第三方邮件系统;

③ 邮件系统没有进行安全加固;

④ 邮件系统使用者安全意识淡薄,对内部邮件信息不加密。

(2) 终端安全问题造成互联网终端用户个人或内部邮件信息泄露。

4. 管理问题

在信息安全领域有句话叫"三分技术,七分管理",如果没有一整套科学、完备的管理体系支撑,技术也发挥不了它应有的作用。

综上所述,管理体系的健全建立是一个系统而庞大的工程,需要多方配合和努力。一个好的管理体系可以支撑甚至弥补技术措施的欠缺。

1.5 可信计算机系统评价准则

为了解决计算机和网络结构上的不安全,从根本上提高其安全性,必须从芯片、硬件结构和操作系统等方面综合采取措施,由此产生出可信计算的基本思想,其目的是在计算机和通信系统中广泛使用基于硬件安全模块支持的可信计算平台,以提高整体的安全性。

可信计算的基本思路是在硬件平台上引入安全芯片(可信平台模块)来提高终端系统的安全性,也就是说在每个终端平台上植入一个信任根,让计算机从 BIOS 到操作系统内核层,再到应用层都构建信任关系,当终端受到攻击时,可实现自我保护、自我管理和自我恢复。

可信网络架构不是一个具体的安全产品或一套针对性的安全解决体系,而是一个有机的网络安全全方位的架构体系化解决方案,强调实现各厂商的安全产品横向关联和纵向管理。因此在实施可信网络过程中,必涉及多个安全厂商的不同安全产品与体系。这需要得到国家政府和各安全厂商的支持与协作。

鉴于可信计算技术的重要性,国际上一些著名的大学和公司,如卡耐基梅隆大学、AT&T 公司、微软公司等也在积极开展这方面的研究,并取得了一系列成果。随着研究的日渐深入,可信网络开始走上台前。

1983 年,美国国防部推出了"可信计算机系统评价标准(Trusted Computer System Evaluation Criteria,TCSEC)"(也称橙皮书),其中对可信计算机系统(Trusted Computer System,TCS)进行了定义。这些研究成果主要是通过保持最小可信组件集合及对数据的访问权限进行控制来实现系统的安全从而达到系统可信的目的。

美国国防部为计算机安全的不同级别制定了 4 个准则。橙皮书包括计算机安全级别的分类。通过这些分类可以了解在一些系统中固有的各种安全风险,并能掌握如何减少或排除这些风险。

1. D1 级

这是计算机安全的最低级别。整个计算机系统是不可信任的,硬件和操作系统很容易被侵袭。D1 级计算机系统标准规定对用户没有验证,也就是任何人都可以使用该计算机系统而不会有任何障碍。系统不要求用户进行登记(要求用户提供用户名)或口令保护(要求用户提供唯一字符串来进行访问),任何人都可以坐在计算机前使用它。

D1 级的计算机系统包括:

① MS-Dos;

② MS-Windows3. x 及 Windows95(不在工作组方式中);

③ Apple 的 System7. x。

2. C1 级

C1 级系统要求硬件有一定的安全机制(如硬件带锁装置和需要钥匙才能使用计算机等),用户在使用前必须登录到系统。C1 级系统还要求具有完全访问控制的能力,即应当允许系统管理员为一些程序或数据设立访问许可权限。C1 级防护不足之处在于用户直接访问操作系统的根。C1 级不能控制进入系统的用户的访问级别,所以用户可以将系统的数据任意移走。

常见的 C1 级兼容计算机系统如下:

① Unix 系统;

② XENIX;

③ Novell3. x 或更高版本；

④ Windows NT。

3. C2 级

C2 级在 C1 级的某些不足之处加强了几个特性，C2 级引进了受控访问环境(用户权限级别)的增强特性。这一特性不仅以用户权限为基础，还进一步限制了用户执行某些系统指令。授权分级使系统管理员能够对用户分组，授予他们访问某些程序的权限或访问分级目录。另一方面，用户权限以个人为单位授权用户对某一程序所在目录的访问。如果其他程序和数据也在同一目录下，那么用户也将自动得到访问这些信息的权限。C2 级系统还采用了系统审计。审计特性跟踪所有的"安全事件"，如登录(成功和失败的)，以及系统管理员的工作，如改变用户访问权限和口令。

4. B1 级

B1 级系统支持多级安全。多级是指这一安全保护安装在不同级别的系统中(网络、应用程序、工作站等)，它对敏感信息提供更高级的保护。安全级别可以分为解密、保密和绝密级别。

5. B2 级

这一级别称为结构化的保护(Structured Protection)。B2 级安全要求计算机系统中所有对象加标签，而且设备(如工作站、终端和磁盘驱动器)必须分配安全级别，如用户可以访问一台工作站，但可能不允许访问装有人员工资资料的磁盘子系统。

6. B3 级

B3 级要求用户工作站或终端通过可信任途径连接网络系统，这一级别必须采用硬件来保护安全系统的存储区。

7. A 级

A 级是橙皮书中的最高安全级别，这一级别有时也称为验证设计(Verified Design)。与前面各级别一样，这一级别包括了它下面各级的所有特性。A 级还附加一个安全系统受监视的设计要求，合格的安全个体必须分析并通过这一设计。另外，必须采用严格的形式化方法来证明该系统的安全性。而且 A 级所有构成系统的部件的来源必须有安全保证，这些安全措施还必须担保在销售过程中这些部件不受损害。例如，在 A 级设置中，一个磁带驱动器从生产厂房至计算机房都被严密跟踪。

习　题　1

一、选择题。

1. 与信息相关的四大安全原则是(　　)。

A. 保密性、访问控制、完整性、不可抵赖性

B. 保密性、鉴别、完整性、不可抵赖性

C. 鉴别、授权、不可抵赖性、可用性

D. 鉴别、授权、访问控制、可用性

2. 数据完整性指的是(　　)。

A. 保护网络中各系统之间交换的数据,防止因数据被截获而造成泄密

B. 提供连接实体身份的鉴别

C. 防止非法实体对用户的主动攻击,保证数据接收方收到的信息与发送方发送的信息完全一致

D. 确保数据是由合法实体发出的

3. 下列不属于系统安全的技术是(　　)。

A. 防火墙　　　　　B. 加密狗　　　　　C. 认证　　　　　D. 防病毒

4. 机密性服务提供信息的保密,机密性服务包括(　　)。

A. 文件机密性　　　　　　　　B. 信息传输机密性

C. 通信流的机密性　　　　　　D. 以上三项都是

5. 防止用户被冒名所欺骗的方法是(　　)。

A. 对信息源发送方进行身份验证

B. 进行数据加密

C. 对访问网络的流量进行过滤和保护

D. 采用防火墙

6. 在短时间内向网络中的某台服务器发送大量无效连接请求,导致合法用户暂时无法访问服务器的攻击行为是破坏了(　　)。

A. 机密性　　　　B. 完整性　　　　C. 可用性　　　　D. 可控性

7. 密码学的目的是(　　)。

A. 研究数据加密　　　　　　B. 研究数据解密

C. 研究数据保密　　　　　　D. 研究信息安全

8. 密码学在信息安全中的应用是多样的,以下(　　)不属于密码学的具体应用。

A. 生成种种网络协议

B. 消息认证,确保信息完整性

C. 加密技术,保护传输信息

D. 进行身份认证

二、填空题。

1. 数据未经授权不能进行更改的特性称为_____。

2. _____就是保证信息不能被未经授权者阅读。

3. 信息在通信过程中面临的威胁有_____、_____、_____、_____。

4. 数据在存储过程中发生了非法访问行为,这破坏了信息安全的_____属性。

三、问答题。

1. 信息安全的目标是什么?

2. 信息安全的攻击手段有哪几种?

3. 可信计算的基本思想是什么?

4. 请阐述安全目标、安全要求、安全服务以及安全机制之间的关系。

第 2 章　密码学概述

密码技术是一门古老的技术。信息安全服务要依赖各种安全机制实现,而许多安全机制需要依赖于密码技术。密码学贯穿于网络信息安全的整个过程,在解决信息的机密性、可鉴别性、完整性和抗抵赖性等方面发挥着极其重要的作用。密码学是信息安全学科建设和信息系统安全工程实践的基础理论之一。对密码学或密码技术一无所知的人是不可能从技术层面上完全理解信息安全的。

2.1　密码技术发展简介

根据不同时期密码技术采用的加密和解密实现手段的不同特点,密码技术的发展历史大致可以划分为三个时期,即古典密码时期、近代密码时期和现代密码时期。

2.1.1　古典密码时期

这一时期为从古代到 19 世纪末,长达数千年。由于这个时期社会生产力低下,产生的许多密码体制都是以"手工作业"的方式进行,用纸、笔或简单的器械来实现加密、解密的,一般这个阶段产生的密码体制称为"古典密码体制",这是密码学发展的手工阶段。

这一时期的密码技术仅是一门文字变换艺术,其研究与应用远没有形成一门科学,最多只能称其为密码术。

2.1.2　近代密码时期

近代密码时期是指 20 世纪初到 20 世纪 50 年代。

从 1919 年以后的几十年中,密码研究人员设计出了各种各样采用机电技术的转轮密码机(简称转轮机)来取代手工编码加密方法,实现保密通信自动编/解码。随着转轮机的出现,几千年以来主要通过手工作业实现加密、解密的密码技术有了很大进展。

ENIGMA 密码机和 TYPEX 密码机如图 2-1 所示。

近代密码时期可以看作是科学密码学的前夜,这阶段的密码技术可以说是一种艺术,是一种技巧和经验的综合体,但还不是一门科学,密码专家常常是凭直觉和信念来进行密码设计和分析,而不是推理和证明。

2.1.3　现代密码时期

1949 年香农(Shannon)的奠基性论文"保密系统的通信理论"在《贝尔系统技术杂志》上发表,首次将信息论引入密码技术的研究,用统计的观点对信源、密码源、密文进行数学描述和定量分析,引入了不确定性、多余度、唯一解距离等安全性测度概念和计算方法,为现代密码学研究与发展奠定了坚实的理论基础,把已有数千年历史的密码技术推向了科学的轨道,

图 2-1　ENIGMA 密码机和 TYPEX 密码机

使密码学成为一门真正的科学。

从 1950 年到 1966 年,密码学文献近乎空白。

1967 年,戴维·卡恩(David Kahn)出版了一本专著《破译者》(The Code Breakers)。

1976 年 11 月,美国斯坦福大学的著名密码学家迪菲(W. Diffie)和赫尔曼(M. Hellman)发表了"密码学新方向"(New Direction in Cryptography)一文,首次提出了公钥密码体制的概念和设计思想,开辟了公开密钥密码学的新领域,掀起了公钥密码研究的序幕。1977 年,美国国家标准局 NBS(现 NIST)正式公布实施美国数据加密标准 DES。

1997 年 4 月,美国国家标准与技术研究院(NIST)发起征集高级数据加密标准(Advanced Encryption Standard,AES)算法的活动。

2000 年 10 月,比利时密码学家 Joan Daemen 和 Vincent Rijmen 提出的"Rijndael 数据加密算法"被确定为 AES 算法,作为新一代数据加密标准,又掀起了一次分组密码研究的高潮。同时,在公钥密码领域,椭圆曲线密码体制由于其安全性高、计算速度快等优点引起了人们的普遍关注和研究,并在公钥密码技术中取得重大进展。

在密码应用方面,各种有实用价值的密码体制的快速实现受到高度重视,许多密码标准、应用软件和产品被开发和应用,美国、德国、日本和我国等许多国家已经颁布了数字签名法,使数字签名在电子商务和电子政务等领域得到了法律的认可,推动了密码学研究和应用的发展。

新的密码技术不断涌现,如混沌密码、量子密码、DNA 密码等。这些新的密码技术正在逐步地走向实用化。人们甚至预测,当量子计算机成为现实时,古典密码体制将无安全性可言,而量子密码可能是未来光通信时代保障网络通信安全的可靠技术。

2.2　密码学基础

密码学研究领域的两个分支:密码编码学(Cryptography)、密码分析学(Cryptanalytics)。

密码编码学的主要任务是寻求有效密码算法和协议，以保证信息的机密性或认证性。它主要研究密码算法的构造与设计，也就是密码体制的构造。它是密码理论的基础，也是保密系统设计的基础。

密码分析学的主要任务是研究加密信息的破译或认证信息的伪造。它主要是对密码信息的解析方法进行研究。只有密码分析者才能评判密码体制的安全性。

密码编码学和密码分析学是密码学的两个方面，两者既相互对立，又互相促进和发展。

2.2.1 密码学的基本概念

明文（Plaintext）：待伪装或加密的消息（Message），在通信系统中它可能是比特流，如文本、位图、数字化的语音流或数字化的视频图像等。一般可以简单地认为明文是有意义的字符或比特集，或通过某种公开的编码标准就能获得的消息。明文常用 M 或 P 表示。

密文（Ciphertext）：对明文施加某种伪装或变换后的输出，也可认为是不可直接理解的字符或比特集，密文常用 C 表示。

加密（Encrypt）：把原始的信息（明文）转换为密文的信息变换过程。

解密（Decrypt）：把已加密的信息（密文）恢复成原始信息的过程，也称为脱密。

密码算法（Cryptographic Algorithm）：简称密码（Cipher），通常是指加密、解密过程所使用的信息变换规则，是用于信息加密和解密的数学函数。

对明文进行加密时所采用的规则称为加密算法，对密文进行解密时所采用的规则称为解密算法。加密算法和解密算法的操作通常都是在一组密钥的控制下进行的。

密钥（Secret Key）：密码算法中的一个可变参数，通常是一组满足一定条件的随机序列。

用于加密算法的密钥称为加密密钥，用于解密算法的密钥称为解密密钥，加密密钥和解密密钥可能相同，也可能不同。

密钥常用 k 表示。在密钥 k 的作用下，加密变换通常记为 $E_k(\cdot)$，解密变换记为 $D_k(\cdot)$ 或 $E_k^{-1}(\cdot)$。

2.2.2 密码系统的概念

通常一个密码体制可以由如下几个部分组成。

消息空间 M（又称明文空间）：所有可能明文 m 的集合。

密文空间 C：所有可能密文 c 的集合。

密钥空间 K：所有可能密钥 k 的集合，其中每一密钥 k 由加密密钥 k_e 和解密密钥 k_d 组成，即 $k=(k_e,k_d)$。

加密算法 E：一簇由加密密钥控制的、从 M 到 C 的加密变换。

解密算法 D：一簇由解密密钥控制的、从 C 到 M 的解密变换。

五元组 $\{M,C,K,E,D\}$ 就称为一个密码系统。

对于明文空间 M 中的每一个明文 m，加密算法 E 在加密密钥 k_e 的控制下将明文 m 加密成密文 c；而解密算法 D 则在密钥 k_d 的控制下将密文 c 解密成同一明文 m，即对 $m\in M$，$(k_e,k_d)\in K$，有

$$D_{k_d}(E_{k_e}(m))=m$$

从数学的角度来讲,一个密码系统就是一簇映射,它在密钥的控制下将明文空间中的每一个元素映射到密文空间上的某个元素。这簇映射由密码方案确定,具体使用哪一个映射由密钥决定。

典型的保密通信模型如图 2-2 所示。

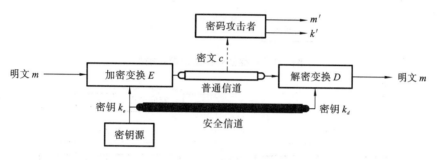

图 2-2　典型的保密通信模型

在图 2-2 所示的通信模型中,还存在一个密码攻击者或破译者可从普通信道上拦截到的密文 c,其工作目标就是要在不知道密钥 k 的情况下,试图从密文 c 恢复出明文 m 或密钥 k。

如果密码分析者可以仅由密文推出明文或密钥,或者可以由明文和密文推出密钥,那么就称该密码系统是可破译的。否则,称该密码系统是不可破译的。

2.2.3　密码体制的分类

密码体制的分类方法很多,常用的分类方法有以下三种。

1. 密码算法所用的密钥数量

如果一个提供保密服务的密码系统的加密密钥和解密密钥相同,或者虽然不相同,但由其中的任意一个可以很容易地推出另外一个,那么该系统所采用的就是对称密码体制。

如果一个提供保密服务的密码系统的加密算法和解密算法分别用两个不同的密钥实现,并且由加密密钥不能推导出解密密钥,则该系统所采用的就是非对称密码体制。

采用非对称密码体制的每个用户都有一对选定的密钥。其中一个是可以公开的,称为公开密钥(Public Key),简称公钥;另一个由用户自己秘密保存,称为私有密钥(Private Key),简称私钥。

在安全性方面,对称密码体制是基于复杂的非线性变换与迭代运算实现算法安全性的,非对称密码体制一般是基于某个公认的数学难题实现安全性的。

对称密码体制的数学模型如图 2-3 所示,非对称密码体制的数学模型如图 2-4 所示。

2. 对明文信息的处理方式

根据密码算法对明文信息的处理方式,对称密码体制可分为分组密码(Block Cipher)和序列密码(Stream Cipher,也称为流密码)。

分组密码是将消息进行分组,一次处理一个数据块(分组)元素的输入,对每个输入块产生一个输出块。在用分组密码加密时,一个明文分组被当作一个整体来产生一个等长的密

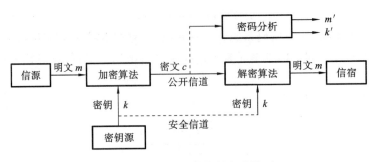

图 2-3　对称密码体制的数学模型

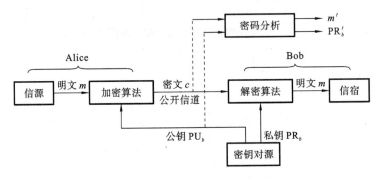

图 2-4　非对称密码体制的数学模型

文分组输出。分组密码通常使用的分组大小是 64 b 或 128 b。

序列密码是连续地处理输入元素,并随着处理过程的进行,一次产生一个元素的输出,在用序列密码加密时,一次加密一个比特或一个字节。

分组密码体制的原理如图 2-5 所示,序列密码体制的原理如图 2-6 所示。

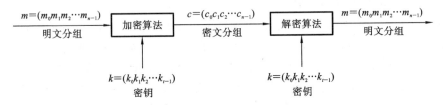

图 2-5　分组密码体制的原理

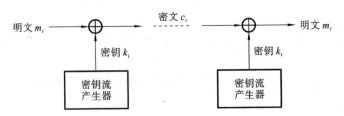

图 2-6　序列密码体制的原理

3. 是否能进行可逆的加密变换

根据密码算法是否能进行可逆的加密变换,密码体制可以分为单向函数密码体制和双向变换密码体制。

单向函数密码体制是一类特殊的密码体制,其性质是可以很容易地把明文转换成密文,但再把密文转换成正确的明文却是不容易的,有时甚至是不可能的。单向函数只适用于某种特殊的、不需要解密的应用场合,如用户口令的存储和信息的完整性保护与鉴别等。

双向变换密码体制是指能够进行可逆的加密、解密变换。绝大多数加密算法都属于这一类,它要求所使用的密码算法能够进行可逆的双向加密、解密变换,否则接收者就无法把密文还原成明文。

另外,关于密码体制的分类,还有一些其他的方法,如按照在加密过程中是否引入了客观随机因素,密码体制可以分为确定型密码体制和概率型密码体制等。

2.2.4　密码分析

对一个保密系统采取截获密文进行分析的这类攻击方法称为被动攻击(Passive Attack)。非法入侵者主动干扰系统,采用删除、更改、增添、重放等方法向系统加入假消息,这种攻击方法称为主动攻击(Active Attack)。

密码分析(Cryptanalysis)是被动攻击。在信息的传输和处理过程中,除了指定的接收者外,还有非授权接收者,他们通过各种办法(如搭线窃听、电磁窃听、声音窃听等)来窃取信息。攻击者虽然不知道系统所用的密钥,但通过分析,可从截获的密文中推断出原来的明文,这一过程称为密码分析。

密码分析者破译或攻击密码的方法主要有穷举攻击法、统计分析法和数学分析法。

1. 穷举攻击法

穷举攻击法又称为强力或蛮力(Brute or Force)攻击。这种攻击方法是对截获到的密文尝试遍历所有可能的密钥,直到得到一种从密文到明文的可理解的转换;或使用不变的密钥对所有可能的明文加密,直到与截获到的密文一致为止。

2. 统计分析法

统计分析法就是指密码分析者根据明文、密文和密钥的统计规律来破译密码的方法。

3. 数学分析法

数学分析法是指密码分析者针对加/解密算法的数学基础和某些密码学特性,通过数学求解的方法来破译密码。数学分析法是对基于数学难题的各种密码算法的主要威胁。

在假设密码分析者已知所用加密算法的全部知识的情况下,根据密码分析者对明文、密文等数据资源的掌握程度,针对加密系统的密码分析,攻击类型可以分为以下四种。

1) 唯密文攻击

在唯密文攻击(Ciphertext-only Attack)中,密码分析者知道密码算法,但仅能根据截获的密文进行分析,得出明文或密钥。由于密码分析者所能利用的数据资源仅为密文,所以这是对密码分析者最不利的情况。

已知

$$C_1 = E_K(P_1), C_2 = E_K(P_2), \cdots, C_i = E_K(P_i)$$

可推导出 $P_1, P_2, \cdots, P_i, K$,或者找出一个算法从 $C_{i+1} = E_K(P_{i+1})$ 推出 P_{i+1}。

　　唯密文攻击是最容易防范的,因为攻击者拥有的信息量最少。不过,在很多情况下,分析者可以得到更多的信息。分析者可以捕获一段或更多的明文信息以及相应密文,也可能知道某段明文信息的格式等。例如,按照 Postscript 格式加密的文件总是以相同的格式开头,电子金融信息往往有标准化的文件头或者标志等。这些都是已知明文攻击的例子,拥有这些知识的分析者就可以从分析明文入手来推导出密钥。

　　2) 已知明文攻击

　　已知明文攻击(Plaintext-known Attack)是指密码分析者除了有截获的密文外,还有一些已知的"明文-密文对"来破译密码。密码分析者的任务目标是推出用来加密的密钥或某种算法,这种算法可以对用该密钥加密的任何新的消息进行解密。

　　已知

$$P_1, C_1 = E_K(P_1), P_2, C_2 = E_K(P_2), \cdots, P_i, C_i = E_K(P_i)$$

可推导出密钥 k,或从 $C_{i+1} = E_K(P_{i+1})$ 推出 P_{i+1}。

　　与已知明文攻击紧密相关的是可能词攻击。如果攻击者处理的是一般分散文字信息,他可能对信息的内容一无所知,如果他处理的是一些特定的信息,他就可能知道其中的部分内容。例如,对于一个完整的数据库文件,攻击者可能知道放在文件最前面的是某些关键词。又如,某企业开发的程序源代码可能含有该公司的版权信息,并且放在某个标准位置。

　　3) 选择明文攻击

　　选择明文攻击(Chosen-plaintext Attack)是指密码分析者不仅可得到一些"明文-密文对",还可以选择被加密的明文,并获得相应的密文。这时密码分析者能够选择特定的明文数据块去加密,并比较明文和对应的密文,分析和发现更多的与密钥相关的信息。

　　密码分析者的任务目标是推出用来加密的密钥或某种算法,该算法可以对用该密钥加密的任何新的消息进行解密。

　　已知

$$P_1, C_1 = E_K(P_1), P_2, C_2 = E_K(P_2), \cdots, P_i, C_i = E_K(P_i)$$

其中 $P_1, P_2, \cdots, P_i$ 是由密码分析者选择的,可推导出密钥 k,或从 $C_{i+1} = E_K(P_{i+1})$ 推出 P_{i+1}。

　　通常,如果分析者有办法选择明文加密,那么他会特意选取那些最有可能恢复出密钥的数据。只有相对较弱的算法才抵挡不住唯密文攻击,加密算法起码要经受得住已知明文攻击才行。

　　4) 选择密文攻击

　　选择密文攻击(Chosen-ciphertext Attack)是指密码分析者可以选择一些密文,并得到相应的明文。密码分析者的任务目标是推出密钥。这种密码分析多用于攻击公钥密码体制。

　　衡量密码系统攻击的复杂性主要考虑以下三个方面的因素。

　　(1) 数据复杂性(Data Complexity):用作密码攻击所需要输入的数据量。

　　(2) 处理复杂性(Processing Complexity):完成攻击所需要花费的时间。

　　(3) 存储需求(Storage Requirement):进行攻击所需要的数据存储空间大小。

　　攻击的复杂性取决于以上三个因素的最小复杂度,在实际实施攻击时往往要考虑这三种复杂性的折中,如存储需求越大,攻击可能越快。

2.2.5　密码体制的安全性

一个密码系统的安全性主要与以下两个方面的因素有关。

(1) 密码算法本身的保密强度。密码算法的保密强度取决于密码设计水平、破译技术等。可以说一个密码系统所使用密码算法的保密强度是该系统安全性的技术保证。

(2) 密码算法之外的不安全因素。密码算法的保密强度并不等价于密码系统整体的安全性。一个密码系统必须同时完善技术与管理要求,才能保证整个密码系统的安全。

本书仅讨论影响一个密码系统安全性的技术因素,即密码算法本身。

评估密码系统安全性主要有以下三种方法。

(1) 无条件安全性。这种评价方法考虑的是假定攻击者拥有无限的计算资源,但仍然无法破译该密码系统。

(2) 计算安全性。这种方法是指使用目前最好的方法攻破它所需要的计算远远超出攻击者的计算资源,则可以定义这个密码体制是安全的。

(3) 可证明安全性。这种方法是将密码系统的安全性归结为某个经过深入研究的数学难题(如大整数素因子分解、计算离散对数等),数学难题被证明求解困难。这种评估方法存在的问题是它只说明了这个密码方法的安全性与某个困难问题相关,没有完全证明问题本身的安全性并给出它的等价性证明。

对于实际应用中的密码系统而言,由于至少存在一种破译方法,即强力攻击法,因此都不能满足无条件安全性,只提供计算安全性。密码系统要达到实际安全性,就要满足以下准则。

(1) 破译该密码系统的实际计算量(包括计算时间或费用)十分巨大,以至于在实际中是无法实现的。

(2) 破译该密码系统所需要的计算时间超过被加密信息有用的生命周期。例如,战争中发起战斗攻击的作战命令只在战斗打响前需要保密;重要新闻消息在公开报道前需要保密的时间往往也只有几个小时。

(3) 破译该密码系统的费用超过被加密信息本身的价值。

如果一个密码系统能够满足以上准则之一,就可以认为是满足实际安全性的。

密码系统的柯克霍夫斯(Kerckhoffs)原则:即使密码系统中的算法为密码分析者所知,也难以从截获的密文推导出明文或密钥。也就是说,密码体制的安全性应仅依赖于对密钥的保密,而不应依赖于对算法的保密。只有在假设攻击者对密码算法有充分的研究,并且拥有足够的计算资源的情况下仍然安全的密码才是安全的密码系统。总之"一切秘密寓于密钥之中"。

对于商用密码系统而言,公开密码算法的优点包括:有利于对密码算法的安全性进行公开测试评估;防止密码算法设计者在算法中隐藏后门;易于实现密码算法的标准化;有利于使用密码算法产品的规模化生产,实现低成本和高性能。但是必须要指出的是,密码设计的公开原则并不等于所有的密码在应用时都一定要公开密码算法。例如,世界各国的军政核心密码就都不公开其加密算法。

综上所述,一个提供机密性服务的密码系统是实际可用的,必须满足的基本要求:系统的保密性不依赖于加密体制或算法的保密,而仅依赖于密钥的安全性。"一切秘密寓于密钥之中"是密码系统设计的一个重要原则。

穷举攻击试遍所有密钥,直到有一个可用的密钥能够把密文还原成明文,这就是穷举攻击。可以从这种方法入手,考虑其所付出的时间代价。要获得成功一般需要尝试所有可能密钥中的一半,表 2-1 给出了不同密钥空间所耗用的时间。DES 算法使用的是 56 位密钥,3DES 使用的是 168 位密钥,AES 使用的最短密钥是 128 位。表中最后一行还列出了采用26 个字母排列组合作为密钥的代换密码的一些结果。假设执行一次解密需要 1 μs,表中数据说明了对不同长度密钥执行穷尽搜索所需要的时间,随着大规模并行计算机的应用,处理速度可能会高出若干个数量级。表中最后一列列举了执行 100 万次解密所需的时间,可以看出 DES 算法也不是绝对安全的算法。

表 2-1　不同密钥空间所耗用的时间

密钥大小	密钥个数	执行一次解密所需的时间	执行 100 万次解密所需的时间
32 位	$2^{32} \approx 4.3 \times 10^9$ 个	2^{31} μs ≈ 35.8 min	2.15 ms
56 位	$2^{56} \approx 7.2 \times 10^{16}$ 个	2^{55} μs ≈ 1142 a	10.01 h
128 位	$2^{128} \approx 3.4 \times 10^{38}$ 个	2^{127} μs $\approx 5.4 \times 10^{24}$ a	5.4×10^{18} a
168 位	$2^{168} \approx 3.7 \times 10^{50}$ 个	2^{167} μs $\approx 5.9 \times 10^{36}$ a	5.9×10^{30} a
26 个字母排列组合	$26! \approx 4 \times 10^{26}$ 个	2×10^{26} μs $\approx 6.4 \times 10^{12}$ a	6.4×10^6 a

2.2.6　密钥管理学

在采用密码技术保护的现代通信系统中,密码算法通常是公开的,因此其安全性就取决对密钥的保护。密钥生成算法的强度、密钥的长度、密钥的保密和安全管理是保证系统安全的重要因素。密钥管理的任务就是管理密钥的产生到销毁的全过程,包括系统初始化,以及密钥的产生、存储、备份、恢复、装入、分配、保护、更新、控制、丢失、吊销和销毁等。

从网络应用来看,密钥一般分为基本密钥、会话密钥、加密密钥和主机密钥等。

基本密钥又称初始密钥,是由用户选定或由系统分配的,可在较长时间内由一对用户专门使用的秘密密钥,也称用户密钥。基本密钥既要安全又要便于更换。

会话密钥是两个通信终端用户在一次通话或交换数据时所用的密钥。

加密密钥是对传送的会话或文件密钥进行加密时采用的密钥,也称为次主密钥、辅助密钥或传送密钥。

主机密钥是对加密密钥进行加密的密钥,存于主机处理器中。目前,长度在 128 位以上的密钥才是安全的。

1. 密钥的产生

密钥的产生必须考虑具体密码体制公认的限制。在网络系统中加密需要大量的密钥,以分配给各主机、节点和用户。可以用手工方法,也可以用密钥产生器产生密钥。

基本密钥是控制和产生其他加密密钥的密钥,长期使用,其安全性非常关键,需要保证其完全随机性、不可重复性和不可预测性。

基本密钥量小,可以用掷硬币等方法产生。数据加密密钥可以用伪随机数发生器、安全算法等产生。会话密钥、数据加密密钥可在加密密钥控制下通过安全算法产生。

2. 密码体制的密钥分配

对称密码的密钥分配方法归纳起来有两种:利用公钥密码体制实现和利用安全信道实现。在局部网络中,每对用户可以共享一个密钥,即无中心密钥分配方式(见图 2-7)。

两个用户 A 和 B 要建立会话密钥,需经过以下三个步骤。

(1) A 向 B 发出建立会话密钥请求和一个一次性随机数 N_1。

(2) B 用与 A 共享的主密钥对应答的消息加密,并发送给 A,应答的消息中包括 B 选取的会话密钥、B 的身份、$f(N_1)$ 和另一个一次性随机数 N_2。

(3) A 用新建立的会话密钥加密 $f(N_2)$ 并发送给 B。

在大型网络中,不可能每对用户共享一个密钥。因此采用中心化密钥分配方式,由一个可信赖的联机服务器作为密钥分配中心(KDC)来实现。密钥分配中心如图 2-8 所示。

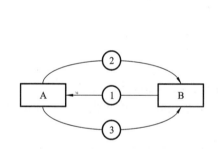

图 2-7　无中心密钥分配方式

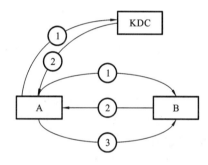

图 2-8　密钥分配中心

用户 A 和 B 要建立共享密钥,可以采用如下五个步骤。

(1) A 向 KDC 发出会话密钥请求。该请求由两个数据项组成,一个是 A 与 B 的身份,另一个是一次性随机数 N_1。

(2) KDC 为 A 的请求发出应答。应答是用 A 与 KDC 的共享主密钥加密的,因而只有 A 能解密这一消息,并确信消息来自 KDC。消息中包含 A 希望得到的一次性会话密钥 k 以及 A 的请求,还包括一次性随机数 N_1。因此,A 能验证自己的请求有没有被篡改,并能通过一次性随机数 N_1 得知收到的应答是不是过去应答的重放。消息中还包含 A 要转发给 B 的部分,这部分包括一次性会话密钥 k 和 A 的身份,它们是用 B 与 KDC 的共享主密钥加密的。

(3) A 存储会话密钥,并向 B 转发从 KDC 的应答中得到的应该转发给 B 的部分。B 收到后,可得到会话密钥 k,从 A 的身份得知会话的另一方为 A。

(4) B 用会话密钥 k 加密另一个一次性随机数 N_2,并将加密结果发送给 A。

(5) A 用会话密钥 k 加密 $f(N_2)$,并将加密结果发送给 B。

应当注意前三步已完成密钥的分配,后两步结合第二步和第三步完成认证功能。

3. 公钥密码体制的密钥分配

公钥密码体制的一个重要用途就是分配对称密码体制使用的密钥,由于公钥加密速度太慢,常常只用于加密分配对称密码体制的密钥,而不用于保密通信。

常用的公钥分配方法有三种方式:公开发布、公钥动态目录表、公钥证书。

(1) 公开发布。用户将自己的公钥发给所有其他用户或向某一团体广播。这种方法简单,但有一个非常大的缺陷,就是很容易伪造这种公开发布。

(2) 公钥动态目录表(见图 2-9)。建立一个公用的公钥动态目录表,表的建立和维护以及公钥的分布由某个公钥管理机构承担,每个用户都知道管理机构的公钥。

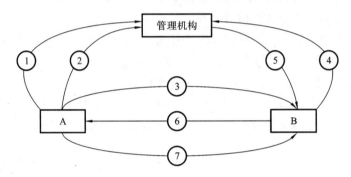

图 2-9 公钥动态目录表

采用公钥动态目录表分配公钥的步骤如下。

① 用户 A 向公钥管理机构发送一带时间戳的请求,请求得到用户 B 当前的公钥。

② 管理机构为 A 的请求发出应答,应答中包含 B 的公钥,以及 A 向公钥管理机构发送的带时间戳的请求。

③ A 用 B 的公钥加密一个消息并发送给 B,这个消息由 A 的身份和一个一次性随机数 N_1 组成。

④ B 用与 A 同样的方法从公钥管理机构得到 A 的公钥。

⑤ B 用 A 的公钥加密一个消息并发送给 A,这个消息由 N_1 和 N_2 组成。这里的 N_2 是 B 产生的一个一次性随机数。

⑥ A 用 B 的公钥加密 N_2,并将加密结果发送给 B。

2.3 经典密码学

密码学的雏形始于古希腊人,他们与敌人作战时,在战场上需要与同伴传递有战略机密的信件,为了防止信件落到敌人手中从而泄露了战略机密,聪明的古希腊战士采取了将信中的内容"加密"的手段,这样信中所显示的内容就不是真实的要表达的战略内容。这种情况下,即使战争信件被敌人获取,敌人也很难得到信件中所包含的军事机密。当时的加解密方法非常简单,但在当时没有任何计算环境的年代,依靠手工破译是很困难的。

在第二次世界大战中,密码的应用与破译成为影响战争胜负的一个重要因素。例如,太平洋战争中,美军破译了日军所使用的密钥,在后来的中途岛战役中,日军再次使用了同样的密钥,电报被美军截获后成功破译,使得其海军大将乘坐的飞机被击落。古典密码技术的应用领域大多限于政务、军事、外交等领域。

典型的古典密码算法包括凯撒(Caesar)密码和维吉利亚(Vigenere)密码。在那时,密码学还不是科学,而是艺术。它们的主要特点都是数据的安全基于算法的保密。

1883 年,Kerckhoffs 第一次明确提出了编码的原则:加密算法应建立在算法的公开、不影响明文和密钥安全的基础上,这一原则已得到普遍承认。

古典密码属于对称密码体制,加密和解密使用同一个密钥。加密和解密基本原理都是基于对明文信息的"替代"或"置换"完成的。

了解传统密码是学习现代密码的基础。传统密码加密技术主要采用两种方法:替代和置换。将明文的字母由其他字母或数字或符号代替得到密文的方法称为替代方法。替代方法又分单字母替代和多字母替代。通过对明文字母位置的置换,得到排列结果完全不同的密文的方法称为置换方法。

2.3.1　单表替代密码

下面用凯撒密码为例来说明单字母替代原理。凯撒密码是最简单的单字母替代密码,由公元前 50 年罗马皇帝朱里斯·凯撒(Julius Caesar)发明。他把字母表中的每个字母用该字母后面第 3 个字母代替,字母表是循环的,z 后面的字母为 a。例如,明文为 security,替代后得到的密文为 vhfxulwb。凯撒密码属于序列密码或流密码,其特点是每次一位地对明文进行加密。

加密算法可以这样表达:对每一个明文字母 p,代换成密文字母 c,则
$$C=E(3,P)=(p+3)\bmod 26$$
移位可以是任意整数 k,这样就得到了一般的 Caesar 算法:
$$C=E(k,P)=(p+k)\bmod 26$$
k 的取值范围为 1~25,解密算法为:
$$P=D(k,c)=(c-k)\bmod 26$$

如果已知给定的密文是凯撒密码,那么穷举攻击是很容易实现的,只需简单地尝试所有的 25 种可能的密钥就可以了。

【例 2-1】　设密钥 $k=3$,明文消息 meetmeafterthetogaparty,试用凯撒密码对其进行加密,然后进行解密。字母与数字对应关系如表 2-2 所示。

表 2-2　字母与数字对应关系

a	b	c	d	e	f	g	h	i	j	k	l	m	n	o	p	q	r	s	t	u	v	w	x	y	z
0	1	2	3	4	5	6	7	8	9	10	11	12	13	14	15	16	17	18	19	20	21	22	23	24	25

解　加密过程:$C_1=(P+k)\bmod 26=(3+12)\bmod 26=15$
$$C_2=(P+k)\bmod 26=(3+4)\bmod 26=7$$
$$C_3=(P+k)\bmod 26=(3+4)\bmod 26=7$$
$$C_4=(P+k)\bmod 26=(3+19)\bmod 26=22$$
⋮

$$C_{23}=(P+k)\bmod 26=(3+24)\bmod 26=1$$

故对应的密文为:phhwphdiwhuwkhwrjdsduwb。

解密过程:$M_1=(C_1-k)\bmod 26=(15-3)\bmod 26=12$

$$\vdots$$

$$M_{23}=(C_{23}-k)\bmod 26=(1-3)\bmod 26=-2$$

对单字母替代密码最有效的攻击方法为频率分布分析法。下面举一个例子解释频率分布分析法的破译原理。

设密文为:uifsfxfsfuxpcspuifstkpioboeqfufskpioxbtuxpzfbstzpvohfsuiboqfufscvuifxbt-bdmfwfscpzifxbthppebufohmjtiboenbuitqfufsxbtopubdmfwfscpzifxbtopuhppebubzuijohkp-ioifmqfeqfufsupepijtipnfxpslcvuifxbtbmxbztjouspvcmfxjuiijtufbdifstpofebzuifcpztxfouupbo-fxtdippm。

先确定字母的频率分布,再统计英文中单字母相对百分比频率(明文的字母越多规律越明显):e,12.75%;t,9.25%;r,8.5%;i,7.75%;n,7.75%;o,7.5%;a,7.25%;s,6%;d,4.25%;l,3.75%;c,3.5%;h,3.5%;f,3%;u,3%;m,2.75%;p,2.75%;y,2.2%;g,2%;v,1.5%;w,1.5%;b,1.25%;k,0.5%;q,0.5%;x,0.5%;j,0.25%;z,0.25%。

英文中除单字母的频率分布规律外,还有多字母的分布规律。th 是最常见的双字母组合,the 是英语中出现最为频繁的三字母组合。上述密文中单个字母出现的次数为:f,34;u,24;s,15;j,6;o,16;p,25;b,21;t,16;e,7;m,7;d,4;i,21;g,0;v,4;n,2;q,5;z,8;h,5;w,2;x,14;c,7;l,1;r,0;y,0;k,3;a,0;ui,9;uif,4。字母 f 出现的次数最多(34 次),很可能对应明文字母 e。字母 p、u、b、o、s、i 和 t 出现的相对频率较高,可能包括在明文集合:t,r,i,n,o,a,s 中。字母 a、g、r、y 和 l 出现的相对频率最低,可能包括在明文集合:l,r,y,k,a 中。多字母组合 ui 出现了 9 次,uif 出现了 4 次,u 很可能对应明文字母 t,i 很可能对应明文字母 h,f 很可能对应明文字母 e。将密文进行分组尝试,看它们是否可形成了一个完整的词。密文第一行的前 4 个字母"uifs"可能对应明文字母"ther",但如果它们是个词,则密文前 5 个字母很可能对应的单词是"there",因此,s 很可能对应字母 r。继续进行试探,最终可得出完整的明文如下。

There were two brothers, John and Peter. John was two years younger than Peter but he was a clever boy. He was good at English and Maths. Peter was not a clever boy. He was not good at anything. John helped Peter to do his homework but he was always in trouble with his teachers. One day the boys went to a new school.

为了预防频率分布分析法对单字母替代密码系统的攻击,减少明文字母频率结构仍能保留在密文中的程度,加密时可以使用多字母的加密方法。

2.3.2 多表替代密码

单表替代密码表现出明文中单字母出现的频率分布与密文中相同,多表替代密码使用从明文字母到密文字母的多个映射来隐藏单字母出现的频率分布,每个映射是简单替代密码中的一对一映射。多表替代密码将明文字母划分为长度相同的消息单元,称为明文分组,对明文成组地进行替代,同一个字母有不同的密文,改变了单表替代密码中密文的唯一性,使密码分析更加困难。

多表替代密码的特点是使用了两个或两个以上的替代表。著名的维吉尼亚密码就是多表替代密码。

本节用 Vigenere 为例来说明多字母替代原理。Vigenere 技术是处理明文时使用不同的单字母替代,它是最简单的一种多字母密码算法,由 16 世纪法国人 Blaise De Vigenere 发明。

在这个方案中,同一个字符具有不同的密文,从而改变了单字母替代中密文的唯一性。该方案的加密过程是:第一行代表明文字母,第一列代表密钥字母。加密的过程很简单:给定一个密钥字母 x 和一个明文字母 y,密文字母位于标为 x 的行和标为 y 的列的交叉点,在此情况下密文为 v。假设明文为 brother,密钥为 boy,得密文为 cfmuvcs。第一个 c 是在 b 行 b 列上;第二个 f 是在 r 行 o 列上;同样的道理 m 在 o 行 y 列上;重复使用密钥 boy,第四个 u 是在 t 行 b 列上;其余依此类推。加密时用明文、Vigenere 表和密钥。解密时用密文、同样的 Vigenere 表和同样的密钥。

该密码体制有一个参数 n,按 n 个字母一组进行变换。把英文字母映射为 $0 \sim 25$ 的数字再进行运算,明文空间、密文空间及密钥空间都是长度为 n 的英文字母串的集合,因此可表示加密变换定义如下。

设密钥 $k = (k_1, k_2, \cdots, k_n)$,明文 $m = (m_1, m_2, \cdots, m_n)$,加密变换为

$$E_k(m) = (c_1, c_2, \cdots, c_n)$$

其中 $c_i = (m_i + k_i)(\bmod 26), i = 1, 2, \cdots, n$。

对密文 $c = (c_1, c_2, \cdots, c_n)$,解密变换为

$$D_k(c) = (m_1, m_2, \cdots, m_n)$$

其中 $m_i = (c_i - k_i)(\bmod 26), i = 1, 2, \cdots, n$。

【例 2-2】　设密钥 $k = $ cipher,明文消息为 appliedcryptosystem,试用维吉尼亚密码对其进行加密,然后再进行解密。

解　由密钥 $k = $ cipher,得 $n = 6$,密钥对应的数字序列为 $(2, 8, 15, 7, 4, 17)$。然后将明文按每 6 个字母进行分组,并转换这些明文字母为相应的数字,再用模 26 加上对应密钥数字,其加密过程如表 2-3 所示。

表 2-3　密钥为 cipher 的维吉尼亚密码加密过程

明文	a	p	p	l	i	e	d	c	r	y	p	t	o	s	y	s	t	e	m
	0	15	15	11	8	4	3	2	17	24	15	19	14	18	24	18	19	4	12
密钥	c	i	p	h	e	r	c	i	p	h	e	r	c	i	p	h	e	r	c
	2	8	15	7	4	17	2	8	15	7	4	17	2	8	15	7	4	17	2
密文	2	23	4	18	12	21	5	10	6	5	19	10	16	0	13	25	23	21	14
	c	x	t	s	m	v	f	k	g	f	t	k	q	a	n	z	x	v	o

密文为:cxtsmvfkgftkqanzxvo。

解密使用相同的密钥,但用模 26 的减法代替模 26 的加法,这里不再赘述。

为了加密一个消息,需要一个与该消息一样长的密钥。通常,该密钥为一重复的关键

词。解密也同样简单:密钥字母标识行,密文字母所在行的位置决定列,该明文字母位于该列的顶部。该密码的强度在于对每个明文字母由多个密文字母对应,每个明文字母对应该关键词的每个独特的字母,因此,该字母的频率信息是模糊的。然而,并非所有明文结构的所有知识都丢失了。

虽然对 Vigenere 密码分析极为困难,但只要有了充足的密文,使用已知的或可能的明文序列仍能够破译该系统。为了避免关键词的重复、降低密码系统的强度,Joseph Mauborgne 提出使用一种真正与消息一样长的随机密钥,该密钥没有重复。这种方案称为一次一密,理论上是不可破译的,因为它产生不带有与明文有任何统计关系的随机输出。因为该密文不包含任何的明文信息,因此无法直接破译这样的编码。这种方法的实际困难在于发送者和接收者必须拥有并保护该随机密钥,因此,该方法尽管在密码中性能卓越,但很少使用。

多表替代的优点如下。

(1) 只要多表设计合理,即每行中的元互不相同,每列中的元互不相同(这样的表称为拉丁方表)。

(2) 密钥序列是随机序列,即具有等概性和独立性。这个多表替代就是完全保密的。等概性是指每个位置的字符取可能字符的概率相同;独立性是指在其他所有字符都知道时,也判断不出未知的字符取哪个的概率更大。

多表替代的缺点:密钥序列是随机序列意味着密钥序列不能周期重复;密钥序列必须与明文序列等长;这些序列必须在通信前分配完毕;大量通信时不实用;分配密钥和存储密钥时安全隐患大。

2.3.3 多字母代换密码

Hill 密码是 1929 年数学家 Lester Hill 发明的分组密码。它将 n 个连续的明文字母串加密成 n 个连续的密文字母串。它的意义在于第一次在密码学中用到了代数方法(线性代数,模的运算)。

密文矩阵 C 由明文矩阵 P 乘以密钥矩阵 K 所得,即

$$C = PK$$

所以知道明文矩阵 P 的逆矩阵,就可以得到密钥矩阵,即

$$K = P^{-1}C$$

设 n 为某一固定的正整数,P、C 和 K 分别为明文空间矩阵、密文空间矩阵和密钥空间矩阵,并且 $P = C = (Z_{26})^n$,密钥 $k = (K_{ij})_{n \times n}$ 是一个 $n \times n$ 的非奇异矩阵(行列式 $\det(k) \neq 0$),且满足 $(\det(k), 26) = 1$,即满足 Z_{26} 上 $\det(k)$ 和 26 互素,从而保证了密钥矩阵的逆矩阵存在。对明文序列 $p = (p_1, p_2, \cdots, p_n) \in P$,其对应密文记为 $c = (c_1, c_2, \cdots, c_n) \in C$,则 Hill 密码的加密函数定义为

$$(c_1, c_2, \cdots, c_n) = (p_1, p_2, \cdots, p_n) \begin{bmatrix} k_{11} & k_{12} & \cdots & k_{1n} \\ k_{21} & k_{22} & \cdots & k_{2n} \\ \vdots & \vdots & & \vdots \\ k_{n1} & k_{n2} & \cdots & k_{nn} \end{bmatrix}$$

写成矩阵简化形式为

$$[\boldsymbol{C}]_{1\times n}=([\boldsymbol{P}]_{1\times n}\times[\boldsymbol{k}]_{n\times n})\bmod 26$$

因为方阵 $\boldsymbol{k}=(K_{ij})_{n\times n}$ 是 Z_{26} 上的非奇异矩阵,即满足 Z_{26} 上 $\det(\boldsymbol{k})$ 和 26 互素,所以密钥 $\boldsymbol{k}$ 的逆矩阵 $\boldsymbol{k}^{-1}$ 必然存在。在 Hill 密码的加密函数等式的两端分别乘以 $\boldsymbol{k}^{-1}$,则得到其解密函数的解析式为

$$(p_1,p_2,\cdots,p_n)=(c_1,c_2,\cdots,c_n)\begin{bmatrix}k_{11}&k_{12}&\cdots&k_{1n}\\k_{21}&k_{22}&\cdots&k_{2n}\\\vdots&\vdots&&\vdots\\k_{n1}&k_{n2}&\cdots&k_{nn}\end{bmatrix}^{-1}\bmod 26$$

写成矩阵简化形式为

$$[\boldsymbol{P}]_{1\times n}=([\boldsymbol{C}]_{1\times n}\times[\boldsymbol{k}]_{n\times n}^{-1})\bmod 26$$

设 $n=3$,明文串 $p_1p_2p_3$ 到密文串 $c_1c_2c_3$ 的变换由下面方程组给出

$$\begin{cases}c_1=(k_{11}p_1+k_{21}p_2+k_{31}p_3)\bmod 26\\c_2=(k_{12}p_1+k_{22}p_2+k_{32}p_3)\bmod 26\\c_3=(k_{13}p_1+k_{23}p_2+k_{33}p_3)\bmod 26\end{cases}$$

则

$$(c_1,c_2,c_3)=(p_1,p_2,p_3)\cdot\begin{bmatrix}k_{11}&k_{12}&k_{13}\\k_{21}&k_{22}&k_{23}\\k_{31}&k_{32}&k_{33}\end{bmatrix}\bmod 26$$

Hill 加密事实上是一个矩阵乘法体系,加密密钥是一个方阵 $\boldsymbol{K}$,而解密密钥就是 $\boldsymbol{K}^{-1}$,即

$$\boldsymbol{K}=\begin{bmatrix}17&21&2\\17&18&2\\5&21&19\end{bmatrix},\quad \boldsymbol{K}^{-1}=\begin{bmatrix}4&15&24\\9&17&0\\15&6&17\end{bmatrix}$$

【例 2-3】　明文为"now",使用 Hill 密码将其加密,求出密文。

解　加密

'n　o　w'

13 14 22

则

$$(13,14,22)\cdot\begin{bmatrix}17&21&2\\17&18&2\\5&21&19\end{bmatrix}=(23\quad 20\quad 4)\bmod 26$$

x u e

下面介绍模运算的几个规律。

1. 模 m 倒数

设 a,b 为两个整数,设 $a\in\boldsymbol{Z}_m$,若存在 $b\in\boldsymbol{Z}_m$,使得 $ab=1(\bmod m)$,则称 a 有模 m 倒数,记作 $b=a^{-1}(\bmod m)$。

注意,整数 a 有模 m 倒数的充要条件为:a 与 m 无公共素因子。

模 26 倒数表如表 2-4 所示。

表 2-4　模 26 倒数表

a	1	3	5	7	9	11	15	17	19	21	23	25
$a^{-1}(\bmod 26)$	1	9	21	15	3	19	7	23	11	5	17	25

2. 模 m 等价

设 a,b 为两个整数,若 $a-b=km$,$k\in \mathbf{Z}$,则称 a 模 m 等价于 b,记作 $a=b\pmod{m}$。$Z_m=\{0,1,2,\cdots,m-1\}$ 称为模 m 的剩余集,运算规则为

$$\left[a\left\{\begin{matrix}+\\-\\\times\end{matrix}\right\}b\right]\pmod{m}=\left[a\pmod{m}\left\{\begin{matrix}+\\-\\\times\end{matrix}\right\}b\pmod{m}\right]\pmod{m}$$

【例 2-4】 明文 Our marshal was shot 对应的向量为

$$\begin{bmatrix}15\\21\end{bmatrix}\begin{bmatrix}18\\13\end{bmatrix}\begin{bmatrix}1\\18\end{bmatrix}\begin{bmatrix}19\\8\end{bmatrix}\begin{bmatrix}1\\12\end{bmatrix}\begin{bmatrix}23\\1\end{bmatrix}\begin{bmatrix}19\\19\end{bmatrix}\begin{bmatrix}8\\15\end{bmatrix}\begin{bmatrix}20\\20\end{bmatrix}$$

求对应的密文。

解 加密矩阵为

$$A=\begin{bmatrix}1 & 2\\0 & 3\end{bmatrix}$$

直接算出结果为

$$\begin{bmatrix}57\\63\end{bmatrix}\begin{bmatrix}44\\39\end{bmatrix}\begin{bmatrix}37\\54\end{bmatrix}\begin{bmatrix}35\\24\end{bmatrix}\begin{bmatrix}25\\36\end{bmatrix}\begin{bmatrix}25\\3\end{bmatrix}\begin{bmatrix}57\\57\end{bmatrix}\begin{bmatrix}38\\45\end{bmatrix}\begin{bmatrix}60\\60\end{bmatrix}$$

密文向量为

$$\begin{bmatrix}5\\11\end{bmatrix}\begin{bmatrix}18\\13\end{bmatrix}\begin{bmatrix}11\\2\end{bmatrix}\begin{bmatrix}9\\24\end{bmatrix}\begin{bmatrix}25\\10\end{bmatrix}\begin{bmatrix}25\\3\end{bmatrix}\begin{bmatrix}5\\5\end{bmatrix}\begin{bmatrix}12\\19\end{bmatrix}\begin{bmatrix}8\\8\end{bmatrix}$$

得出密文为

ek rm kb ix yj yc ee ls hh

2.3.4 Hill 密码的分析

Hill 密码对于唯密文攻击方式有很高的防攻击能力。明文一个字母的改变,通常带来密文 n 个字母的改变。

当 n 比较小时,只要密文文本足够大,总可以用频率分析法来破译密文。当 $n=2$ 时,用双频率分析法;当 $n=3$ 时,可以用三频率分析法。矩阵越大,密文越难破译。Hill 密码对于已知明文攻击方式来说,是非常弱的。事实上,只要知道 n 块相互独立的明文串及相对的密文,就可以确定密钥 k。

【例 2-5】 假设已知 $n=2$,明密对为 howareyoutoday 和 zwseniuspljveu,明文对应数字为

$$7,14,22,0,17,4,24,14,20,19,14,3,0,24$$

密文对应数字为

$$25,22,18,4,13,8,20,18,15,11,9,21,4,20$$

设密钥矩阵为 K,得

$$\begin{bmatrix}25 & 22\\15 & 11\end{bmatrix}=\begin{bmatrix}7 & 14\\20 & 19\end{bmatrix}K$$

解得
$$K=\begin{bmatrix} 5 & 10 \\ 18 & 21 \end{bmatrix}$$

【例 2-6】　甲方截获了一段密文：OJWPISWAZUXAUUISEABAUCRSIPLBHAAM MLPJJOTENH，经分析这段密文是用 Hill 密码编译的，且这段密文的字母 UCRS 依次代表了字母 TACO，试破译这密文的内容。

解

$$\begin{bmatrix} U \\ C \end{bmatrix} \leftrightarrow \begin{bmatrix} 21 \\ 3 \end{bmatrix} = \boldsymbol{\beta}_1 = \boldsymbol{A}\boldsymbol{\alpha}_1 ,\quad 其中\quad \boldsymbol{\alpha}_1 = \begin{bmatrix} 20 \\ 1 \end{bmatrix} \leftrightarrow \begin{bmatrix} T \\ A \end{bmatrix}$$

$$\begin{bmatrix} R \\ S \end{bmatrix} \leftrightarrow \begin{bmatrix} 18 \\ 19 \end{bmatrix} = \boldsymbol{\beta}_2 = \boldsymbol{A}\boldsymbol{\alpha}_2 ,\quad 其中\quad \boldsymbol{\alpha}_2 = \begin{bmatrix} 3 \\ 15 \end{bmatrix} \leftrightarrow \begin{bmatrix} C \\ O \end{bmatrix}$$

$$\boldsymbol{A}\begin{bmatrix} 20 & 3 \\ 1 & 15 \end{bmatrix} = \begin{bmatrix} 21 & 18 \\ 3 & 19 \end{bmatrix}$$

则

$$\det(\boldsymbol{\beta}_1 \quad \boldsymbol{\beta}_2) = \begin{vmatrix} 21 & 18 \\ 3 & 19 \end{vmatrix} (\bmod 26) = 345(\bmod 26) = 7$$

$$\begin{bmatrix} 21 & 18 \\ 3 & 19 \end{bmatrix}^{-1}(\bmod 26) = 15 \cdot \begin{bmatrix} 19 & -18 \\ -3 & 21 \end{bmatrix}(\bmod 26) = \begin{bmatrix} 25 & 16 \\ 7 & 3 \end{bmatrix}$$

$$\boldsymbol{A}^{-1} = \begin{bmatrix} 20 & 3 \\ 1 & 15 \end{bmatrix}\begin{bmatrix} 21 & 18 \\ 3 & 19 \end{bmatrix}^{-1} \bmod 26 = \begin{bmatrix} 1 & 17 \\ 0 & 9 \end{bmatrix}$$

破译密文向量为

$$\begin{bmatrix} 15 \\ 10 \end{bmatrix}\begin{bmatrix} 23 \\ 16 \end{bmatrix}\begin{bmatrix} 9 \\ 19 \end{bmatrix}\begin{bmatrix} 0 \\ 21 \end{bmatrix}\begin{bmatrix} 24 \\ 1 \end{bmatrix}\begin{bmatrix} 21 \\ 19 \end{bmatrix}\begin{bmatrix} 9 \\ 1 \end{bmatrix}\begin{bmatrix} 5 \\ 1 \end{bmatrix}\begin{bmatrix} 2 \\ 1 \end{bmatrix}\begin{bmatrix} 21 \\ 3 \end{bmatrix}$$

$$\begin{bmatrix} 18 \\ 19 \end{bmatrix}\begin{bmatrix} 9 \\ 16 \end{bmatrix}\begin{bmatrix} 12 \\ 2 \end{bmatrix}\begin{bmatrix} 8 \\ 1 \end{bmatrix}\begin{bmatrix} 1 \\ 13 \end{bmatrix}\begin{bmatrix} 13 \\ 13 \end{bmatrix}\begin{bmatrix} 12 \\ 16 \end{bmatrix}\begin{bmatrix} 10 \\ 10 \end{bmatrix}\begin{bmatrix} 15 \\ 20 \end{bmatrix}\begin{bmatrix} 5 \\ 14 \end{bmatrix}\begin{bmatrix} 8 \\ 8 \end{bmatrix}$$

明文向量为

$$\begin{bmatrix} 3 \\ 12 \end{bmatrix}\begin{bmatrix} 9 \\ 14 \end{bmatrix}\begin{bmatrix} 20 \\ 15 \end{bmatrix}\begin{bmatrix} 14 \\ 9 \end{bmatrix}\begin{bmatrix} 19 \\ 7 \end{bmatrix}\begin{bmatrix} 15 \\ 9 \end{bmatrix}\begin{bmatrix} 14 \\ 7 \end{bmatrix}\begin{bmatrix} 20 \\ 15 \end{bmatrix}\begin{bmatrix} 22 \\ 9 \end{bmatrix}\begin{bmatrix} 19 \\ 9 \end{bmatrix}$$

$$\begin{bmatrix} 20 \\ 1 \end{bmatrix}\begin{bmatrix} 3 \\ 15 \end{bmatrix}\begin{bmatrix} 21 \\ 14 \end{bmatrix}\begin{bmatrix} 20 \\ 18 \end{bmatrix}\begin{bmatrix} 25 \\ 9 \end{bmatrix}\begin{bmatrix} 14 \\ 13 \end{bmatrix}\begin{bmatrix} 4 \\ 4 \end{bmatrix}\begin{bmatrix} 5 \\ 12 \end{bmatrix}\begin{bmatrix} 1 \\ 5 \end{bmatrix}\begin{bmatrix} 20 \\ 19 \end{bmatrix}\begin{bmatrix} 20 \\ 20 \end{bmatrix}$$

故明文为

Clinton is going to visit a country in Middle East

习　题　2

一、选择题。

1. Vigenere 密码属于(　　)。

A. 置换密码　　　　　　　　　　　B. 单表代换密码

C. 多表代换密码　　　　　　　　　D. 公钥密码

2. 关于密码学的讨论中，下列(　　)观点是不正确的。

A. 密码学是研究与信息安全相关的方面(如机密性、完整性、实体鉴别、抗否认等)的

综合技术

B. 密码学的两大分支是密码编码学和密码分析学

C. 密码并不是提供安全的单一的手段,而是一组技术

D. 密码学中存在一次一密的密码体制,它是绝对安全的

3. 在以下古典密码体制中,属于置换密码的是( )。

A. 位密码　　　　　　　　　　B. 倒序密码

C. 仿射密码　　　　　　　　　D. PlayFair 密码

4. 一个完整的密码体制,不包括( )要素。

A. 明文空间　　　　　　　　　B. 密文空间

C. 数字签名　　　　　　　　　D. 密钥空间

5. 以下关于非对称密钥加密说法正确的是( )。

A. 加密方和解密方使用的是不同的算法

B. 加密密钥和解密密钥是不同的

C. 加密密钥和解密密匙是相同的

D. 加密密钥和解密密钥没有任何关系

6. 对称密钥密码体制的主要缺点是( )。

A. 加密、解密速度慢　　　　　B. 密钥的分配和管理问题

C. 应用局限性　　　　　　　　D. 加密密钥与解密密钥不同

7. 非法接收者在截获密文后试图从中分析出明文的过程称为( )。

A. 破译　　　　　　　　　　　B. 解密

C. 加密　　　　　　　　　　　D. 攻击

二、填空题。

1. 在密码学中我们通常将源信息称为_____,将加密后的信息称为_____。这个变换处理过程称为加密过程,它的逆过程称为_____。

2. 密码分析是研究密码体制的破译问题,根据密码分析者所获得的数据资源,可以将密码分析分为_____、已知明文分析、_____和选择密文分析。

3. 古典密码学体制对现代密码学的研究和学习具有十分重要的意义,实现古典密码体制的两种基本方法:_____和_____仍是构造现代对称分组密码的核心方式。

4. 密码系统的安全性取决于用户对密钥的保护,实际应用中的密钥种类很多,从密钥管理的角度密钥可以分_____、_____、密钥加密密钥和_____。

三、计算题。

1. 用 Hill 密码加密消息 hill,密钥为 $k=\begin{pmatrix}11 & 8\\ 3 & 7\end{pmatrix}$,请将该明文加密为密文。

2. 设 $a\sim z$ 的编号为 $1\sim 26$,空格为 27,采用凯撒密码算法 $C=k_1 M+k_2$,取 $k_1=3,k_2=5$,$M=$ hustwb college,计算密文 C。

3. 设 $a\sim z$ 的编号为 $1\sim 26$,空格为 27,采用维吉尼亚密码,$M=$ you are the best,$k=$ cipher,计算密文 C。

第3章 对称密码体制

对称密码体制就是在加密和解密时用到的密钥相同,或者加密密钥和解密密钥之间存在着确定的转换关系。对称密码体制有两种不同的实现方式,即分组密码和序列密码(或称流密码)。

流密码每次加密数据流中的一位或一个字节。流密码是将明文划分成字符(如单个字母)或编码的基本单元(如 0、1 数字),字符分别与密钥流作用,从而进行加密,解密时以同步产生的同样的密钥流解密。流密码的强度完全依赖于密钥流序列的随机性和不可预测性,其核心问题是密钥流生成器的设计,流密码主要应用于国家重要部门。

分组密码把明文划分为许多分组,每个明文分组被当作一个整体来产生一个等长(通常)的密文分组,通常使用的是 64 位或 128 位分组大小。

一般地,分组密码的应用范围比流密码广泛。绝大部分基于网络的对称密码应用使用的是分组密码。

3.1 分组密码

分组密码的实质是设计一种算法,能在密钥控制下,把 n b 明文简单而又迅速地置换成唯一 n b 密文,并且这种变换是可逆的(解密)。分组密码是将明文消息编码表示后的数字序列 $x_1, x_2, \cdots, x_i, \cdots$ 划分为长为 m 的组 $\boldsymbol{x} = (x_0, x_1, \cdots, x_{m-1})$,各组(长为 m 的矢量)分别在密钥 $\boldsymbol{k} = (k_0, k_1, \cdots, k_{L-1})$ 控制下变换成等长的输出数字序列 $\boldsymbol{y} = (y_0, y_1, \cdots, y_{n-1})$(长为 n 的矢量),其加密函数 $E: V_{n-1} \times \boldsymbol{K} \rightarrow V_n$($V_n$ 是 n 维矢量空间,$\boldsymbol{K}$ 为密钥空间)实质上是字长为 m 的数字序列的代替密码。

分组密码的每一位数字不仅与某时刻输入的明文数字有关,还与该明文中一定组长的明文数字有关。分组密码的基本模型如图 3-1 所示。

图 3-1 分组密码的基本模型

其中,明文 $\boldsymbol{x} = (x_1, x_1, \cdots, x_m)$ 为分组长度为 m 的序列,密文 $\boldsymbol{y} = (y_1, y_1, \cdots, y_m)$ 为分组长度为 n 的序列,加密与解密过程由密钥 $\boldsymbol{k} = (k_1, k_1, \cdots, k_m)$ 控制。

分组密码的要求如下。

(1) 分组长度应足够大,使得不同明文分组的个数足够大,以防明文被穷举攻击。新的算法标准一般要求 $M = 128$。

(2) 密钥空间应足够大,尽可能消除弱密钥,从而使所有密钥概率相同,以防密钥攻击。

同时,密钥不能太长,以利于密钥管理。DES采用56 b有效密钥,显然不够长。今后一段时间内,128 b密钥应该是足够安全的。

(3) 由密钥确定的算法要足够复杂,充分利用明文与密钥的扩散和混淆,没有简单关系可循,要能抵抗各种已知的攻击,如差分攻击和线性攻击等。另外,还要求有较高的非线性阶数。

(4) 软件实现的要求:尽量使用适合编程的子块和简单的运算。密码运算在子块上进行,要求子块的长度能适应软件编程,如8 b、16 b、32 b等,应尽量避免按比特置换。

那么,怎么样才能满足分组密码要求呢? Shannon在1949发表的论文中介绍了一个新思想:通过"乘积"来组合密码体制。乘积密码(Product Cipher)就是以某种方式连续执行两个或多个简单密码(如替代、置换),使所得到的最后结果或乘积比其任意一个组成密码都更强。Shannon建议交替使用代换和置换两种方法,即称为混淆(confusion)和扩散(diffusion),利用这一过程破坏对密码系统进行的各种统计分析。这种思想在现代密码体制的设计中十分重要,深刻影响着数据加密标准DES、高级数据加密标准AES的设计。

扩散就是将明文的统计特性迅速散布到密文中去,使得明文的每一位影响密文中多位的值,即密文中每一位受明文中多位影响。将密钥的每位数字尽可能扩散到更多个密文数字中去,以防止对密钥进行逐段破译。根据扩散原则,分组密码应设计成明文的每个比特和密钥的每个比特对密文的每个比特都产生影响。

一个扩散的例子:明文字母开始的若干明文字母之和(mod 26)作为对应的密文字母。在二进制分组密码中,对明文进行置换后再用某个函数作用,重复多次就可获得较好的扩散效果。因为原始明文中的不同位对密文某一位都会产生影响。

混淆的目的在于使明文和密文之间的统计关系变得尽可能复杂,使用复杂的非线性代换算法可得预期的混淆效果;使作用于明文的密钥和密文之间的关系复杂化;使明文和密文之间、密文和密钥之间的统计相关特性极小化,从而使统计分析攻击不能奏效。

3.1.1 分组密码结构

现在使用的大多数对称分组加密算法都是基于Feistel结构和SP网络结构。

1. Feistel 结构

20世纪60年代,计算机得到了迅猛的发展,大量的数据资料被集中存储在大型计算机数据库中,并在计算机通信网中进行传输,其中有些通信具有高度的机密性,有些数据具有极为重要的价值,因此,对计算机通信及计算机数据进行保护的需求日益增长。

针对这种情况,有人提出了两种对数据进行保护的方法:一种方法是对数据进行物理保护,即把重要的数据存放到安全的地方,如银行的地下室中;另一种方法是对数据进行密码保护。

20世纪70年代,Horst Feistel博士建立了DES(数据加密标准的前身),在IBM公司Watson研究实验室推出了Feistel密码的密码系列。1949年,Claude Shannon提出乘积加密器——"Communication Theory of Secrecy Systems"。Shannon利用信息论方法研究加密问题,提出了完善加密的概念,为密码学奠定了理论基础,使密码学成为一门科学。Shannon的工作是近代密码学发展的一个里程碑。

Shannon 提出交替使用混淆和扩散进行乘积密码。基于 Shannon 理论,Feistel 建议交替地使用代换和置换。

Feistel 提出利用乘积密码可获得简单的代换密码,乘积密码指顺序地执行多个基本密码系统,使得最后的密码强度高于每个基本密码系统。取一个长度为 n 的分组(n 为偶数),然后把它分为长度为 $n/2$ 的两部分:L 和 R。定义一个迭代的分组密码算法,其第 i 轮的输出取决于前一轮的输出,Feistel 网络的结构如图 3-2 所示。

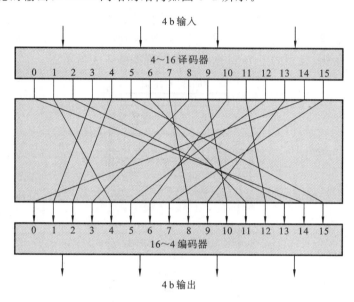

图 3-2 Feistel 网络的结构

分组密码对 n b 的明文分组进行操作,产生出一个 n b 的密文分组,共有 2^n 个不同的明文分组,每一种都必须产生一个唯一的密文分组,这种变换称为可逆的或非奇异的。

$n=4$ 时的一个普通代换密码的结构如下:

可逆映射		不可逆映射	
00	11	00	11
01	10	01	10
10	00	10	01
11	01	11	01

1) Feistel 网络加密过程

一个分组长度为 nb(n 为偶数)的 L 轮 Feistel 网络的加密过程如下。

给定明文 P,将 P 分成左边和右边长度相等的两半,并分别记为 L_0 和 R_0,从而 $P=L_0R_0$,进行 L 轮完全类似的迭代运算后,再将左边和右边长度相等的两半合并产生密文分组。

每一轮 i 从前一轮得到的 L_{i-1} 和 R_{i-1} 为输入,另外的总输入还有从总的密钥 k 生成的子密钥 k_i,一轮 Feistel 网络加密过程如图 3-3 所示。

其中 L_i 和 R_i 的计算规则如下:

$$L_i=R_{i-1}; \quad R_i=L_{i-1}\oplus F(R_{i-1},K_i)$$

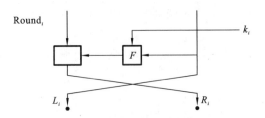

图 3-3　一轮 Feistel 网络加密过程

在第 L 轮迭代运算后,将 L_L 和 R_L 再进行交换,输出 $C=R_LL_L$,F 是轮函数,k_i 是由种子密钥 k 生成的子密钥,典型的 Feistel 网络加密过程如图 3-4 所示。

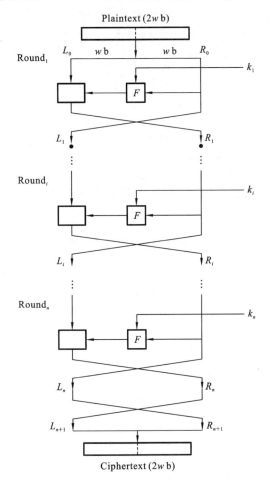

图 3-4　典型的 Feistel 网络加密过程

Feistel 网络的安全性及软件、硬件的实现速度取决于下列参数。

分组长度:分组长度越大,安全性越高(其他条件相同时),但加密、解密速度也越慢。64 b 的分组目前也可用,但最好采用 128 b。

密钥长度:密钥长度越大,安全性越高(其他条件相同时),但加密、解密速度也越慢。64 b 密钥现在已不安全,128 b 是一个折中的选择。

循环次数:Feistel 网络结构的一个特点是循环次数越多,安全性越高,通常选择 16 次。

子密钥算法:子密钥算法越复杂,安全性越高。

轮函数:轮函数越复杂,安全性越高。

快速的软件实现:有时候客观条件不允许用硬件实现,算法被镶嵌在应用程序中,此时算法的执行速度是关键。

算法简洁:通常希望算法越复杂越好,但采用容易分析的算法却很有好处。若算法能被简洁地解释清楚,就能通过分析算法知道算法抵抗各种攻击的能力,有助于设计高强度的算法。

2) Feistel 网络解密过程

Feistel 网络解密过程与其加密过程实质是相同的。以密文分组作为算法的输入,但以相反的次序使用子密钥,即第一轮使用 k_L,第二轮使用 k_{L-1},直至第 L 轮使用 k_1,这意味着可以用同样的算法来进行加密、解密。

先将密文分组,$C=R_L L_L$,分成左边和右边长度相等的两半,分别记为 L'_0 和 R'_0,根据下列规则计算 $L'_i R'_i$:

$$L'_i = R'_{i-1}, \quad R'_i = L'_{i-1} \oplus F(R'_{i-1}, K'_i) \quad (1 \leqslant i \leqslant L)$$

最后输出的分组是 R'_L, L'_L。

2. SP 网络结构

SP 网络结构是分组密码的另一种重要结构,AES 等重要算法采用的是此结构。这种结构汇总,每一轮的输入首先是被一个子密钥控制的可逆函数 S 作用,然后再对所得结果用置换(或可逆线性变换)P 作用。S 和 P 分别称为混淆层和扩散层,起着混淆和扩散的作用,如图 3-5 所示。设计者可以根据 S 和 P 的某些密码指标来估计 SP 型密码对抗差分密码分析和线性密码分析的能力。与 Feistel 网络相比,SP 网络密码可以得到更快的扩散,但加密、解密通常不相似。

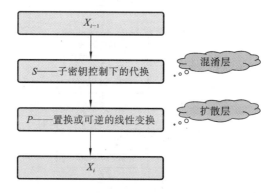

图 3-5　一轮 SP 网络加密过程

3.1.2　数据加密标准 DES

1. DES 算法描述

DES(Data Encryption Standard)算法是迄今为止使用最为广泛的加密算法。DES 是一种对称密码体制,它所使用的加密和解密密钥是相同的,是一种典型的按分组方式工作的密码。加密前,先将明文分成 64 位分组,然后将 64 位二进制码输入密码器中,密码器对输入的 64 位码首先进行初始置换,然后在 64 位主密钥产生的 16 个子密钥控制下进行 16 轮乘积变换,接着再进行逆置换就得到 64 位已加密的密文,DES 算法基本流程图如图 3-6 所示。

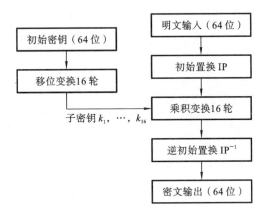

图 3-6　DES 算法基本流程图

DES 的一轮迭代如图 3-7 所示。

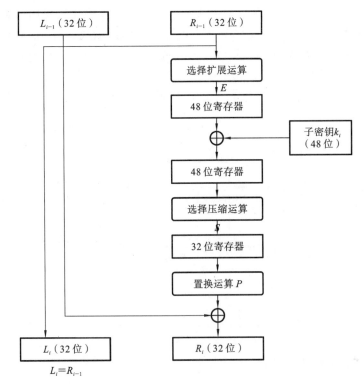

图 3-7　DES 的一轮迭代

1）初始置换 IP

初始置换的目的是将明文的次序打乱。对于给定的明文 m，通过初始置换 IP 获得 m_0，并将 m_0 分为两部分，前面 32 位记为 L_0，后面 32 位记为 R_0，按照表 3-1 进行置换，将第 58 位变换到第 1 位，第 50 位变换到第 2 位，依次类推。将变换后新得到的 64 位的前 32 位记为 L_0，后 32 位记为 R_0。

表 3-1　初始置换 IP

58	50	42	34	26	18	10	2
60	52	44	36	28	20	12	4
62	54	46	38	30	22	14	6
64	56	48	40	32	24	16	8
57	49	41	33	25	17	9	1
59	51	43	35	27	19	11	3
61	53	45	37	29	21	13	5
63	55	47	39	31	23	15	7

2）16 轮乘积变换

乘积变换的目的是进一步增大明文的混乱性和扩散性，使其不具有统计规律，破译者无法反向推出密钥。

将初始置换后的 L_0 和 R_0 经过 16 轮乘积变换。在每一轮乘积变换中，上一轮的右 R_{i-1} 直接变换为下一轮的左 L_i，上一轮的左 L_{i-1} 与加密函数 f 异或后作为下一轮的右 R_i。加密函数 f 是上一轮右 R_{i-1} 和子密钥 k_i 的函数，即

$$L_i = R_{i-1}$$
$$R_i = L_{i-1} f(R_{i-1}, k_i)$$

其中 k_i 是由 56 位密钥产生的子密钥，$i=1,2,3,\cdots,16$，第 i 轮乘积变换如图 3-8 所示。

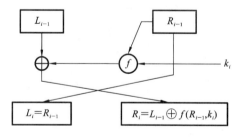

图 3-8　第 i 轮乘积变换

（1）选择扩展运算 E。

DES 的关键在于加密函数 $f(R_{i-1}, k_i)$ 的计算。

首先将 32 位的 R_{i-1}，按照表 3-2 扩展为 48 位。然后与 48 位子密钥 k_i 进行异或运算，得到一个 48 位的比特串。再将该 48 位分成 8 组，每组 6 位，分别输入 8 个 S_i 盒（即 S_1、S_2、S_3、S_4、S_5、S_6、S_7、S_8）。每个 S_i 盒是一个 4 行（0,1,2,3）16 列（$0,1,2,\cdots,15$）的表，表中的每一项都是 4 位的数。

表 3-2 扩展置换表 E

32	1	2	3	4	5
4	5	6	7	8	9
8	9	10	11	12	13
12	13	14	15	16	17
16	17	18	19	20	21
20	21	22	23	24	25
24	25	26	27	28	29
28	29	30	31	32	1

可以看出,1、4、5、8、9、12、13、16、17、20、21、24、25、28、29、32 这 16 个位置上的数据被读了两次。

(2) 与子密钥的异或运算。

将选择扩展运算的 48 位数据与子密钥 k_i(48 位)进行异或运算,得到一个 48 位输出。分成 8 组,每组 6 位,作为 8 个 S 盒的输入。

(3) 选择压缩运算 S。

将 48 位数据从左至右分成 8 组,每组 6 位。然后输入 8 个 S 盒,每个 S 盒为一非线性代换,有 4 位输出,如图 3-9 所示。

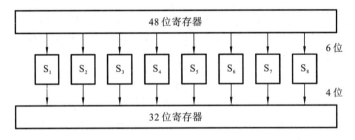

图 3-9 选择压缩运算

S 盒以 6 位作为输入,而以 4 位作为输出,现在以 S_1 为例进行说明。

若输入为 $b_1b_2b_3b_4b_5b_6$,其中 b_1b_6 两位二进制数表达了 0 至 3 之间的数。$b_2b_3b_4b_5$ 为 4 位二进制数,表达 0 至 15 之间的某个数。

在表 3-3 的 S_1 中的 b_1b_6 行 $b_2b_3b_4b_5$ 列找到一数 $m(0 \leqslant m \leqslant 15)$,若用二进制表示为 $m_1m_2m_3m_4$,则 $m_1m_2m_3m_4$ 便是它的 4 位输出。

例如,输入为 001111,$b_1b_6 = 01 = 1$,$b_2b_3b_4b_5 = 0111 = 7$,即在 S_1 盒中的第 1 行第 7 列求得数 1,所以它的 4 位输出为 0001。

(4) 置换 P。

对 S_1 至 S_8 盒输出的 32 位数据进行坐标变换。

置换 P 输出的 32 位数据与左边 32 位(即 R_{i-1} 诸位)模 2 相加所得到的 32 位作为下一轮迭代用的右边的数字段,并将 R_{i-1} 并行送到左边的寄存器作为下一轮迭代用的左边的数字段,如图 3-10 所示。

表 3-3　S 盒

		0	1	2	3	4	5	6	7	8	9	10	11	12	13	14	15
S_1	0	14	4	13	1	2	15	11	8	3	10	6	12	5	9	0	7
	1	0	15	7	4	14	2	13	1	10	6	12	11	9	5	3	8
	2	4	1	14	8	13	6	2	11	15	12	9	7	3	10	5	0
	3	15	12	8	2	4	9	1	7	5	11	3	14	10	0	6	3
S_2	0	15	1	8	14	6	11	3	4	9	7	2	13	12	0	5	10
	1	3	13	4	7	15	2	8	14	12	0	1	10	6	9	11	5
	2	0	14	7	11	10	4	13	1	5	8	12	6	9	3	2	15
	3	13	8	10	1	3	15	4	2	11	6	7	12	0	5	14	9
S_3	0	10	0	9	14	6	3	15	5	1	13	12	7	11	4	2	8
	1	13	7	0	9	3	4	6	10	2	8	5	14	12	11	15	1
	2	13	6	4	9	8	15	3	0	11	1	2	12	15	10	14	7
	3	1	10	13	0	6	9	8	7	4	15	14	3	11	5	2	12
S_4	0	7	13	14	3	0	6	9	10	1	2	8	5	11	12	4	15
	1	13	8	11	5	6	15	0	3	4	7	2	12	1	10	15	9
	2	10	6	9	0	12	11	7	13	15	1	3	14	5	2	8	4
	3	3	15	0	6	10	1	13	8	9	4	5	11	12	7	2	14
S_5	0	2	12	4	1	7	10	11	6	8	5	3	15	13	0	14	9
	1	14	11	2	12	4	7	13	1	5	0	15	10	3	9	8	6
	2	4	2	1	11	10	13	7	8	15	9	12	5	6	3	0	14
	3	11	8	12	7	1	14	2	13	6	15	0	9	10	4	5	3
S_6	0	12	1	10	15	9	2	6	8	0	13	3	4	14	7	5	11
	1	10	15	4	2	7	12	9	5	6	1	13	14	0	11	3	8
	2	9	14	15	5	2	8	12	3	7	0	4	10	1	13	11	6
	3	4	3	2	12	9	5	15	10	11	14	1	7	6	0	8	13
S_7	0	4	11	2	14	15	0	8	13	3	12	9	7	5	10	6	1
	1	13	0	11	7	4	9	1	10	14	3	5	12	2	15	8	6
	2	1	4	11	13	12	3	7	14	10	15	6	8	0	5	9	2
	3	6	11	13	8	1	4	10	7	9	5	0	15	14	2	3	12
S_8	0	13	2	8	4	6	15	11	1	10	9	3	14	5	0	12	7
	1	1	15	13	8	10	3	7	4	12	5	6	11	0	14	9	2
	2	7	11	4	1	9	12	14	2	0	6	10	13	15	3	5	8
	3	2	1	14	7	4	10	8	13	15	12	9	0	3	5	6	11

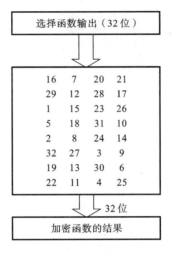

图 3-10 置换 P

（5）初始逆置换 IP^{-1}。

将 16 轮乘积变换后得到的 L_{16}（32 位）和 R_{16}（32 位）经过逆初始置换 IP^{-1}，得到 64 位的输出密文，如图 3-11 所示。

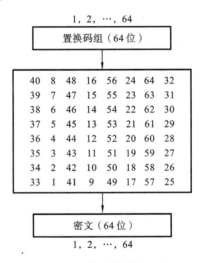

图 3-11 逆初始置换 IP^{-1}

3）子密钥的产生

子密钥的产生过程如图 3-12 所示，密钥注入 16 轮函数如图 3-13 所示。

给定 64 位的密钥 k，用置换选择 1 去掉 $8,16,\cdots,64$ 位等奇偶校验位，应用 PC-1 变换进行选位，选定后的结果是 56 位，设其前 28 位为 C_0，后 28 位为 D_0。置换选择 PC-1 如图 3-14 所示。将 56 位密钥分为左右各 28 位，计算 $C_i=LS_i(C_i-1)$；$D_i=LS_i(D_i-1)$；用置换选择 2 去掉 C_iD_i 的第 $9,18,\cdots,54$ 位，同时重新排剩下的 48 位，输出为 k_i，置换选择 PC-2 如图 3-15 所示。

移位次数如表 3-4 所示。置换选择 PC-2 将 C 中第 9、18、22、25 位和 D 中第 7、9、15、26 位删去，并将其余数字置换位置后送出 48 位数字作为第 i 次迭代时所用的子密钥 k_i。

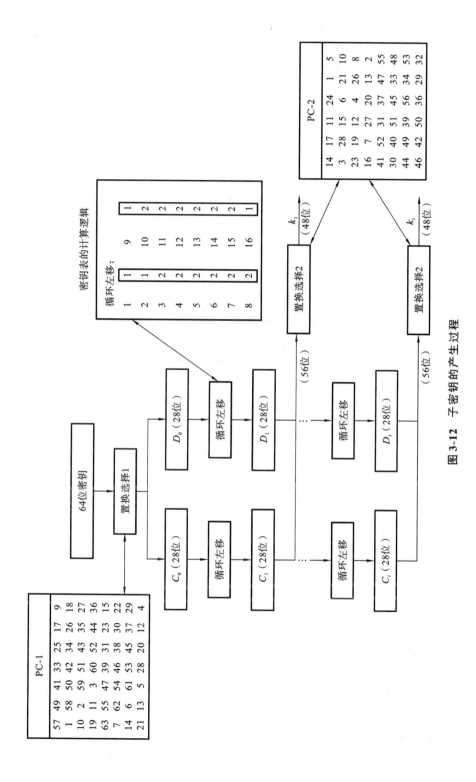

图 3-12　子密钥的产生过程

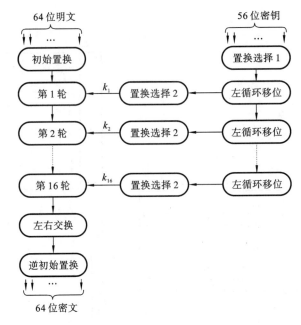

图 3-13　密钥注入 16 轮函数

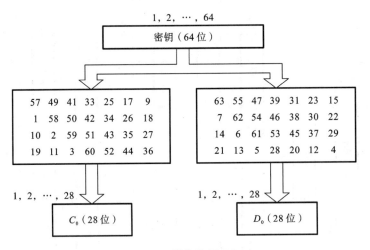

图 3-14　置换选择 PC-1

2. DES 分析

1) S 盒的安全性分析

有人认为 S 盒可能存在陷门，但至今没有迹象表明 S 盒中存在陷门。S 盒为 DES 的核心，一个非线性的代换：除 S 盒外，所有计算均是线性的，但它可能存在陷门。DES 的半公开性使得 S 盒的设计原理至今未公布。

关于 S 盒的构造要求如下。

（1）S 盒是许多密码算法的唯一非线性部件，因此，它的密码强度决定了整个算法的安全强度。

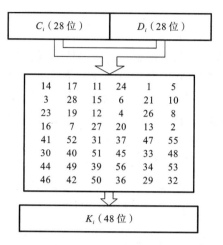

图 3-15　置换选择 PC-2

表 3-4　移位次数

第 i 次迭代	1	2	3	4	5	6	7	8	9	10	11	12	13	14	15	16
循环左移次数	1	1	2	2	2	2	2	2	1	2	2	2	2	2	2	1

（2）提供了密码算法所必需的混乱作用。

（3）如何全面、准确地度量 S 盒的密码强度和设计有效的 S 盒是分组密码设计和分析中的难题。

（4）S 盒具有非线性度、差分均匀性、严格雪崩准则、可逆性等特点，没有陷门。

（5）S 盒的每一行应该包括所有 16 种比特组合。

（6）没有一个 S 盒是它输入变量的线性函数。

（7）改变 S 盒的一个输入位至少引起两位的输出改变。

（8）S 盒的两个输入刚好有两个中间比特不同，输出至少有两个比特不同。

（9）S 盒的两个输入的前两位不同，最后两位相同，两个输出必须不同。

2）密钥长度

关于 DES 算法的另一个最有争议的问题就是担心实际 56 位的密钥长度不足以抵抗穷举攻击，因为密钥量只有 2^{56} 个。DES 有效密钥长度为 56 位，共有 56 位密钥，$2^{56} = 7.2 \times 10^{16} \approx 10^{17}$ 个可能值，这不能抵抗穷举攻击。

1997 年，科罗拉多州的程序员 Verser 在 Internet 上数万名志愿者的协作下用 96 天的时间找到了密钥长度为 40 位和 48 位的 DES 密钥；1998 年电子边境基金会（EFF）使用一台价值 25 万美元的计算机在 56 小时之内破译了 56 位的 DES；1999 年，电子边境基金会（EFF）通过互联网上的 10 万台计算机合作，仅用 22 小时 15 分破译了 56 位的 DES。

3）互补性

DES 算法具有互补性，即若 $c = \mathrm{DES}_k(m)$，$\bar{c}$ 是 c 的互补，$\bar{m}$ 是 m 的互补，则 $\bar{c} = \mathrm{DES}_{\bar{k}}(\bar{m})$。

使用 DES 算法时不要使用互补的密钥，否则当密码攻击者选择明文攻击时，他们仅需试验一半密钥。这种特性称为算法上的互补性。这种互补性会使 DES 在选择明文破译下所需的工作量减半。

4) 弱密钥

弱密钥是指由密钥 k 确定的加密函数与解密函数相同的一类密钥。

对于 DES 算法来说,在每次迭代时都有一个子密钥供加密用。如果给定初始密钥 k,各轮的子密钥都相同,即有 $k_1 = k_2 = \cdots = k_{16}$,就称给定密钥 k 为弱密钥(Weak Key)。如果各轮产生的子密钥一样,则加密函数与解密函数相同。DES 至少有如下的 4 个弱密钥:

$$0101010101010101$$
$$1f1f1f1f0e0e0e0e$$
$$e0e0e0e0f1f1f1f1$$
$$fefefefefefefefe$$

5) 半弱密钥

两个不同密钥将同一明文加密成相同密文,一个用来加密,一个用来解密。DES 的半弱密钥是子密钥生成过程中只能产生两个不同的子密钥或 4 个不同的子密钥,互为对合。DES 至少有 12 个半弱密钥。

3.1.3 DES 的变形

1998 年 12 月以后,DES 将不再作为联邦加密标准。人们对找到一种替代的加密算法相当感兴趣。一种是开辟新的方法,另一种是对 DES 进行复合,强化它的抗攻击能力。

1. 双重 DES

最简单的多次加密形式有两个加密阶段和两个密钥,给定一个明文 P 和两个加密密钥 k_1 和 k_2,双重加密如图 3-16 所示,满足如下公式:

$$C = E_{k_2}(E_{k_1}(P)) \Leftrightarrow P = D_{k_1}(D_{k_2}(C))$$

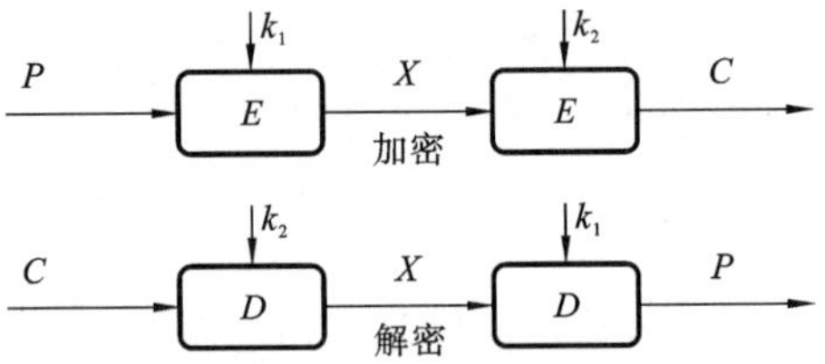

图 3-16 双重加密

对于 DES,密钥长度为 $56 \times 2 = 112$ 位。假设对于 DES 和所有 56 位密钥,给定任意两个密钥 k_1 和 k_2,都能找到一个密钥 k_3 使得 $E_{k_2}(E_{k_1}(P)) = E_{k_3}(P)$。

如果这个假设是事实,则 DES 的双重加密或者多重加密都等价于用一个 56 位密钥的一次加密。这个假设能否成立?

因为 DES 的加密事实上就是作一个从 64 位分组到一个 64 位分组的置换,而 64 位分组共有 2^{64} 可能的状态,因而可能的置换个数为

$$2^{64}! > 10^{347380000000000000000} > 10^{10^{20}}$$

另一方面,DES 的每个密钥确定了一个置换,因而总的置换个数为

$$2^{56} < 10^{17}$$

因此,有理由相信如果 DES 被使用两次,每次使用不同的密钥,那么产生的映射不是单次应用 DES 定义的一种映射。直到 1992 年才有人证明了这个结果。这是否意味可以采用双重DES?

2. 双重 DES 的中途攻击

有另外一种方法攻击双重 DES 方案,这种方法不依赖于任何 DES 的特殊属性,它对任何分组加密密码都有效。这就是中途攻击,即

$$C = E_{k_2}(E_{k_1}(P)) \Leftrightarrow X = E_{k_1}(P) = D_{k_2}(C)$$

给定明文密文对 (P,C):对所有 2^{56} 个密钥,加密 P,对结果排序;对所有 2^{56} 个密钥,解密 C,对结果排序。

逐个比较,找出 k_1, k_2 使得 $E_{k_1}(P) = D_{k_2}(C)$。密钥为 2^{112} 个,攻击用的代价(加密或解密所用运算次数)$\leqslant 2 \times 2^{56}$。

3. 双密钥的三重 DES

一个用于对付中途攻击的明显方法是用 3 个密钥进行 3 个阶段的加密,这样要求一个 $56 \times 3 = 168$ 位的密钥,这个密钥有点过大。

作为一种替代方案,Tuchman 提出使用双密钥的三重 DES。这个加密函数采用一个加密-解密-加密序列,如图 3-17 所示,即

$$C = E_{k_1}(D_{k_2}(E_{k_1}(P))) \Leftrightarrow P = D_{k_1}(E_{k_2}(D_{k_1}(C)))$$

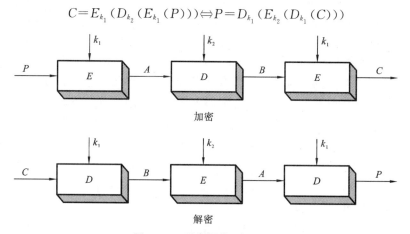

图 3-17　双密钥的三重 DES

这种替代 DES 的加密较为流行,并且已被用于密钥管理标准(The Key Manager Standards ANSX9.17 和 ISO8732),交替使用密钥 k_1 和 k_2 可以抵抗中间相遇攻击。到目前为止,还没有人给出攻击三重 DES 的有效方法对其密钥空间中的密钥进行蛮干搜索,因为空间太大,这实际上是不可行的。若用差分攻击的方法,相对于单一 DES 来说复杂性以指数形式增长,要超过 1052。

4. 三密钥的三重 DES

虽然到目前为止对上述双密钥的三重 DES 还没有好的实际攻击办法,但人们还是放心不下,又建议使用三密钥的三重 DES,此时密钥总长为 168 位,如图 3-18 所示,即

$$C = E_{k_3}(D_{k_2}(E_{k_1}(P))) \Leftrightarrow P = D_{k_3}(E_{k_2}(D_{k_1}(C)))$$

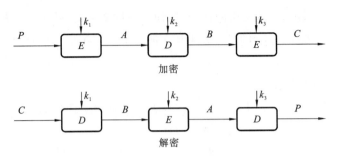

图 3-18　三密钥的三重 DES

3.1.4　高级加密标准 AES

1. AES 背景

关于 DES 安全问题,1999 年美国国家标准技术研究所(NIST)发布了一个新版本的 DES 标准(FIPS PUB46-3),将三重 DES(简写为 3DES)取代 DES 成为新的标准。3DES 有以下优点:它的密钥长度是 168 位,足以抵抗穷举攻击;3DES 的底层加密算法与 DES 的加密算法相同,该加密算法比任何其他加密算法受到分析的时间都长得多,也没有发现比穷举攻击更有效的密码分析攻击方法。这种加密方案的穷举攻击代价是 2^{112}。

由于 DES 存在安全问题,而三重 DES 算法运行速度比较慢,2000 年美国国家标准技术研究所提出新的美国联邦加密标准是高级加密标准(Advanced Encryption Standard, AES),其分组长度为 128 位的对称分组密码,密钥长度支持 128 位、192 位、256 位。

1997 年 1 月,NIST 向全世界密码学界发出征集 21 世纪高级加密标准算法的公告,并成立了 AES 标准工作研究室,1997 年 4 月 15 日的例会制定了对 AES 的评估标准。活动目的是确定一个非保密的、可以公开技术细节的、全球免费使用的分组密码算法作为新的数据加密标准。1997 年 9 月 12 日,美国联邦登记处公布了正式征集 AES 候选算法的通告。作为进入 AES 候选过程的一个条件,开发者承诺放弃被选中算法的知识产权。

对 AES 的基本要求:比三重 DES 快,至少与三重 DES 一样安全,数据分组长度为 128 位,密钥长度为 128 位、192 位、256 位。

1998 年 8 月 12 日,在首届 AES 会议上指定了 15 个候选算法。1999 年 3 月 22 日第二次 AES 会议上,将候选算法减少为 5 个,这 5 个算法是 RC6、Rijndael、SERPENT、Twofish 和 MARS。2000 年 4 月 13 日,第三次 AES 会议上,对这 5 个候选算法的各种分析结果进行了讨论。2000 年 10 月 2 日,NIST 宣布 Rijndael 作为新的 AES。至此,经过三年多的讨论,Rijndael 终于脱颖而出。

Rijndael 由比利时的 Joan Daemen 和 Vincent Rijmen 设计,算法的原型是 Square 算法,它的设计策略是宽轨迹策略(Wide Trail Strategy)。宽轨迹策略是针对差分分析和线性分析提出的,它的最大优点是可以给出算法的最佳差分特征的概率及最佳线性逼近的偏差的界。该算法有很好的抵抗差分密码分析及线性密码分析的能力。

NIST 最终选择 Rijndael 作为 AES 的标准,是由于 Rijndael 汇聚了安全性好、性能好、效率高、易用和灵活等优点。Rijndael 使用非线性结构的 S-boxes,表现出足够的安全余地;

Rijndael 在无论有无反馈模式的计算环境下的硬件、软件中都能显示出其非常好的性能；Rijndael 的密钥安装时间很好，也具有很高的灵活性；Rijndael 的非常低的内存需求也使它很适合用于受限的环境；Rijndael 的操作简单，并可抵御时间和能量攻击。此外，它还有许多未被特别强调的防御性能：Rijndael 在分组长度和密钥长度的设计上也很灵活，算法可根据分组长度和密钥长度的不同组合提供不同的迭代次数。虽然这些特征还需更深入地研究，短期内不可能被利用，但最终 Rijndael 内在的迭代结构显示良好的潜能以防御入侵行为。

AES 是一个迭代分组密码，其分组长度和密钥长度都可以改变，分组长度和密钥长度都可以单独设定。在第一轮之前，用了一个初始密钥加层，其目的是在不知道密钥的情况下对最后一个密钥加层以后的任一层（或者是当进行已知明文攻击时，对第一个密钥加层以前的任一层）可简单地剥去，因此初始密钥加层对密码的安全性无任何意义。许多密码的设计中都在轮变换之前和之后用了密钥加层，如 IDEA、SAFER 和 Blowfish。

为了使加密算法和解密算法在结构上更加接近，最后一轮的线性混合层与前面各轮的线性混合层不同，这类似于 DES 的最后一轮不作左右交换。可以证明这种设计不以任何方式提高或降低该密码的安全性。Rijndael 是一个迭代型分组密码，其分组长度和密钥长度都可变，各自可以独立地指定为 128 位、192 位、256 位。

AES 算法的轮变换中没有 Feistel 结构，轮变换是由三个不同的可逆一致变换组成，称为层。

线性混合层：确保多轮之上的高度扩散。

非线性层：具有最优最差情形非线性的 S 盒的并行应用。

密钥加层：轮密钥简单地异或到中间状态上。

AES 基本结构图如图 3-19 所示。

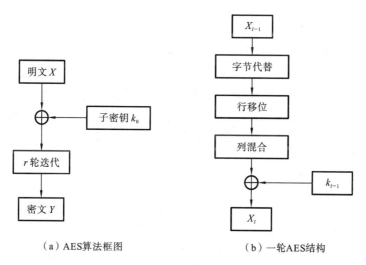

（a）AES算法框图　　　　（b）一轮AES结构

图 3-19　AES 基本结构图

2. AES 加密、解密算法原理概述

对称密码算法根据对明文消息加密方式不同可分为两大类，即分组密码和流密码。分组密码将消息分为固定长度的分组,输出的密文分组通常与输入的明文分组长度相同。AES 算法属于分组密码算法,它的输入分组、输出分组及 k 的长度分别为 128 位、192 位或 256 位。用 $N_k = 4,6,8$ 代表密钥串的字数(1 字数等于 32 位),用 N_r 表示对一个数据分组加密的轮数,每一轮都需要一个与输入分组具有相同长度(128 位)的扩展密钥 k_e 的参与。由于外部输入的加密密钥 k 长度有限,所以在 AES 中要用一个密钥扩展程序把外部密钥 k 扩展成更长的比特串,以生成各轮的加密密钥。

1) 消息分组和密钥分组

消息分组和密钥分组分别按字节进行划分(一个字节 8 位),为简单起见,只讨论密钥长度为 128 位、消息长度为 192 位的情形。

明文分组为 $a_{00}, \cdots, a_{30}, \cdots, a_{05}, \cdots, a_{35}$,如表 3-5 所示;密钥分组为 $k_{00}, \cdots, k_{30}, \cdots, k_{03}, \cdots, k_{33}$,如表 3-6 所示。

表 3-5 明文分组

a_{00}	a_{01}	a_{02}	a_{03}	a_{04}	a_{05}
a_{10}	a_{11}	a_{12}	a_{13}	a_{14}	a_{15}
a_{20}	a_{21}	a_{22}	a_{23}	a_{24}	a_{25}
a_{30}	a_{31}	a_{32}	a_{33}	a_{34}	a_{35}

表 3-6 密钥分组

k_{00}	k_{01}	k_{02}	k_{03}
k_{10}	k_{11}	k_{12}	k_{13}
k_{20}	k_{21}	k_{22}	k_{23}
k_{30}	k_{31}	k_{32}	k_{33}

2) 迭代轮数与密钥、消息分组的关系

Rijndael 算法与 DES 算法一样,由基本的变换单位"轮"多次迭代而成。迭代轮数与密钥分组、消息分组的关系如表 3-7 所示,其中,N_r 表示迭代轮数;N_b 表示消息分组按字节划分的矩阵列数(行数等于 4);N_k 表示密钥分组按字节划分的矩阵列数(行数等于 4)。

表 3-7 迭代轮数与密钥分组、消息分组的关系

N_r	$N_b = 4$	$N_b = 6$	$N_b = 8$
$N_k = 4$	10	12	14
$N_k = 6$	12	12	14
$N_k = 8$	14	14	14

3) AES 加密算法的具体实现

AES 每轮要经过 4 次变换,分别是 SubByte()(字节代换)运算、S 盒变换(查表)ShiftRows()(行移位)变换、MixColumns()(列混合)变换。

如果用 128 位的密钥(循环次数为 10),那么每次加密的分组长为 128 位(16 个字节),

每次从明文中按顺序取出 16 个字节，假设为 a_0、a_1、a_2、a_3、a_4、a_5、a_6、a_7、a_8、a_9、a_{10}、a_{11}、a_{12}、a_{13}、a_{14}、a_{15}，这 16 个字节在进行变换前先放到一个 4×4 的矩阵中，如图 3-20 所示，这个矩阵称为状态(State)。

a_0	a_4	a_8	a_{12}
a_1	a_5	a_9	a_{13}
a_2	a_6	a_{10}	a_{14}
a_3	a_7	a_{11}	a_{15}

图 3-20　状态

以后所有的变换都是基于这个矩阵进行的，到此，准备工作已经完成。下面按照顺序进行加密变换。

(1) SubByte ()(字节代换)如图 3-21 所示。

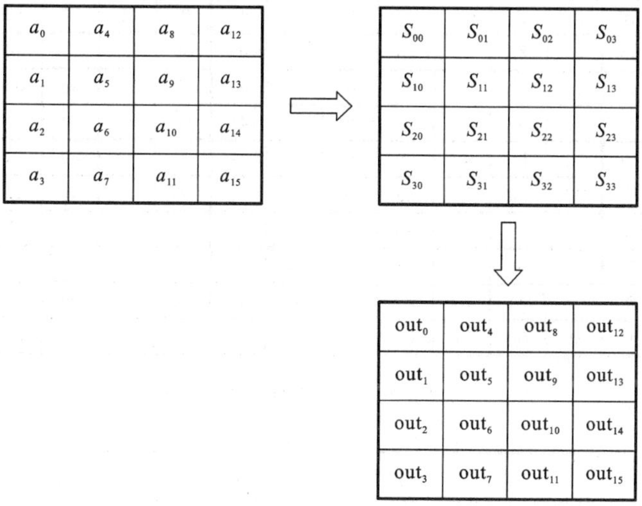

图 3-21　SubByte ()(**字节代换**)

(2) S 盒变换(查表)如图 3-22 所示。

(3) ShiftRows()(行移位)变换如图 3-23 所示。

(4) MixColumns()(列混合)变换如图 3-24 所示。

$S'_{0c}=(\{02\}\cdot S_{0c})\oplus(\{03\}\cdot S_{1c})\oplus S_{2c}\oplus S_{3c}$，但这个结果可能会超出一个字节的存储范围，所以实际上还要对结果进行处理。

3. AES 加密算法性能分析

(1) AES 有更长的密钥，密钥长度可为 128 位、192 位和 256 位三种情况，明显提高了加密的安全性，同时，对不同机密级别的信息，可采用不同长度的密钥，执行灵活性较高。

(2) AES 的均衡对称结构既可以提高执行的灵活度，又可以防止差分分析方法的攻击。

(3) AES 算法的迭代次数最多为 14 次，S 盒只有 1 个，较之 DES 算法的 16 次迭代和 8 个 S 盒要简单得多。

AES 算法在所有的平台上都表现良好。与 DES 算法相比，AES 算法无 DES 算法中的弱密钥和半弱密钥；紧凑的设计使得 AES 算法没有足够的空间来隐藏陷门。与 IDEA 算法相比，AES 算法无 IDEA 算法中的弱密钥。AES 算法具有扩展性：密钥长度可以扩展到 32 位倍数的任意密钥长度，分组长度可以扩展到 64 位倍数的任意分组长度。

		Y															
		0	1	2	3	4	5	6	7	8	9	a	b	c	d	e	f
X	0	63	7c	77	7b	f2	6b	6f	c5	30	01	67	2b	fe	d7	ab	76
	1	ca	82	c9	7d	fa	59	47	f0	ad	d4	a2	af	9c	a4	72	c0
	2	b7	fd	93	26	36	3f	f7	cc	34	a5	e5	f1	71	d8	31	15
	3	04	c7	23	c3	18	96	05	9a	07	12	80	e2	eb	27	b2	75
	4	09	83	2c	1a	1b	6e	5a	a0	52	3b	d6	b3	29	e3	2f	84
	5	53	d1	00	ed	20	fc	b1	5b	6a	cb	be	39	4a	4c	58	cf
	6	d0	ef	aa	fb	43	4d	33	85	45	f9	02	7f	50	3c	9f	a8
	7	51	a3	40	8f	92	9d	38	f5	bc	b6	da	21	10	ff	f3	d2
	8	cd	0c	13	ec	5f	97	44	17	c4	a7	7e	3d	64	5d	19	73
	9	60	81	4f	dc	22	2a	90	88	46	ee	b8	14	de	5e	0b	db
	a	e0	32	3a	0a	49	06	24	5c	c2	d3	ac	62	91	95	e4	79
	b	e7	c8	37	6d	8d	d5	4e	a9	6c	56	f4	ea	65	7a	ae	08
	c	ba	78	25	2e	1c	a6	b4	c6	e8	dd	74	1f	4b	bd	8b	8a
	d	70	3e	b5	66	48	03	f6	0e	61	35	57	b9	86	c1	1d	9e
	e	e1	f8	98	11	69	d9	8e	94	9b	1e	87	e9	ce	55	28	df
	f	8c	a1	89	0d	bf	e6	42	68	41	99	2d	0f	b0	54	bb	16

图 3-22 S 盒变换(查表)

S_{00}	S_{01}	S_{02}	S_{03}
S_{10}	S_{11}	S_{12}	S_{13}
S_{20}	S_{21}	S_{22}	S_{23}
S_{30}	S_{31}	S_{32}	S_{33}

⇨

S_{00}	S_{01}	S_{02}	S_{03}
S_{11}	S_{12}	S_{13}	S_{10}
S_{22}	S_{23}	S_{20}	S_{21}
S_{33}	S_{30}	S_{31}	S_{32}

图 3-23 ShiftRows()(行移位)变换

$$\begin{bmatrix} s'_{0c} \\ s'_{1c} \\ s'_{2c} \\ s'_{3c} \end{bmatrix} = \begin{bmatrix} 02 & 03 & 01 & 01 \\ 01 & 02 & 03 & 01 \\ 01 & 01 & 02 & 03 \\ 03 & 01 & 01 & 02 \end{bmatrix} \begin{bmatrix} s_{0c} \\ s_{1c} \\ s_{2c} \\ s_{3c} \end{bmatrix}$$

图 3-24 MixColumns()(列混合)变换

3.2 流密码

在保密强度要求高的场合(如大量军事密码系统)仍多采用流密码,美军的核心密码仍是"一次一密"的流密码体制。鉴于流密码的分析和设计在军事和外交保密通信中有重要价值,流密码的设计基本上都是保密的,国内外少有专门论述流密码的著作,公开的文献也不多。尽管如此,由于流密码长度可灵活变化,且具有运算速度快、密文传输没有差错或只有有限的错误等优点,流密码目前仍是国际密码应用的主流。基于伪随机序列的流密码是当今最通用的密码系统。"一次一密"密码在理论上是不可攻破的。流密码则由"一次一密"密码启发而来。流密码目前的理论已经比较成熟,工程实现也比较容易,加密效率高,在许多重要领域得到应用。"一次一密"密码使用的密钥是与明文一样长的随机序列,密钥越长越安全,但长密钥的存储、分配都很困难。

在流密码中,将明文消息按一定长度分组(长度较小时,通常按字或字节分组),然后对各组用相关但不同的密钥进行加密,产生相应的密文,相同的明文分组会因在明文序列中的位置不同而对应不同的密文分组。

相对分组密码而言,流密码主要有以下优点。

(1) 在硬件实施上,流密码的速度一般要比分组密码的快,而且不需要很复杂的硬件电路。

(2) 在某些情况下(如对某些电信上的应用),当缓冲不足或必须对收到的字符进行逐一处理时,流密码就显得更加必要和恰当。

(3) 流密码能较好地隐藏明文的统计特征等。

3.2.1 流密码的原理

在流密码中,明文按一定长度分组后被表示成一个序列,并称为明文流,序列中的一项称为一个明文字。加密时,先由主密钥产生一个密钥流序列,该序列的每一项和明文字具有相同的比特长度,称为一个密钥字。然后依次把明文流和密钥流中的对应项输入加密函数,产生相应的密文字,由密文字构成密文流输出。即设明文流为

$$M = m_1 m_2 \cdots m_i \cdots$$

密钥流为

$$K = k_1 k_2 \cdots k_i \cdots$$

则加密为

$$C = c_1 c_2 \cdots c_i \cdots = E_{k_1}(m_1) E_{k_2}(m_2) \cdots E_{k_i}(m_i) \cdots$$

解密为

$$M = m_1 m_2 \cdots m_i \cdots = D_{k_1}(c_1) D_{k_2}(c_2) \cdots D_{k_i}(c_i) \cdots$$

流密码通信模式框图如图 3-25 所示。

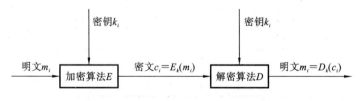

图 3-25 流密码通信模式框图

【例 3-1】 设明文、密钥、密文都是 F_2 上的二元数字序列,明文 $m = m_1 m_2 \cdots$,密钥为 $k = k_1 k_2 \cdots$,若加密变换与解密变换都是 F_2 中的模 2 加法,试写出加密过程与解密过程。

解 经加密变换得

$$C = E_k(m) = E_{k_1}(m_1) E_{k_2}(m_2) \cdots = (k_1 + m_1)(k_2 + m_2) \cdots$$

经解密变换得

$$D_k(C) = D_k((k_1 + m_1)(k_2 + m_2) \cdots) = (k_1 + k_1 + m_1)(k_2 + k_2 + m_2) \cdots$$

由于 $k_i \in F_2$,则 $k_i + k_i = 0, i = 1, 2, \cdots$,故 $D_k(C) = m_1 m_2 \cdots = m$。

密文 c 可由明文 m 与密钥 k 进行模 2 加法获得。因此,要用该密码系统通信就要求每

发送一条消息都要产生一个新的密钥,并在一个安全的信道上传输,习惯上称这种通信系统为"一次一密系统"。

分组密码与流密码的比较如图 3-26 所示。

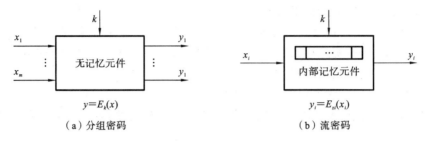

（a）分组密码   （b）流密码

图 3-26　分组密码与流密码的比较

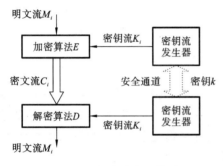

图 3-27　同步流密码模型

流密码可分为同步流密码和自同步流密码。

用状态转移函数 f_s 描述流密码加密器中存储器的状态随时间变化的过程。

同步流密码:如果某个流密码中的状态转移函数 f_s 不依赖被输入加密器存储器的明文,则密钥流的生成独立于明文流和密文流的流密码称为同步流密码。同步流密码使用最广泛。同步流密码模型如图 3-27 所示。

自同步流密码(也称异步流密码):状态转移函数 f_s 与输入明文有关,即其中密钥流的产生并不是独立于明文流和密文流的。通常第 i 个密钥字的产生不仅与主密钥有关,而且与已经产生的若干个密文字有关。自同步流密码模型如图 3-28 所示。

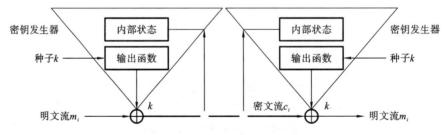

图 3-28　自同步流密码模型

同步流密码中,消息的发送者和接收者必须同步才能正确地加密、解密,即双方使用相同的密钥,并用其对同一位置进行操作。一旦由于密文字符在传输过程中被插入或删除而破坏了这种同步,那么解密工作将失败,因此,需要在密码系统中采用能够建立密钥流同步的辅助性方法。分解后的同步流密码如图 3-29 所示。

3.2.2　密钥流生成器

产生同步流密码的关键是密钥流产生器。一般可将其看成一个参数为 k 的有限状态自动机,由一个输出符号集 Z、一个状态集 Σ、两个函数 φ 和 ψ,以及一个初始状态 σ_0 组成。作为有限状态自动机的密钥流生成器如图 3-30 所示。状态转移函数 $\varphi:\sigma_i \to \sigma_{i+1}$,将当前状态 σ_i 变为一个新状态 σ_{i+1},输出函数 $\psi:\sigma_i \to z_i$,当前状态 σ_i 变为输出符号集中的一个元素 z_i。这种密钥流生成器设计的关键在于找出适当的状态转移函数 φ 和输出函数 ψ,使得输出序列 z 满足密钥流序列 z 应满足的几个条件,并且要求在设备上是节省的和容易实现的。为了实现这一目标,必须采用非线性函数。

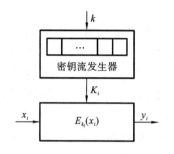

图 3-29　分解后的同步流密码

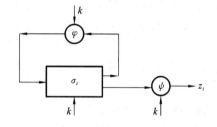

图 3-30　作为有限状态自动机的密钥流生成器

由于具有非线性的 φ 的有限状态自动机理论很不完善,相应的密钥流产生器的分析工作受到极大的限制。相反地,当采用线性的 φ 和非线性的 ψ 时,能够进行深入的分析并可以得到好的生成器。为方便讨论,可将这类生成器分成驱动部分和非线性组合部分,密钥流生成器的分解如图 3-31 所示。驱动部分控制生成器的状态转移,并为非线性组合部分提供统计性能好的序列,而非线性组合部分要利用这些序列组合出满足要求的密钥流序列。

目前最常见的两种密钥流产生器如图 3-32 所示,其驱动部分是一个或多个线性反馈移位寄存器。

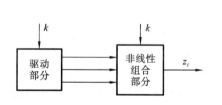

图 3-31　密钥流生成器的分解

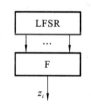

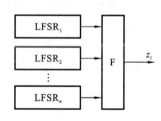

图 3-32　最常见的两种密钥流产生器

1. 线性反馈移位寄存器

移位寄存器是流密码产生密钥流的一个主要组成部分。GF(2)上的 n 级反馈移位寄存器由 n 个二元存储器与一个反馈函数 $f(a_1,a_2,\cdots,a_n)$ 组成,如图 3-33 所示。

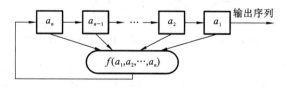

图 3-33　GF(2)上的 n 级反馈移位寄存器

每一存储器称为移位寄存器的一级,在任一时刻,这些级的内容构成该反馈移位寄存器的状态,每一状态对应于 GF(2)上的一个 n 维向量,共有 $2n$ 种可能的状态。每一时刻的状态可用 n 长序列

$$a_1, a_2, \cdots, a_n$$

或 n 维向量

$$(a_1, a_2, \cdots, a_n)$$

表示,其中 a_i 是第 i 级存储器的内容。

初始状态由用户确定,当第 i 个移位时钟脉冲到来时,每一级存储器 a_i 都将其内容向下一级 a_{i-1} 传递,并根据寄存器此时的状态 $a_1, a_2, \cdots, a_n$ 计算 $f(a_1, a_2, \cdots, a_n)$,作为下一时刻的 a_n。反馈函数 $f(a_1, a_2, \cdots, a_n)$ 是 n 元布尔函数,即 n 个变元 $a_1, a_2, \cdots, a_n$ 可以独立地取 0 和 1 这两个可能的值,函数中的运算有逻辑与、逻辑或、逻辑补等运算,最后的函数值也为 0 或 1。

【例 3-2】 图 3-34 所示的是一个 3 级反馈移位寄存器,其初始状态为$(a_1, a_2, a_3) = (1, 0, 1)$,即可求出其输出如图 3-35 所示。

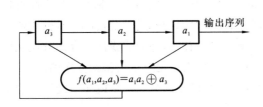

$$f(a_1, a_2, a_3) = a_1 a_2 \oplus a_3$$

图 3-34 一个 3 级反馈移位寄存器

状态 (a_1, a_2, a_3)			输出
1	0	1	1
1	1	0	0
1	1	1	1
0	1	1	1
1	0	1	1
1	1	0	0

图 3-35 一个 3 级反馈移位寄存器的输出

输出序列为 101110111011…,周期为 4。

如果移位寄存器的反馈函数 $f(a_1, a_2, \cdots, a_n)$ 是 $a_1, a_2, \cdots, a_n$ 的线性函数,则称为线性反馈移位寄存器(Linear Feedback Shift Register,LFSR)。此时 f 可写为

$$f(a_1, a_2, \cdots, a_n) = c_n a_1 \oplus c_{n-1} a_2 \oplus \cdots \oplus c_1 a_n$$

其中常数 $c_i = 0$ 或 1,$\oplus$ 是模 2 加法。$c_i = 0$ 或 1 可用开关的断开和闭合来实现,GF(2)上的 n 级线性反馈移位寄存器如图3-36所示。

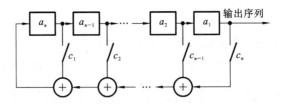

图 3-36 GF(2)上的 n 级线性反馈移位寄存器

输出序列 $\{a_t\}$ 满足 $a_{n+t} = c_n a_t \oplus c_{n-1} a_{t+1} \oplus \cdots \oplus c_1 a_{n+t-1}$,其中 t 为非负整数。

线性反馈移位寄存器因其实现简单、速度快、有较为成熟的理论等优点而成为构造密钥流生成器的最重要的部件之一。

【例 3-3】　图 3-37 所示的是一个 5 级线性反馈移位寄存器,其初始状态为$(a_1,a_2,a_3,a_4,a_5)=(1,0,0,1,1)$,可求出输出序列为

$$1001101001000010101110110001111100110\cdots$$

周期为 31。

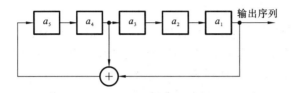

图 3-37　一个 5 级线性反馈移位寄存器

在线性反馈移位寄存器中总是假定 $c_1,c_2,\cdots,c_n$ 中至少有一个不为 0,否则 $f(a_1,a_2,\cdots,a_n)\equiv 0$,这样的话,在 n 个脉冲后状态必然是 $00\cdots 0$,且这个状态必将一直持续下去。若只有一个系数不为 0,设仅有 c_j 不为 0,实际上是一种延迟装置。一般对于 n 级线性反馈移位寄存器,总是假定 $c_n=1$。

线性反馈移位寄存器输出序列的性质完全由其反馈函数决定。n 级线性反馈移位寄存器最多有 $2n$ 个不同的状态。若其初始状态为 0,则其状态恒为 0。若其初始状态非 0,则其后继状态不会为 0。因此 n 级线性反馈移位寄存器的状态周期小于等于 $2n-1$。其输出序列的周期与状态周期相等,也小于等于 $2n-1$。只要选择合适的反馈函数便可使序列的周期达到最大值 $2n-1$,周期达到最大值的序列称为 m 序列。

2. 非线性序列

前面已介绍的密钥流生成器可分解为驱动部分和非线性组合部分,驱动部分常用一个或多个线性反馈移位寄存器来实现,非线性组合部分用非线性组合函数 F 来实现。本节介绍非线性组合部分。

为了使密钥流生成器输出的二元序列尽可能复杂,应保证其周期尽可能大、线性复杂度和不可预测性尽可能高,因此常使用多个 LFSR 来构造二元序列,称每个 LFSR 的输出序列为驱动序列,显然密钥流生成器输出序列的周期不大于各驱动序列周期的乘积,因此,提高输出序列的线性复杂度应从极大化其周期开始。

二元序列的线性复杂度指生成该序列的最短 LFSR 的级数,最短 LFSR 的特征多项式称为二元序列的极小特征多项式。

下面介绍一种由多个 LFSR 驱动的非线性序列生成器——Geffe 序列生成器。

Geffe 序列生成器由 3 个 LFSR 组成,其中 LFSR$_2$ 作为控制生成器使用,如图 3-38 所示。

当 LFSR$_2$ 输出 1 时,LFSR$_2$ 与 LFSR$_1$ 连接;当 LFSR$_2$ 输出 0 时,LFSR$_2$ 与 LFSR$_3$ 连接。若设 LFSR$_i$ 的输出序列为 $\{a(i)k\}$ $(i=1,2,3)$,则输出序列 $\{b_k\}$ 可以表示为

$$b_k=a_k^{(1)}a_k^{(2)}+a_k^{(3)}\,\overline{a_k^{(2)}}=a_k^{(1)}a_k^{(2)}+a_k^{(3)}a_k^{(2)}+a_k^{(3)}$$

密钥流生成器设计中,在考虑安全性要求的前提

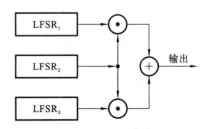

图 3-38　Geffe 序列生成器图

下还应考虑以下两个因素。

(1) 密钥 k 易于分配、保管,更换简单。

(2) 易于实现,快速。

3.2.3 RC4 算法

RC4 算法是大名鼎鼎的 RSA 三人组中的头号人物 Ron Rivest 在 1987 年设计的一种流密码。当时,该算法作为 RSA 公司的商业机密并没有被公开,直到 1994 年 9 月,RC4 算法才通过 Cypberpunks 匿名邮件列表匿名地公开于 Internet 上。泄露出来的 RC4 算法通常称为 ARC4(Assumed RC4),虽然它的功能经证实等价于 RC4,但 RSA 公司从未正式承认泄露的算法就是 RC4。目前,真正的 RC4 要求从 RSA 公司购买许可证,但基于开放源代码的 RC4 产品使用的是当初泄露 ARC4 算法。

由于 RC4 算法具有良好的随机性和抵抗各种分析的能力,该算法在众多领域的安全模块得到了广泛的应用。在国际著名的安全协议标准 SSL/TLS(安全套接层/安全传输层协议)中,利用 RC4 算法保护互联网传输中的保密性。在作为 IEEE 802.11 无线局域网标准的 WEP 协议中,利用 RC4 算法进行数据间的加密。同时,RC4 算法也被集成于 Microsoft Windows、Lotus Notes、Apple AOCE、Oracle Secure SQL 等应用中,还包括 TLS、磷酸(基于 Wi-Fi 保护接入)、微软 PPTP 的微软办公,并应用于 Adober Acrobat 和其他应用领域。

RC4 是 Ron Rivest 为 RSA 公司在 1987 年设计的一种流密码。它是一种可变密钥长度、面向字节操作的流密码。RC4 可能是应用最广泛的流密码,用于 SSL/TLS 以及 IEEE 802.1 无线局域网中的 WEP 协议。

RC4 算法是一个以分组长度 n(一般 n 表示单个字节的长度)为参数的二元加法流密码体制,其内部状态包括 $N=21$ 个字节的 S 盒。该算法非常简单,由以下两部分组成。

(1) 密钥调度算法(Key Scheduling Algorithm,KSA),由输入的随机密钥 k(典型长度为 64 位或 128 位)生成一个由元素 $0,1,\cdots,N-1$ 组成的初始排列 $S\{0,1,\cdots,N-1\}$,N 一般为 256。

(2) 伪随机密钥序列生成算法(Pseudo-Random Generation Algorithm,PRGA),PRGA 借由 KSA 产生的向量 S 生成伪随机密钥序列 $Z[i]$,最终与明文相异或产生密文。

RC4 算法的具体加密过程可由图 3-39 表示,大致过程如下。

(1) 初始状态向量 S(256 个字节,用来作为密钥流生成的种子 1)按照升序,给每个字节赋值 $0,1,2,3,4,5,6,\cdots,254,255$。

(2) 初始密钥(由用户输入),长度任意。如果输入长度小于 256 个字节,则进行轮转,直到填满。

例如,输入密钥的是 $1,2,3,4,5$,那么填入的是 $1,2,3,4,5,1,2,3,4,5,1,2,3,4,5,\cdots$。轮转过程得到 256 个字节的向量 T(用来作为密钥流生成的种子 2)。

(3) 开始对状态向量 S 进行置换操作(用来打乱初始种子 1)。

(4) 秘钥流的生成与加密。

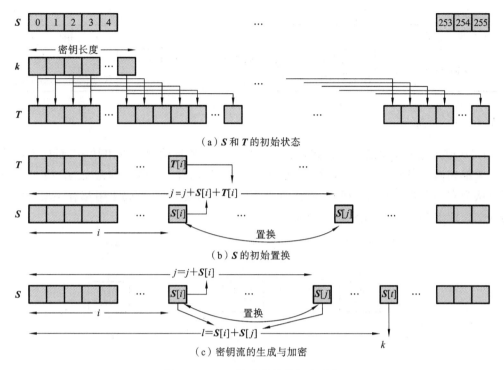

图 3-39　RC4 算法的具体加密过程

3.3　分组密码的工作模式

分组密码在加密时明文的长度是固定的,而实际中待加密消息的数据量是不定的,数据格式也可能是多种多样的,为了能在各种应用场合安全地使用分组密码,通常对不同的使用目的运用不同的工作模式。

分组密码的工作模式是指以某个分组密码算法为基础,解决对任意长度的明文的加密问题。

电子密码本(Electronic Code Book,ECB)模式、密码分组链接(Cipher Block Chaining,CBC)模式、密码反馈(Cipher Feed Back,CFB)模式、输出反馈(Output Feed Back,OFB)模式,这四种工作模式适用于不同的应用需求。

分组密码的工作模式比较如表 3-8 所示。

表 3-8　分组密码的工作模式比较

模　　式	描　　述	用　　途
电子密码本(ECB)模式	每个明文组独立地以同一密钥加密	传送短数据
密码分组链接(CBC)模式	加密算法的输入是当前明文组与前一密文组的异或	传送数据分组;认证
密码反馈(CFB)模式	每次只处理输入的 j b,将上一次的密文用作加密算法的输入以产生伪随机输出,该输出再与当前明文异或,以产生当前密文	传送数据流;认证

模 式	描 述	用 途
输出反馈(OFB)模式	与 CFB 模式类似,不同之处是本次加密算法的输入为前一次加密算法的输出	在有干扰的信道上(无线通信)传送数据流

3.3.1 ECB 模式

ECB 模式是最简单的运行模式,它一次对一个 64 位长的明文分组加密,而且每次的加密密钥都相同。当密钥取定时,对明文的每一个分组,都有一个唯一的密文与之对应。因此可以认为有一个非常大的电码本,对任意一个可能的明文分组,电码本中都有一项对应于它的密文。ECB 模式框图如图 3-40 所示。

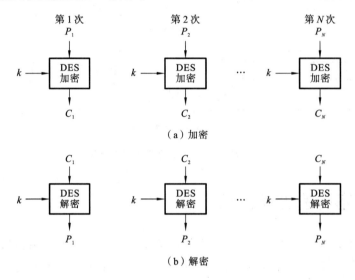

（a）加密

（b）解密

图 3-40 ECB 模式框图

如果消息长于 64 位,则将其分为长为 64 位的分组,最后一个分组如果不够 64 位,则需要填充。解密过程也是一次对一个分组解密,而且每次解密都使用同一密钥。明文是由分组长为 64 位的分组序列 $P_1, P_2, \cdots, P_N$ 构成,相应的密文分组序列是 $C_1, C_2, \cdots, C_N$。ECB 在用于短数据(如加密密钥)时非常理想,因此,如果需要安全地传递 DES 密钥(加密对称密钥),ECB 是最合适的模式。ECB 的最大特性是同一明文分组在消息中重复出现的话,产生的密文分组也相同。

ECB 的特点:ECB 用于短数据(如加密密钥)非常理想,用于长消息不够安全;简单、有效;可以并行实现;不能隐藏明文的模式信息,相同明文生成相同密文,同样的信息多次出现造成泄漏;对明文的主动攻击是可能的,信息块可被替换、重排、删除、重放;误差传递,密文块损坏仅对应明文块损坏;适合于传输短信息。

EBC 的优点:实现简单;不同明文分组的加密可并行实施,尤其是硬件实现时速度很快。

EBC 的缺点:不同的明文分组之间的加密独立进行,故保留了单表代替缺点,造成相同明文分组对应相同密文分组,因而不能隐蔽明文分组的统计规律和结构规律,不能抵抗替换攻击。

EBC 的典型应用有随机数的加密保护和单分组明文的加密。

【例 3-4】　假设银行 A 和银行 B 之间的资金转账系统使用的报文模式如图 3-41 所示。

1	2	3	4	5	6	7	8	9	10	11	12	13
时间标记	发送银行		接收银行		储户姓名1					储户帐号1		存款金额
1	2	3	4	5	6	7	8	9	10	11	12	13
时间标记	发送银行		接收银行		储户姓名2					储户帐号2		存款金额

图 3-41　资金转账系统使用的报文模式

敌手 C 通过接收从 A 到 B 的加密消息,只要将第 5 至第 12 分组替换为自己的姓名和账号相对应的密文,就可将别人的存款存入自己的账号。

3.3.2　CBC 模式

为了克服 ECB 的安全性缺陷,希望设计一个工作模式,可以使得当同一个明文分组重复出现时产生不同的密文分组。一个简单的方法是密码分组链接,从而使输出不仅与当前输入有关,而且与以前输入和输出有关。

CBC 每次对一明文分组加密,加密使用相同的密钥;加密算法的输入是当前明文分组和前一次密文分组的异或,因此加密算法的输入不会显示出与这次的明文分组之间的固定关系,所以重复的明文分组不会在密文中暴露出这种重复关系。

CBC 模式的特点如下。

(1) 明文块的统计特性得到了隐蔽。由于在密文 CBC 模式中,各密文块不仅与当前明文块有关,而且还与以前的明文块及初始化向量有关,从而使明文的统计规律在密文中得到了较好的隐蔽。

(2) 具有有限的(两步)错误传播特性。一个密文块的错误将导致两个密文块不能正确脱密。

(3) 具有自同步功能。密文出现丢块和错块不影响后续密文块的脱密。若从第 t 个密文块开始正确求出,则第 $t+1$ 个明文块就能正确求出。

在 CBC 模式下,加密算法的输入是当前明文组与前一密文组的异或。

记初始化向量(IV)为 c_0,则加密过程可表示为

$$c_i = E_K(m_i \oplus c_{i-1}), \quad i=1,2,3,\cdots$$

解密时,每一个密文分组被解密后,再与前一个密文分组异或,即

$$D_K(C_n) \oplus C_{n-1} = D_K(E_K(C_{n-1} \oplus P_n)) \oplus C_{n-1} = C_{n-1} \oplus P_n \oplus C_{n-1} = P_n$$

因而产生出明文分组。

CBC 模式框图如图 3-42 所示。在产生第 1 个密文分组时,需要有一个初始向量 IV 与第 1 个明文分组异或。解密时,IV 和解密算法对第 1 个密文分组的输出进行异或以恢复第

1 个明文分组。

IV 对于收发双方都应是已知的,为使安全性最高,IV 应像密钥一样被保护,可使用
ECB 加密模式来发送 IV。

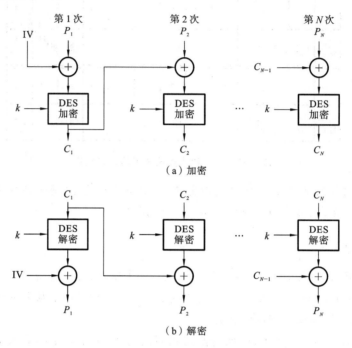

图 3-42　CBC 模式框图

3.3.3　CFB 模式

CFB 模式框图如图 3-43 所示。若待加密消息需按字符、字节或比特处理时,可采用
CFB 模式或 OFB 模式,实际上是将 DES 转换为流密码。流密码不需要对消息进行填充,而
且运行是实时的,并称待加密消息按 j 位处理的 CFB 模式为 j 位 CFB 模式。

流密码具有密文和明文一样长这一性质,因此,如果需要发送的每个字符长为 8 位,就
应使用 8 位密钥来加密每个字符。如果密钥长超过 8 位,则造成浪费。

设传送的每个单元(如一个字符)是 j 位长,通常取 $j=8$,与 CBC 模式一样,明文单元被连
接在一起,使得密文是前面所有明文的函数。加密时,加密算法的输入是 64 位移位寄存器,其
初始值为某个初始向量 IV。加密算法输出的最左(最高有效位)j 位与明文的第一个单元 P_1
进行异或,产生密文的第一个单元 C_1,并传送该单元;然后将移位寄存器的内容左移 j 位并将
C_1 送入移位寄存器最右边的 j 位。这一过程一直进行到明文的所有单元都被加密为止。

适用范围:适用于每次处理 j 位明文块的特定需求的加密情形,能灵活适应数据各格式
的需要。例如,数据库加密要求加密时不能改变明文的字节长度,这时就要以明文字节为单
位进行加密。

解密时,将收到的密文单元与加密函数的输出进行异或。注意,这时仍然使用加密算法
而不是解密算法,原因如下。

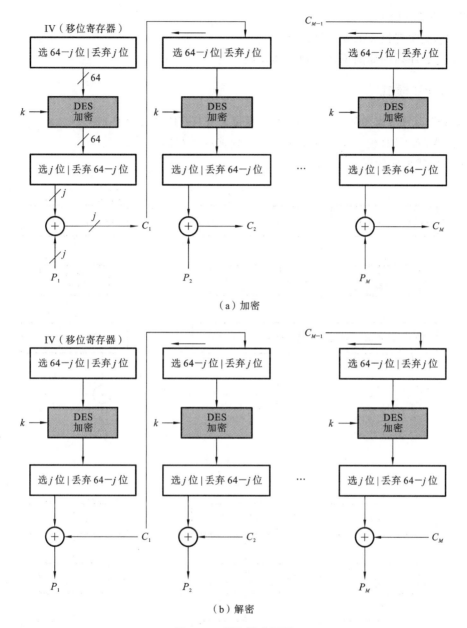

（a）加密

（b）解密

图 3-43　CFB 模式框图

设 $S_j(X)$ 是 X 的 j 个最高有效位，那么

$$C_1 = P_1 \oplus S_j(E(\text{IV}));\quad P_1 = C_1 \oplus S_j(E(\text{IV}))$$

可证明以后各步也有类似的这种关系，CFB 模式除能获得保密性外，还能用于认证。

　　CFB 的优点如下。

　　（1）将分组密码当作序列密码使用。

　　（2）不具有错误传播特性。只要密文在传输过程中不丢失信号，即使信道不好，也能将明文的大部分信号正常恢复。

CFB 的缺点如下。

（1）不能实现报文的完整性认证。

（2）乱数序列的周期可能有短周期现象。

3.3.4 OFB 模式

OFB 模式的结构类似于 CFB 模式。不同之处：OFB 模式是将加密算法的输出反馈到移位寄存器，而 CFB 模式是将密文单元反馈到移位寄存器。

OFB 模式框图如图 3-44 所示。

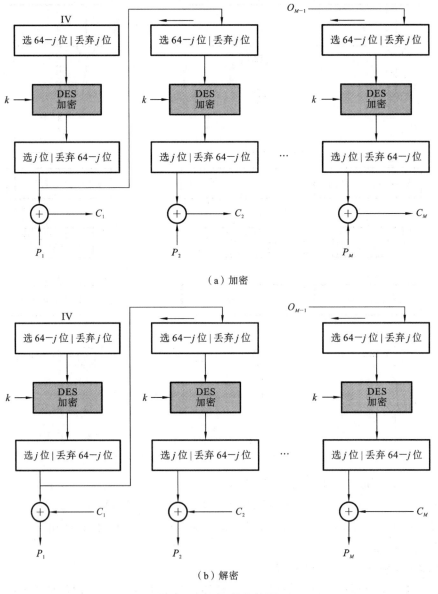

（a）加密

（b）解密

图 3-44 OFB 模式框图

OFB 模式的优点是传输过程中的比特错误不会被传播。若 IV 传播出错,则会影响所有的分组。例如,C_1 中出现 1 位错误,在解密结果中只有 P_1 受到影响,以后各明文单元则不受影响。而在 CFB 中,C_1 也作为移位寄存器的输入,因此它的 1 位错误会影响解密结果中各明文单元的值。

OFB 的缺点是它比 CFB 模式更易受到对消息流的篡改攻击,如在密文中取 1 位的补,那么在恢复的明文中相应位置的比特也为原比特的补。因此使得敌手有可能对消息校验部分篡改和对数据部分篡改,以纠错码不能检测的方式篡改密文。

习　题　3

一、选择题。

1. DES 是一种数据分组的加密算法,DES 将数据分成长度为(　　)位的数据块,其中一部分用作奇偶校验 ,剩余部分作为密码的长度。

A. 56　　　　　　　B. 64　　　　　　　C. 112　　　　　　　D. 128

2. 下面有关 3DES 的数学描述,正确的是(　　)。

A. $C = E(E(E(P, K_1), K_1), K_1)$

B. $C = E(D(E(P, K_1), K_2), K_1)$

C. $C = E(D(E(P, K_1), K_1), K_1)$

D. $C = D(E(D(P, K_1), K_2), K_1)$

3. 加密技术不能实现(　　)。

A. 数据信息的完整性

B. 基于密码技术的身份认证

C. 机密文件加密

D. 基于 IP 头信息的包过滤

4. 以下关于对称密钥加密说法正确的是(　　)。

A. 加密方和解密方可以使用不同的算法

B. 加密密钥和解密密钥可以是不同的

C. 加密密钥和解密密钥必须是相同的

D. 密钥的管理非常简单

二、填空题。

1. 密码系统包括 4 个方面:明文空间、_____、密钥空间和_____。

2. 解密算法 D 是加密算法 E 的_____。

3. 如果加密密钥和解密密钥相同,这种密码体制称为_____。

4. DES 算法密钥是_____位,其中密钥有效位是_____位。

三、简答题。

1. DES 的密码组件之一是 S 盒。根据 S 盒计算 $S_3(101101)$ 的值,并说明 S 函数在 DES 算法中的作用。

2. 以 DES 为例,画出分组密码的密码分组链接(CBC)模式的加密和解密示意图,假设加密时明文有 1 位错误,则对密文会造成什么影响? 对接收方解密会造成什么影响?

3. 描述说明 DES 算法的加密和解密过程(也可以画图说明)。

4. 描述流密码的密钥生成过程。

5. 什么是序列密码和分组密码?

6. 对称密钥加密的密钥分配如何实现?

第4章 非对称密码体制

相对于对称密码体制中的密钥必须保密,非对称密码体制有一个可公开的公钥,因此也称公钥密码体制(Public Key Cryptography,PKC)。在非对称密码体制中,不再有加密密钥和解密密钥之分。可以使用公钥加密,用私钥解密,这多用于保护数据的机密性;也可以用私钥加密,用公钥解密,这多用于保护信息的完整性和不可否认性。1976年,公钥密码体制的概念被 Diffie 和 Hellman 首次提出。PKC 在整个密码学发展历史中具有里程碑的意义。随后出现了一些经典的公钥密码体制,如 RSA 算法、ElGamal 密码体制和椭圆曲线密码体制等。公钥密码体制的安全性依赖于不同的计算问题,其中 RSA 密码体制基于大整数分解的困难性,而 ElGamal 密码体制基于离散对数问题的困难性。

4.1 公钥密码体制简介

公钥密码的观点是由 Diffie 和 Hellman 于1976年在他们的论文"密码学的新方向"一文中首次提出的。他们指明了实现在某些已知的数学难解问题上建立密码的具体途径。随后 Rivest、Shamir 和 Adleman 于1977年提出第一个比较完善的 RSA 公钥密码系统。RSA 既可以用于保密也可以用于签名。公钥密码系统是计算复杂性理论发展的必然产物。对称密码系统的缺陷之一是通信双方在进行保密通信之前需要通过安全通道传送密钥,这点在实际中是非常困难的。而公钥密码系统可使通信双方事先不需要传送密钥就可以建立保密通信。公钥密码系统的出现为解决私钥密码系统的密钥分配问题开辟了一条宽广的道路。

4.1.1 公钥密码体制的设计原理

在公钥密码系统中每个实体都有自己的公钥和相应的私钥。在安全系统中已知公钥推算出私钥在计算上是困难的。公钥(Public Key)与私钥(Private Key)是一对,如果用公钥对数据进行加密,只有用对应的私钥才能解密;如果用私钥对数据进行加密,那么只有用对应的公钥才能解密。因为加密和解密使用的是两个不同的密钥,所以这种算法称为非对称加密算法。

非对称加密算法实现机密信息交换的基本过程是:甲方生成一对密钥并将其中的一把作为公用密钥向其他方公开;得到该公用密钥的乙方使用该密钥对机密信息进行加密后再发送给甲方;甲方再用自己保存的另一把专用密钥对加密后的信息进行解密。另一方面,甲方可以使用乙方的公钥对机密信息进行加密后再发送给乙方;乙方再用自己的私匙对加密后的信息进行解密。甲方只能用其专用密钥解密由其公用密钥加密的任何信息。

从抽象的观点来看,公钥密码系统是一种单向陷门函数。一个函数是单向函数(One Way Function)是指对它的定义域中的任意元素都容易计算其函数值,反过来对值域中几乎所有元素确定它的原象都是不可行的。如果掌握某些辅助信息就容易由值域元素确定它的原象,那么这种单向函数称为单向陷门函数(Trapdoor One Way Function)。这里辅助信息就是陷门。

满足下列条件的函数 f 称为单向陷门函数。

(1) 给定 x,计算 $y=f(x)$ 是容易的。

(2) 给定 y,计算 x 使 $y=f(x)$ 是困难的。

(3) 存在 z,当已知 z 时,对给定的任何 y,若相应的 x 存在,则计算 x 使 $y=f(x)$ 是容易的。

在这个过程中,存在以下两个难题。

(1) 陷门函数其实不是单向函数,因为单向函数在任何条件下求逆都是困难的。

(2) 陷门可能不止一个,通过试验,用一个陷门就可容易地找到逆。如果陷门信息的保密性不强,求逆也就不难。例如,p 和 q 是两个大素数,$n=pq$,e 是正整数,则

$$f:Z_n \rightarrow Z_n, \quad f(x) \equiv x^e \bmod n$$

是单向陷门函数,其陷门是 $d \equiv e^{-1} \bmod \varphi(n)$。

构造非对称密码的经典数学难题有:整数因子分解问题(Integer Factorization Problem,IFP),如 RSA 公钥密码;离散对数问题(Discrete Logarithm Problem,DLP),如 ElGamal 公钥密码;椭圆曲线离散对数问题(Elliptic Curve Discrete Logarithm Problem,ECDLP),如 ECC 密码。因此可将破解明文或密钥的推导过程归结到解决数学难题上。

4.1.2 公钥密码分析

非对称加密算法的保密性比较好,它消除了最终用户交换密钥的需要。非对称密码体制的特点:算法强度复杂,安全性依赖于算法与密钥,但是由于其算法复杂,从而使得加密、解密速度没有对称加密、解密速度快。对称密码体制中只有一种密钥,并且是非公开的,如果要解密就得让对方知道密钥。所以保证其安全性就是保证密钥的安全性,而非对称密钥体制有两种密钥,其中一种是公开的,这样就可以不需要像对称密码那样传输对方的密钥了。这样安全性就大了很多。

非对称密码体制具备的优点:在多人之间进行保密信息传输所需的密钥组和数量很小;密钥的发布不成问题;公开密钥系统可实现数字签名。但是公开密钥加密比私有密钥加密在加解密时的速度慢。

从上述对对称密钥算法和非对称密钥算法的描述中可以看出,加密、解密时采用的密钥存在的差异:对称密钥加密、解密使用同一个密钥,或者从加密密钥很容易推出解密密钥;对称密钥算法具有加密处理简单、加密/解密速度快、密钥较短、发展历史悠久等特点;非对称密钥算法具有加密/解密速度慢、密钥尺寸大、发展历史较短等特点。

非对称密码体制双方不需协商密钥,因本身有两个密钥,加密密钥公开,解密密钥私有。密钥分发简单,可通过一般的通信环境;需要秘密保存的密钥量大大减少,N 个人只需 N 个(线性增长)密钥;可以满足互不相识的人之间私人谈话的保密性,要求私钥签名、公钥验证。

公钥密码系统的主要目的是提供保密性,它不能提供数据源认证(Data Origin Authentication)和数据完整性(Data Integrity)。数据源认证和数据完整性要由其他技术来提供(如消息认证码、数字签名)。从本质上来看,公钥体制比私钥体制(如 DES、IDEA、RC5 等)

加密速度慢。公钥密码通常用于传送密钥(用该密钥作为私钥密码系统的密钥来加密大量数据)、加密少量数据。

4.2　RSA 算法

1977 年,麻省理工的 Ron Rivest、Adi Shamir 和 Len Adleman 三人提出了 RSA 算法,并推广使用。公开密钥算法 RSA 根据其发明者命名,即 Rivest、Shamir 和 Adleman。RSA 密码系统的安全性基于大数分解的困难性。

求一对大素数的乘积很容易,但要对这个乘积进行因式分解就非常困难,因此,可以把一对大素数的乘积公开作为公钥,而把素数作为私钥,所以由一个公开密钥和密文中恢复出明文的难度等价于分解两个大素数的积。公钥密码系统一般都涉及数论的知识,如素数、欧拉函数、中国剩余定理等。

4.2.1　RSA 算法描述

RSA 密码体制的建立过程如下。

(1) 选择两个大素数 p 和 q(p、q 互为异素数,需要保密)。

(2) 计算 $n=pq$ (公开)和 $\phi(n)=(p-1)(q-1)$。

(3) 选择整数 e,使 e 满足 $\gcd(\varphi(n),e)=1$;$1<e<\phi(n)$。

(4) 计算 d,使得 d 满足 $d=e^{-1}(\bmod\ \phi(n))$。

公钥:(e,n)。私钥:(d,n) 或者 d。

选好这些参数后,将明文划分成块,使得每个明文的长度 m 满足 $0<m<n$。加密 P 时,计算 $C=m^e(\bmod\ n)$,解密 C 时计算 $m=C^d(\bmod\ n)$。由于模运算的对称性,可以证明,在确定的范围内,加密和解密函数是互逆的,同时得到公钥 $KU=\{e,n\}$,私钥 $KR=\{d\}$。

4.2.2　关于 RSA 算法中的思考

Diffie-Hellman 提出了公钥密码及其满足条件,RSA 满足这些条件吗?

1. 解密算法是不是加密算法的逆?

理论证明:

$$M=(M^e\bmod\ n)^d\bmod\ n=M^{ed}\bmod\ n$$

已知:$ed=1\bmod\ \phi(n)$,$M^d\bmod\ n=M^{d\bmod\phi(n)}\bmod\ n$,$M<n$,$\gcd(M,n)=1$ 的概率为 2^{-512}。

由欧拉定理知

$$M^{\phi(n)}\bmod\ n=1$$

故　　　　　$M^{1\bmod\phi(n)}\bmod\ n=M^{k\phi(n)}+1\bmod\ n=(M^{\phi(n)}\bmod)^kM=M$

【例 4-1】 选两个素数 $p=17,q=11$。

(1) 计算 $n=pq=187$;$\phi(n)=(p-1)(q-1)=160$。

(2) 选择 $e=7$;使其与 $\phi(n)=160$ 互素,使 $<e<\phi(n)$。

(3) 计算 $d = e^{-1} \bmod 160, d = 23$。公钥:$\{7,187\}$。私钥:$(23,187)$。输入明文 $M = 88$。

(4) 加密计算:$C = 88^7 \bmod 187$(加速运算)。

$$88^7 = 88^{1+2+4}$$
$$88^1 \bmod 187 = 88$$
$$88^2 \bmod 187 = 88^2 \bmod 187 = 77$$
$$88^4 \bmod 187 = 77^2 \bmod 187 = 132$$
$$C = (88 \times 77 \times 132) \bmod 187 = 11$$

(5) 解密计算:$M = 11^{23} \bmod 187$。

将 $11^{23} = 11^{1+2+4+16}$ 分解成 $\sum 2^n$ 形式,则

$$M = 88$$

2. RSA 算法中的计算问题

(1) 加密、解密都用到幂运算,如何计算更有效?

把幂模运算转化为乘模运算。

(2) 如何选出公钥 e(对公钥进行有效计算)?

公钥不能太大,通常选择 e 为 3、17、65537,e 为素数且 $\gcd(\phi(n), e) = 1$,即 $\phi(n) = (p-1)(q-1)$ 不整除 e,则 $p \bmod e \neq 1$ 且 $q \bmod e \neq 1$。注意:RSA 实现时可以确定 e,在选择 p、q 时去掉那些 $p \bmod e = 1$ 或 $q \bmod e = 1$ 的 p 和 q。

(3) 解密时如何加快速度?

第一种方式:除用幂模运算外还可以用 CRT(中国剩余定理)加快私钥运算速度。

目标:$M = c^d \bmod n$, $n = pq$,计算分量 v_p 和 v_q,则

$$v_p^d = c \bmod p, \quad v_q^d = c \bmod q$$

运用 CRT 定义:$n = pq, p \neq q, p$、q 为素数。

$$x_p = q(q^{-1} \bmod p), \quad x_q = p(p^{-1} \bmod q)$$

则
$$M = (v_p p + v_q q) \bmod n$$

利用 $C^{1 \bmod \phi(n)} \bmod n = C$ 知

$$(C^d) \bmod n = C^{d \bmod \phi(n)} \bmod p = C^{d \bmod (p-1)} \bmod p$$

同理:$v_q = C^{d \bmod (q-1)} \bmod q$。

如此可以方便地计算出

$$M = C^d \bmod n$$

第二种方式:用快速取模指数算法计算 $b^a \bmod n$。

① a, b, c 均设为整数寄存器,并将 c 赋初值为 1。

② 若 $a = 0$,则 c 即为所求。

③ 若 a 是奇数,则转到⑤。

④ $a \leftarrow (a/2), b \leftarrow (b * b) \bmod n$,转到③。

⑤ $a \leftarrow (a-1), c \leftarrow (c * b) \bmod n$,转到②。

【例 4-2】 $p = 17, q = 11$,私钥$\{23, 187\}$,密文 $c = 11$,用 CRT 求 M。

$$M = 11^{23} \bmod 187$$

$$v_p = 11^{23 \bmod 6} \bmod 17 = 11^7 \bmod 17 = 88$$

$$v_q = 11^{23 \bmod 10} \bmod 11 = 11^3 \bmod 11 = 0$$

$$x_p = 11 \times (11^{-1} \bmod 17) = 11 \times 14 = 154$$

$$M = (V_p \times V_p) \bmod 187 = (88 \times 154) \bmod 187 = 88$$

4.2.3　RSA 的安全性

1. 穷举攻击

（1）穷举密钥，密钥足够大，但不能太长，太长影响加密/解密的速度。

（2）穷举明文攻击，对明文进行填充。

2. 数学攻击

分解 $n = pq$，从而知道 $\phi(n)$，计算出 $d \equiv e^{-1} \bmod \phi(n)$。

对大数 n 进行因式分解相当困难。如今能分解二进制位 663 b 的 n。

对 p 和 q 提出如下要求。

（1）p 和 q 长度相当，p 和 q 都在 2512 附近。

（2）$(p-1)$ 和 $(q-1)$ 都有一个大的素因子。

（3）$\gcd(p-1, q-1)$ 应该较小。

3. 计时攻击

通过记录计算机解密时间来确定私钥。类似于通过观察转动保险柜拨号盘的时间长短来猜测密码。对 RSA，通过观察幂模运算时间，推测密钥。

对策如下。

（1）保证幂运算返回结果前执行时间相同（降低运算性能）。

（2）随机延时。

（3）使用隐蔽方法。隐蔽方法的步骤如下。

① 产生 $0 \sim n-1$ 的秘密随机数 γ。

② 计算 $c' = c(\gamma^e) \bmod n$　，其中 e 是公开的指数。

③ 计算 $M' = (c')^d \bmod n$。

④ 计算 γ^{-1}，并计算 $M = M'\gamma^{-1}$。

4. 选择秘文攻击

RSA 有一个简单的性质：$E(PU, M_1) * E(PU, M_2) = E(PU, [M_1, M_2])$。例如，拿到 $c = M^e \bmod n$：① 计算 $X = C \times 2^e \bmod n$；② 提交 X，诱使私钥持有方签名 X。收到 $Y = X^d \bmod n Y = (2M) \bmod n$ 可求出 M。

对策：对密文进行处理，让 RSA 加密的不是简单明文，即使加密后再解密也看不到明文最优非对称加密填充（OAEP）（略）。

5. 利用短密钥加密

例如 $e = 3$，用户 A 以加密方式发三个相同消息：

$$C_1 = M^3 \bmod n_1$$

$$C_2 = M^3 \bmod n_2$$
$$C_3 = M^3 \bmod n_3$$
$$N = n_1 \times n_2 \times n_3$$

n_1, n_2, n_3 以接近 1 的概率两两互素。

攻击者拿到 C_1、C_2、C_3 可计算出 $M^3 \bmod (n_1 n_2 n_3)$，用 CRT $M^3 \bmod (n_1 n_2 n_3) = (M^3 N_1 (N_1^{-1} \bmod n_1) + M^3 N_2 (N_2^{-1} \bmod n_1) + M^3 N_3 (N_3^{-1} \bmod n_1)) M^3 \bmod (n_1 n_2 n_3)$ 计算 M^3 的立方根。

对策：对 M 进行填充；不用小公钥。

4.3　椭圆曲线密码算法

椭圆曲线密码算法(Elliptic Curve Cryptography，ECC)是一种基于离散对数的安全性更高、算法实现性能更好的公钥系统。椭圆曲线密码体制以高效性著称。1985 年，Neal Koblitz 和 V. S. Miller 分别提出将椭圆曲线用于公开密钥密码体制，他们没有发明有限域上使用椭圆曲线的新的密码方法，但他们用椭圆曲线实现了已存在的公开密钥密码算法，如 Diffie-Hellman 算法和 EI Gamal 算法等。

ECC 的安全性基于椭圆曲线离散对数问题的难解性，密钥长度大大地减小，是目前已知的公钥密码体制中加密强度最高的一种体制。与 RSA 相比，在相同的安全性能条件下，椭圆曲线密码算法采用的密钥远远短于 RSA。因此 ECC 具有更加广泛的应用前景。

实际上，椭圆曲线指的是由韦尔斯特拉斯方程所确定的平面曲线。椭圆曲线离散对数问题定义如下：给定素数 P 和椭圆曲线 E，对 $Q = kP$，在已知 P、Q 的情况下求出小于 P 的正整数 k。可以证明，已知 k 和 P，计算 Q 比较容易，而已知 Q 和 P，计算 k 比较困难，至今没有有效的方法来解决这个问题，这就是椭圆曲线密码算法原理之所在。

椭圆曲线密码体制有以下三种使用类型。

(1) 实数域上的椭圆曲线：对于固定的实数 a, b，满足方程 $y^2 = x^3 + ax + b$ 的所有点的集合，外加一个零点和无穷远点 O，其中 x 和 y 是在实数域上取值。

(2) 定义在素域 GF(P) 上的 $E_P(a,b)$：对于固定的 a, b，满足方程 $y^2 \equiv x^3 + ax + b (\bmod P)$ 的所有点的集合，外加一个零点和无穷远点 O，其中 a, b, x, y 是在有限域 GF(P) 上取值，P 是素数。

(3) 定义在 GF(2^n) 上的二元曲线 $E_2m(a,b)$：对于固定的实数 a, b，满足方程 $y^2 + xy = x^3 + ax^2 + b$ 的所有点的集合，外加一个零点和无穷远点 O，其中 a, b, x, y 是在有限域 GF($2m$) 上取值。域 GF($2m$) 上的元素是 m 位的串。

4.3.1　实数域上的椭圆曲线

由于椭圆曲线是双线性配对的理论基础，因此本节首先对其进行介绍。

椭圆曲线并非椭圆，之所以称为椭圆曲线是因为它的曲线方程与计算椭圆周长的方程相似。一般地，椭圆曲线指的是由维尔斯特拉斯(Weierstrass)方程

$$y^2 + axy + by = x^3 + cx^2 + dx + e$$

所确定的曲线,它是由方程的全体解(x,y)再加上一个无穷远点 O 构成的集合,其中 e 是满足一些简单条件的实数,x 和 y 也在实数集上取值。上述曲线方程可以通过坐标变换转化为下述形式:

$$y^2 = x^3 + ax + b$$

由它确定的椭圆曲线常记为 $E(a,b)$,简记为 E。

当 $4a^3 + 27b^2 \neq 0$ 时,称 $E(a,b)$ 是一条非奇异椭圆曲线。对于非奇异椭圆曲线,可以基于集合 $E(a,b)$ 定义一个群。这是一个 Abel 群,具有重要的"加法规则"属性。下面,首先给出加法规则的几何描述,然后给出加法规则的代数描述。

椭圆曲线上的加法运算定义如下:如果椭圆曲线上的 3 个点位于同一直线上,那么它们的和为 O。从这个定义出发,可以定义椭圆曲线的加法规则如下。

(1) O 为加法的单位元,对于椭圆曲线上的任何一点 P,有 $P+O=P$。

(2) 对于椭圆曲线上的一点 $P=(x,y)$,它的逆元为 $-P=(x,-y)$。注意,$P+(-P)$ $=P-P=0$。

(3) 设 P 和 Q 是椭圆曲线上坐标不同的两点,$P+Q$ 定义如下:作一条通过 P 和 Q 的直线 l 与椭圆曲线相交于 R(这一点是唯一的,除非这条直线在 P 点或 Q 点与该椭圆曲线相切,此时于分别取 $R=P$ 或 $R=Q$),然后过 R 点作 9y 轴的平行线 l',与椭圆曲线相交的另一点 S 就是 $P+Q$,如图 4-1 所示。

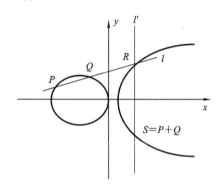

图 4-1　椭圆曲线上点的加法的几何解释

(4) 上述几何解释也适用于具有相同 x 坐标的两个点 P 和 $-P$ 的情形。用一条垂直的线连接这两个点,可看作是在无穷远点与椭圆曲线相交,因此有 $P+(-P)=0$。这与上述第(2)条叙述是一致的。

(5) 为计算点 Q 的两倍,在 Q 点作一条切线并找到与椭圆曲线的另一个交点 T,则 $Q+$ $Q=2Q=-T$,这个定义的加法满足加法运算的一般性质,如交换律、结合律等。

对于椭圆曲线上不互为逆元的两点 $P=(x_1,y_1)$ 和 $Q=(x_2,y_2)$,$S=P+Q=(x_3,y_3)$ 由以下规则确定:

$$x_3 = \lambda^2 - x_1 - x_2$$
$$y_3 = \lambda(x_1 - x_3) - y_1$$

其中

$$\lambda = \begin{cases} \dfrac{y_2 - y_1}{x_2 - x_1}, & P \neq Q \\ \dfrac{3x_1^2 + a}{2y_1}, & P = Q \end{cases}$$

4.3.2　有限域上的椭圆曲线

椭圆曲线密码体制使用的是有限域上的椭圆曲线,即变量和系数均为有限域中的元素。有限域 GF(p)上的椭圆曲线是指满足方程

$$y^3 = x^3 + ax + b \pmod p$$

的所有点(x, y)再加上一个无穷远点 O 构成的集合,其中,a、b、x 和 y 均在有限域 GF(p)上取值,p 是素数。这里把该椭圆曲线记为 $E_p(a, b)$。该椭圆曲线只有有限个点,其个数 N 由 Hasse 定理确定。

Hasse 定理:设 E 是有限域 GF(p)上的椭圆曲线,N 是 E 上点的个数,则

$$p + 1 - 2\sqrt{p} \leqslant N \leqslant p + 1 + 2\sqrt{p}$$

当 $4a^3 + 27b^2 \pmod p \neq 0$ 时,基于集合 $E_p(a, b)$ 可以定义一个 Abel 群,其加法规则与实数域上描述的代数方法一致。设 $P, Q \in E_p(a, b)$,则有以下结论。

(1) $P + O = P$。

(2) 如果 $P = (x, y)$,那么$(x, y) + (x, -y) = O$,即点$(x, -y)$是 P 的加法逆元,表示为 $-P$。

(3) 设 $P = (x_1, y_1)$ 和 $Q = (x_2, y_2)$,$P \neq -Q$,则 $S = P + Q = (x_3, y_3)$ 由以下规则确定:

$$x_3 = \lambda^2 - x_1 - x_2 \pmod p$$
$$y_3 = \lambda(x_1 - x_3) - y_1 \pmod p$$

其中

$$\lambda = \begin{cases} \dfrac{y_2 - y_1}{x_2 - x_1} \pmod p, & P \neq Q \\ \dfrac{3x_1^2 + a}{2y_1} \pmod p, & P = Q \end{cases}$$

(4) 倍点运算定义为重复加法,如 $4P = P + P + P + P$。

另外,对任意点,有

$$P = (x_1, y_1) \in E$$
$$P + O = O + P = P$$

注意:① 无穷远点 O 是零元,有 $O + O = O, O + P = P$;② 点 $P(x, y)$ 的逆元是 $(x, -y)$,有 $P + (-P) = O$;③ 椭圆曲线关于运算"+"构成一个交换群。

【例 4-3】　设 $p = 11$,ECC 是由 $y^2 = x^3 + x + 6 \pmod{11}$、$a = 1$、$b = 6$、$p = 11$ 所确定的有限域 Z_{11} 上的椭圆曲线,要求确定 ECC 中的点。

方法:对于每个 $x \in Z_{11}$,首先计算 $z = x^3 + x + 6 \pmod{11}$,然后再求同余方程 $y^2 = z \pmod{11}$ 的解。判断 z 是否是一个模 p 的平方剩余,可由 Euler 准则来实现。若 p 是一个奇素数,则 z 是模 p 的平方剩余的充要条件是:

$$z^{p-1/2} \equiv 1 \bmod p$$

当 $p \equiv 3 \pmod 4$ 时,若 z 是模 p 的平方剩余,则 z 的两个模 p 的平方根为

$$y = (\pm z^{(p+1)/4}) \bmod p$$

验证:
$$(\pm z^{(p+1)/4})^2 \equiv (z^{(p+1)/2}) \equiv z(z^{(p-1)/2}) \equiv z \bmod p$$

根据上面的方法可以确定该椭圆曲线 ECC 中所有的点,结果如表 4-1 所示。

表 4-1　$y^2 = x^3 + x + 6 \pmod{11}$ 椭圆曲线上的点

x	$y^2 = x^3 + x + 6 \pmod{11}$	是否是模 11 的平方剩余	y
0	6	不是	——
1	8	不是	——
2	5	是	4,7
3	3	是	5,6
4	8	不是	——
5	4	是	2,9
6	8	不是	——
7	4	是	2,9
8	9	是	3,8
9	7	不是	——
10	4	是	2,9

只有 $x = 2,3,5,7,8,10$ 时才有点在椭圆曲线上,$E_{11}(1,6)$ 是由表 4-1 中的点再加上一个无穷远点 O 构成,即 $E_{11}(1,6) = \{O, (2,4), (2,7), (3,5), (3,6), (5,2), (5,9), (7,2), (7,9), (8,3), (8,8), (10,2), (10,9)\}$。

设 $P = (2,7)$,计算 $2P = P + P$。首先计算

$$\lambda \equiv \frac{3 \times 2^2 + 1}{2 \times 7} \pmod{11} = \frac{2}{3} \pmod{11} \equiv 8$$

于是
$$x_3 \equiv 8^2 - 2 - 2 \pmod{11} \equiv 5$$
$$y_3 \equiv 8 \times (2 - 5) - 7 \pmod{11} \equiv 2$$

所以 $2P = (5,2)$。同样可以算出

$$3P = (8,3), \quad 4P = (10,2), \quad 5P = (3,6), \quad 6P = (7,9),$$
$$7P = (7,2), \quad 8P = (3,5), \quad 9P = (10,9), \quad 10P = (8,8),$$
$$11P = (5,9), \quad 12P = (2,4), \quad 13P = O$$

由此可以看出,ECC 是一个循环群,其生成元是 $P = (2,7)$。

4.3.3　椭圆曲线密码算法

为了使用椭圆曲线来构造密码体制,需要找到类似大整数因子分解或离散对数这样困难问题的解决方法。

定义 1 椭圆曲线 $E,(a,b)$ 上点 P 的阶是指满足

$$nP = \underbrace{P + P + \cdots + P}_{n \text{个} P \text{相加}} = O$$

的最小正整数,记为 $\operatorname{ord}(P)$,其中 O 是无穷远点。

定义 2 设 G 是椭圆曲线 $E,(a,b)$ 上的一个循环子群,P 是 G 的一个生成元,$Q \in G$。已知 P 和 Q,求满足

$$mP = Q$$

的整数 $m,0 \leqslant m \leqslant \operatorname{ord}(P) - 1$,称为椭圆曲线上的离散对数问题(elliptic curve discrete logarithm problem,ECDLP)。计算 mP 的过程称为点乘运算。

在使用一个椭圆曲线密码体制时,首先需要将发送的明文 m 编码为椭圆曲线上的点 $P_m = (x_m, y_m)$,然后再对点 P_m 做加密变换,在解密后将 P_m 逆向译码才能获得明文。下面对椭圆曲线上的加密算法进行具体描述。

(1)设 $p > 3$ 是大素数,E 是 Z_p 上的椭圆曲线,$\alpha \in E$ 是椭圆曲线上的点,并且阶足够大,使得在由 α 生成的循环子群中离散对数是难解的。p,E,α 公开。

(2)随机选取整数 $d,1 \leqslant d \leqslant \operatorname{ord}(a) - 1$,计算 $\beta = d\alpha$。其中,β 是公开的加密密钥,d 是保密的解密密钥。

(3)明文空间为 $z_p^* \times z_p^*$,密文空间为 $E \times z_p^* \times z_p^*$。

(4)加密变换:对任意的明文 $x = (x_1, x_2) \in z_p^* \times z_p^*$,秘密随机选取一个整数 $k,1 \leqslant k \leqslant \operatorname{rad}(\alpha) - 1$,密文为

$$y = (y_0, y_1, y_2)$$

其中

$$y_0 = k\alpha,$$
$$(c_1, c_2) = k\beta$$
$$y_1 = c_1 x_1 \bmod p$$
$$y_2 = c_2 x_2 \bmod p$$

(5)解密变换:对任意的密文 $y = (y_0, y_1, y_2) \in E \times z_p^* \times z_p^*$,明文为 $x = (y_i c_i^{-1} \bmod p, y_2 c_2^{-1} \bmod p)$,其中 $(c_1, c_2) = d y_0$。

因为
$$(c_2, c_2) = k\beta$$
$$y_0 = k\alpha$$
$$\beta = d\alpha$$

所以
$$(c_1, c_2) = k\beta = kd\alpha = d y_0$$

又
$$y_1 = c_1 x_1 \bmod p$$
$$y_2 = c_2 x_2 \bmod p$$

所以
$$(y_1 c_1^{-1} \bmod p, y_2 c_2^{-1} \bmod p) = (c_1 x_1 c_1^{-1} \bmod p, c_2 x_2 c_2^{-1} \bmod p)$$
$$= (x_1, x_2) = x$$

【例 4-4】 设 E 是 Z_{11} 上的椭圆曲线 $y^2 = x^3 + x + 6$,设 $\alpha = (2,7),d = 7$,从而 $\beta = 7\alpha = (7,2)$,明文为 $x = (9,1)$,求密文。

解 取 $k = 6$,然后计算

$$y_0 = k\alpha = 6(2,7) = (7,9)$$
$$(c_1, c_2) = k\beta = 6(7,2) = (8,3)$$
$$y_1 = c_1 x_1 \bmod p = 8 \times 9 \bmod 11 = 6$$
$$y_2 = c_2 x_2 \bmod p = 3 \times 1 \bmod 11 = 3$$

所以密文 $y = ((7,9),6,3)$。

反之,若知道密文 $y = ((7,9),6,3)$,则

$$(c_1, c_2) = c' y_0 = 7(7,9) = (8,3)$$
$$x = (y_1 c_1^{-1} \bmod p, y_2 c_2^{-1} \bmod p)$$
$$= (8^{-1} \times 6 \bmod 11, 3 \times 3^{-1} \bmod 11)$$
$$= (7 \times 6 \bmod 11, 3 \times 4 \bmod 11)$$
$$= (9,1)$$

4.4　ElGamal 公钥密码体制

ElGamal 公钥密码体制是由 T. ElGamal 于 1985 年提出的,至今仍然是一个安全性能良好的公钥密码体制。在论文中,T. ElGamal 同时提出了两个算法分别用于数字签名与数据加密。

这里讨论的 ElGamal 公钥密码体制是论文中提出的用于数据加密的算法。

4.4.1　算法描述

选取大素数 p,$\alpha \in Z_p^*$ 是一个本原元(生成元)。

p、α 作为系统参数供所有用户共享。

系统中每个用户 U 都随机挑选一个整数 x_u,$2 \leqslant x_u \leqslant p-2$,并计算

$$y_u = \alpha^{x_u} (\bmod p)$$

(若 m_u 取为 $p-1$,则公开密钥 c_u 为 1),y_u 作为用户 U 的公开密钥,而 x_u 作为用户 U 的秘密密钥。

1. 加、解密过程

假设用户 A 想传送明文 M 给用户 B,用户 A 将采用如下算法加密消息 M。

(1) 加密过程。

① 用户 A 先把明文 M 编码为一个在 0 到 $p-1$ 之间的整数 m 作为传输的明文。

② 用户 A 挑选一个秘密随机数 k($2 \leqslant k \leqslant p-2$),并计算:

$$c_1 = \alpha^k (\bmod p)$$
$$c_2 = m \cdot y_B^k (\bmod p)$$

其中,y_B 是用户 B 的公开密钥。

③ 用户 A 把二元组 (c_1, c_2) 作为其密文传送给用户 B。

(2) 解密算法。

用户 B 接收到密文二元组 (c_1, c_2) 后,进行解密计算:

$$m = c_2 \cdot (c_1^{x_B})^{-1} (\bmod\ p)$$

其中,x_B是用户 B 的秘密密钥。

(3) 解密验证。

因为 $\qquad\qquad c_1 = \alpha^k (\bmod\ p),\ c_2 = m \cdot y_B^k (\bmod\ p)$

所以 $\qquad\qquad c_2 \cdot (c_1^{x_B})^{-1} \equiv (m \cdot y_B^k) \cdot (\alpha^{k \cdot x_B})^{-1} (\bmod\ p)$

而用户 B 的公钥 $y_B = \alpha^{x_B} \bmod p$,所以

$$(m \cdot y_B^k) \cdot (\alpha^{k \cdot x_B})^{-1} (\bmod\ p) \equiv (m \cdot \alpha^{x_B \cdot k})^{-1} (\bmod\ p) \equiv m (\bmod\ p)$$

2. ElGamal 算法特点

(1) 非确定性的。由于密文依赖于执行加密过程的用户 A 所选择的随机数 k,所以加密相同的明文可能会产生不同的密文。

(2) 密文空间大于明文空间。明文空间为 Z_p^*,而密文空间为 $Z_p^* \times Z_p^*$,对于每个明文,其密文由 2 个 Z_p^* 上的元素组成。

ElGamal 加密体制通过明文 m 乘以 y_B^k 掩盖明文,产生 c_2,同时 $c_1 = \alpha^k$ 也作为密文的一部分进行传送。c_1, c_2 为

$$c_1 = \alpha^k (\bmod\ p),\quad c_2 = m \cdot y_B^k (\bmod\ p)$$

【**例 4-5**】 设 $p = 2357$ 及 Z_{2357}^* 的生成元 $\alpha = 2$,Alice 选取私钥 $x_A = 1751$ 并计算

$$\alpha^x \bmod p = 2^{1751} \bmod 2357 = 1185$$

Alice 的公钥为 $\qquad\qquad\qquad y_A = 1185$

加密过程 假设用户 Bob 想秘密发送消息 $m = 2035$ 给 Alice,Bob 秘密选取一个随机整数 $k = 1520$,并计算

$$c_1 = \alpha^k (\bmod\ p) = 2^{1520} \bmod 2357 = 1430$$

$$c_2 = m \cdot y_A^k (\bmod\ p) = 2035 \times 1185^{1520} \bmod 2357 = 697$$

Bob 发送 $(c_1, c_2) = (1430, 697)$ 给 Alice。

Alice 收到 $(1430, 697)$ 后,计算

$$
\begin{aligned}
c_2 \times (c_1^{x_A})^{-1} (\bmod\ p) &\equiv 697 \times (1430^{1751})^{-1} \bmod 2357\\
&\equiv 697 \times 1430^{-1751} \bmod 2357\\
&\equiv 697 \times 1430^{2357-1-1751} \bmod 2357\\
&\equiv 697 \times 1430^{605} \bmod 2357\\
&\equiv 697 \times 872 \bmod 2357\\
&\equiv 2035
\end{aligned}
$$

4.4.2　ElGamal 算法的安全性

(1) ElGamal 公开密钥密码算法的安全性建立在计算 Z_P 上离散对数的困难性上。因为 $y_A = \alpha^{x_A} (\bmod\ p)$,由 $y_A \rightarrow x_A$ 求解离散对数问题。

(2) 要使用不同的随机数 k 来加密不同的信息。

假设用同一个 k 来加密两个消息 m_1, m_2,所得到的密文分别为 (c_1, c_2)、(c_1', c_2'),则 $c_2/c_2' = m_1/m_2$,故当 m_1 已知时,m_2 可以很容易地计算出来。

（3）随机数 k 不可预测：$c_1 = \alpha^k \pmod{p}$，$c_2 = m \cdot y_B^k \pmod{p}$。若 k 已知，可从 c_2 直接计算出明文 m。

习　题　4

一、选择题。

1. "公开密钥密码体制"的含义是（　　）。

A. 将所有密钥公开

B. 将私有密钥公开、公开密钥保密

C. 将公开密钥公开、私有密钥保密

D. 两个密钥相同

2. 在采用 RSA 公开密钥加密系统中，若鲍勃想给艾丽斯发送一封邮件，并且想让艾丽斯知道邮件是鲍勃发出的，则鲍勃应该选用的加密密钥是（　　）。

A. 鲍勃的公钥　　　　　　　　B. 艾丽斯的公钥

C. 鲍勃的私钥　　　　　　　　D. 艾丽斯的私钥

二、计算题。

1. 用户选择两个素数 $p=17$ 和 $q=11$ 来产生相应的密钥，求其生成的密钥。

（1）选择加密密钥时，该用户共有多少个可以选择的加密密钥 e？

（2）假定选择加密密钥 $e=3$，则对应的解密密钥 d 的值为多少？

（3）若选择明文 $m=11$，则对应的密文是多少？

2. 在 RSA 公开密钥加密系统中，某用户选择 $p=43$，$q=59$，并取公开密钥指数为 $e=13$，请计算：

（1）私有密钥中的指数 d 的值为多少？

（2）在 Z_{26} 空间对明文"public key encryptions"加密，求出其密文数值序列。

3. 在 ElGamal 密码体制中，已知素数 $p=71$，本原元 $a=7$。

（1）如果接收者 B 的公钥 $y_B=3$，发送者 A 选择的随机整数 $r=2$。求明文 $m=30$ 所对应的密文。

（2）如果发送者 A 选择另一个随机整数 r'，使得明文 $m=30$ 所对应的密文为 $c=(59,s)$，求 s 的值。

4. 椭圆曲线 $E_{11}(1,6)$ 表示 $y^3 = x^3 + x + 6 \bmod 11$，对曲线上的点 $G=(2,7)$，计算 $2G$ 的值。

5. 利用椭圆曲线实现 ELGamal 密码体制，设椭圆曲线是 $E_{11}(1,6)$，生成元是 $G=(2,7)$，接收方 A 的秘密密钥为 7，求：

（1）A 的公开密钥。

（2）发送方 B 欲发送消息(10,9)，选择随机数 $k=3$，求密文。

（3）写出接收方由密文恢复到明文的过程。

第5章 消息认证和散列函数

前面章节介绍的密码体制主要是密码理论在消息保密性上的应用,加密技术主要是抵抗被动攻击的方法,消息认证用于抵抗主动攻击,验证接收消息的真实性和完整性,消息的不可否认性还需要密码理论其他部分的知识。

在本章中,先简要介绍消息认证,然后介绍散列函数,最后介绍数字签名。

5.1 消息认证

认证(Authentication):鉴别、确认,它是证实某事是否名副其实,或是否有效的一个过程。

消息认证是一个过程,消息认证用以验证接收消息的真实性(的确是由它所声称的实体发来的)和完整性(未被篡改、插入、删除),同时还用于验证消息的顺序性和时间性(未重排、重放、延迟)。除此之外,在考虑消息安全时还需考虑业务的不可否认性(实现消息的不可否认性可通过数字签名,数字签名也是一种认证技术)。

可用来作认证的函数分为以下三类。

(1) 信息加密函数(Message Encryption):将明文加密后以密文作为认证。

(2) 消息认证码(Message Authentication Code,MAC):用一个密钥控制的公开函数作用后,产生固定长度的数值作为认证符,也称密码校验和。

(3) 哈希函数(Hash Function):一个公开的函数,它将任意长的信息映射成一个固定长度的散列值,以散列值作为认证符。常见的散列函数有 MD4、MD5、SHA 和 SHA-1。

消息认证机制和数字签名机制都需要有产生认证符的基本功能,这一基本功能又作为认证协议的一个组成部分。认证符是用于认证消息的数值,它的产生方法又分为消息认证码和哈希函数两大类。

5.1.1 加密认证

信息加密能够提供一种认证措施,分为对称密码体制加密认证和公钥密码体制加密认证。

1. 对称密码体制加密认证

对称密码体制加密认证具有机密性,可认证但不提供签名,如图 5-1 所示。

设想发送者 A 用只有他与接收者 B 知道的密钥 k 加密信息发送给接收者 B。因为 A 是除 B 以外唯一拥有密钥 k 的一方,而攻击者不知道如何改变密文来产生明文中所期望的变化,因此 B 知道解密得到的明文是否被改变。这样对称加密就提供了消息认证功能。

现在考虑如下情况:给定解密函数 D 和密钥 k,接收者将接收任何输入 X 并产生输出

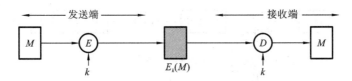

图 5-1　对称密码体制加密认证

$Y = D_k(X)$，如果 X 是合法信息 M 的密文，则 Y 是信息 M 的明文，否则 Y 是毫无意义的二进制比特序列。接收方需要某些自动化措施，以确定 Y 是否是合法的明文。

假定信息 M 的明文可以是任意比特的组合。在这种情况下，接收方没有自动的方法来确定收到的 X 是否是合法信息的密文，因此，需要从所有可能的比特模式的一个子集中来考虑合法的信息，任何可疑的密文不可能产生合法的明文，如在 1×10^6 种组合中只有一种是合法的，则从中随机选择一个比特组合作为密文能够产生合法的明文的概率为 1×10^{-6}。

为了实现用自动的方法来确定收到的 Y 是否是合法信息的密文，可以采用的一种方法是强制明文有某种结构，这种结构易于识别但不能复制，并且不求助于加密。例如，可以在加密以前对消息附加检错码。

那么，如何自动确定收到的密文是否可解密为可懂的明文？一种解决办法是强制明文有某种结构，即要求明文具有某些易于识别的结构，并且不通过加密函数是不能重复这种结构的。例如，可以在加密以前对消息附加检错码。

2. 公钥密码体制加密认证

使用公钥加密信息的明文只能提供保密而不能提供认证，如图 5-2 所示。

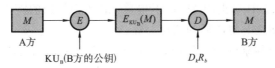

图 5-2　使用公钥加密信息

如图 5-3 所示，为了提供认证，发送者 A 用私钥对信息的明文进行加密，任意接收者都可以用 A 的公钥解密，这种方式提供的认证措施与对称密码体制加密的情形在原理上是相同的，仅仅可以提供认证和签名，没有保密性。与前面一样，在明文中也要求有某种内部结构，因此，接收者能够识别正常的明文和随机的比特串，采用这样的结构既可提供认证，也可提供数字签名，如图 5-4 所示。因为只有 A 能够产生该密文，其他任何一方都不能产生该密文，从效果上看 A 已经用私钥对信息的明文进行了签名。

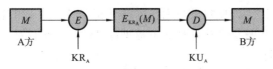

图 5-3　用私钥进行加密

应当注意，只用私钥加密不能提供保密性。因为任何人只要有 A 的公开密钥，就能够对该密文进行解密。

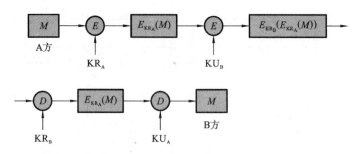

图 5-4　公钥密码体制加密认证

5.1.2　消息认证码

1. 消息认证码的定义及使用方式

消息认证码(或称密码检验和)是在密钥的控制下将任意长的消息映射到一个简短的定长数据分组,并将它附加在消息后。设 M 是变长的消息,k 是仅由收发双方共享的密钥,则 M 的 MAC 由如下的函数 C 生成:

$$\text{MAC} = Ck(M)$$

这里 $Ck(M)$ 是定长的。发送者每次将 MAC 附加到消息中。接收者通过重新计算 MAC 来对消息进行认证。

如果收到的 MAC 与计算得出的 MAC 相同,则接收者可以认为如下两点。

(1) 消息未被更改过。因为任意更改消息而没有更改 MAC 的行为,都将导致收到的 MAC 与用更改过的消息计算出的 MAC 不相同。且由于使用的密钥只有收发双方知道,其他方无法更改 MAC 使之与更改后的消息对应。

(2) 消息来自与他共享密钥的发送者。由于使用的密钥只有收发双方知道,其他方无法产生对应的 MAC。

MAC 函数类似于加密函数,主要区别在于 MAC 函数不必是可逆的,而加密函数必须是可逆的。认证函数比加密函数更不易破解。

应当注意的是,因收发双方共享相同的密钥,上述过程只提供认证而不提供保密,也不能提供数字签名。

例如,使用 100 位的消息和 10 位的 MAC,那么总共有 2100 个不同的消息,但仅有 210 个不同的 MAC。也就是说,平均每 290 个消息使用的 MAC 是相同的。

因此,MAC 函数与加密算法类似,不同之处为 MAC 函数不必是可逆的,因此与加密算法相比更不易被攻破,因为即使攻破也无法验证其正确性。由于消息本身在发送过程中是明文形式,所以这一过程只提供认证性而不提供保密性。关键就在于加密函数是一对一的,而认证函数是多对一的。

MAC 的基本使用方式如图 5-5 所示。

2. 产生 MAC 的函数应满足的要求

如果密钥长为 k 位,则穷搜索攻击平均进行 $2k-1$ 个测试。特别地,对唯密文攻击来说,敌手如果知道密文 C,则对所有可能的密钥值 k_i 执行解密运算 $P_i = Dk_i(C)$,直到得到有

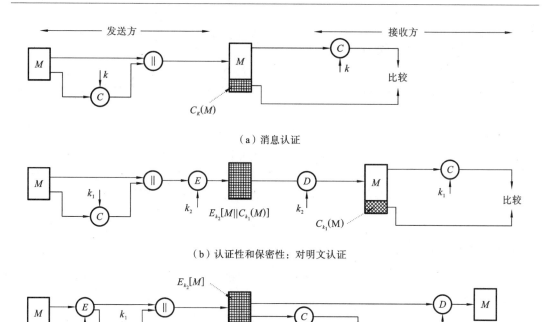

图 5-5　MAC 的基本使用方式

意义的明文。

　　对 MAC 来说，由于产生 MAC 函数一般都为多到一映射，如果产生 n 位长的 MAC，则函数的取值范围即为 $2n$ 个可能的 MAC，函数输入的可能的消息个数 $N \gg 2n$，而且如果函数所用的密钥为 k 位，则可能的密钥个数为 $2k$。如果系统不考虑保密性，那么在这种情况下要考虑敌手使用穷搜索攻击来获取产生 MAC 函数所使用的密钥。

　　前面谈到对称密码体制的加密能够提供认证，为什么还要使用独立的消息认证码呢？主要理由如下。

　　（1）一些应用要求将相同的消息对许多终端进行广播，仅使用一个终端负责消息的认证，这种方法既经济又实用。负责认证的终端有相应的密钥，并执行认证操作。如果认证不正确，其他终端将收到它发来的警告。

　　（2）接收方有繁重的任务，无法负担大量的解密任务，因此仅进行有选择的认证，对消息进行随机检查。

　　（3）有一些应用，只需要信息的完整性而不需要保密性。

　　（4）保密性与真实性是两个不同的概念。从根本上来说，信息加密提供的是保密性而非真实性。认证与保密的分离能够提供结构上的灵活性。

　　（5）有些应用场合期望在超过接收时间后继续延长保护期限，同时允许处理消息的内容。如果使用加密、解密后保护就失效了，那么消息只能在传输过程中得到完整性保护，在目标系统中却办不到。

5.2 安全散列函数

散列函数（又称杂凑函数）是对不定长的输入产生定长输出的一种特殊函数，即

$$h = H(M)$$

其中 M 是变长的消息，$h = H(M)$ 是定长的散列值（或称为消息摘要）。

散列函数 H 是公开的，散列值在信源处被附加在消息上，接收方通过重新计算散列值来保证消息未被篡改。由于函数本身公开，传送过程中对散列值需要进行另外的加密保护（如果没有对散列值的保护，篡改者可以在修改消息的同时修改散列值，从而使散列值的认证功能失效）。

5.2.1 散列函数的性质

散列函数是为文件、消息或其他分组数据产生"指纹"。用于消息认证的散列函数 H 必须具有如下性质。

（1）H 能用于任何大小的数据分组，能产生定长的输出。

（2）对于任何给定的 x，$H(x)$ 要相对易于计算。

（3）对任何给定的散列码 h，寻找 x 使得 $H(x) = h$ 在计算上不可行（单向性）。

（4）对任何给定的分组 x，寻找不等于 x 的 y，使得 $H(x) = H(y)$ 在计算上不可行（弱抗冲突）。

（5）寻找任何的 (x, y)，使得 $H(x) = H(y)$ 在计算上不可行（强抗冲突）。

注意：（1）（2）两个性质使得散列函数用于消息认证成为可能。（2）（3）两个性质保证 H 的单向性，保证攻击者无法通过散列值恢复消息。（4）保证攻击者无法在不修改散列值的情况下替换消息而不被察觉。（5）的性质比（4）更强，保证了一种被称为生日攻击的方法无法奏效。

生日问题：一个教室中最少应有多少学生，才能使至少两人在同一天生日的概率不小于 $1/2$？实际上只需 23 人，即在一个教室中，至少需要 23 人才能使两人在同一天生日的概率至少为 $1/2$。

散列码不同的使用方式可以提供不同要求的消息认证。这里列出如下四种。

（1）使用对称密码体制对附加了散列码的消息进行加密。这种方式与用对称密码体制附加检错码加密的消息在结构上是一致的，认证的原理也相同，而且这种方式也提供保密性。

（2）使用对称密码体制仅对附加的散列码进行加密。在这种方式中，如果将散列函数与加密函数合并为一个整体函数实际上就是一个 MAC 函数。

（3）使用公钥密码体制，但发送方的私有密钥仅对散列码进行加密。这种方式与（2）一样提供认证，还提供数字签名。

（4）发送者将消息 M 与通信各方共享的一个秘密值 S 串接，然后计算出散列值，并将散列值附在消息 M 后发送出去。由于秘密值 S 并不发送，攻击者无法产生假消息。

5.2.2　散列函数的一般结构

为了对不定长的输入产生定长的输出，并且最后的结果要与所有的字节相关，大多数安全的散列函数都采用分块填充链接的模式，其结构是迭代型的。这种散列函数模型最早由 Merkle 于 1989 年提出，在 Ron Rivest 于 1990 提出的 MD4 中也采用了这种模型。下面介绍这种模型的一般结构。

这种散列函数将输入数据分为 L 个固定长度为 b 位的分组。输入数据除了消息和附加的填充数据外，还附加了消息的长度值。附加的这个长度值增加攻击者攻击的难度。对手要么找出两个具有相同长度的消息，使得它们加上各自长度值后散列值相同；要么找出两个不同长度的消息，这样的消息加上各自的长度值后必须散列成相同的值。

散列算法中重复使用一个压缩函数 f，f 产生一个 n 位的输出。f 有两个输入：一个是前一步的 n 位输出，称为链接变量；另一个是 b 位的分组。算法开始时链接变量要指定一个初始值 V_1。最终的链接变量值便是散列值。通常有 $b > n$，因此称 f 为压缩函数。该散列算法可以表达如下：

$$CV_0 = V_1$$
$$CV_i = f(CV_{i-1}, Y_{i-1}), 1 \leqslant i \leqslant L$$
$$h = H(M) = CV_L$$

这里 M 由分组 $Y_0, Y_1, \cdots, Y_{L-1}$ 组成。迭代型散列函数的结构如图 5-6 所示。

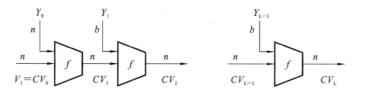

图 5-6　迭代型散列函数的结构

已经证明如果压缩函数是无碰撞的，则上述方法得到的 Hash 函数也是无碰撞的。因此 Hash 函数的核心技术是设计无碰撞的压缩函数。同样，攻击者对算法的攻击重点也是对 f 的内部结构的分析。与分组密码一样，f 也由若干轮处理过程组成，因而对 f 的分析需要通过对各轮之间的比特模式的分析来进行，常常需要先找出 f 的碰撞。

由于 f 是压缩函数，因而存在碰撞的可能性较大，这就要求在设计 f 时尽量使得发生这种碰撞在计算上是不可行的。

5.2.3　生日攻击

1. 相关问题

已知一散列函数 H 有 n 个可能的输出，$H(x)$ 是一个特定的输出，如果对 H 随机取 k 个输入，则至少有一个输入 y 使得 $H(y) = H(x)$ 的概率为 0.5，k 有多大？后面为叙述方便，称对散列函数 H 寻找上述 y 的攻击为第 I 类生日攻击。

因为 H 有 n 个可能的输出，所以输入 y 产生的输出 $H(y)$ 等于特定输出 $H(x)$ 的概率

是 $1/n$,反过来说, $H(y) \neq H(x)$ 的概率是 $1-1/n$。 y 取 k 个随机值,而函数的 k 个输出中没有一个等于 $H(x)$,其概率等于每个输出都不等于 $H(x)$ 的概率之积,为 $[1-1/n]^k$,所以 y 取 k 个随机值得到函数的 k 个输出中至少有一个等于 $H(x)$ 的概率为 $1-[1-1/n]^k$。

由 $(1+x)^k \approx 1+kx$,其中 $|x| \ll 1$,可得

$$1-[1-1/n]^k \approx 1-[1-k/n]=k/n$$

若使上述概率等于 0.5,则 $k=n/2$。如果 H 的输出为 m b 长,即可能的输出个数 $n=2^m$,则 $k=2^{m-1}$。

2. 生日悖论

生日悖论是考虑这样一个问题:在 k 个人中至少有两个人的生日相同的概率大于 0.5 时, k 至少多大?

设有 k 个整数项,每一项都在 1 到 n 之间等可能地取值。

$P(n,k)$: k 个整数项中至少有两个取值相同的概率。

生日悖论就是求使得 $P(365,k) \geqslant 0.5$ 的最小 k。

$Q(365,k)$: k 个数据项中任意两个取值都不同的概率。

如果 $k>365$,则不可能使得任意两个数据都不相同,因此假定 $k \leqslant 365$。 k 个数据项中任意两个都不相同的所有取值方式数为

$$365 \times 364 \times \cdots \times (365-k+1)=\frac{365!}{(365-k)!}$$

如果去掉"任意两个都不相同"这一限制条件,可得 k 个数据项中所有取值方式数为 365^k。所以可得

$$Q(365,k)=\frac{365!}{(365-k)! \ 365^k}$$

$$P(365,k)=1-Q(365,k)=1-\frac{365!}{(365-k)! \ 365^k}$$

当 $k=23$ 时, $P(365,23)=0.5073$,即上述问题只需 23 人,人数如此之少。

若 $k=100$,则 $P(365,100)=0.9999997$,即获得如此大的概率。

之所以称这一问题是悖论,是因为当人数 k 给定时,得到的至少有两个人的生日相同的概率比想象的要大得多。这是因为在 k 个人中考虑的是任意两个人的生日是否相同,在 23 个人中可能相同的情况为 $C_{23}^2=253$。

将生日悖论推广为下述问题:已知一个在 1 到 n 之间均匀分布的整数型随机变量,若该变量的 k 个取值中至少有两个取值相同的概率大于 0.5,则 k 至少多大?

与上类似,有

$$P(n,k)=1-\frac{n!}{(n-k)! \ n^k}$$

令 $P(n,k)>0.5$,可得 $k=1.18\sqrt{n} \approx \sqrt{n}$。若取 $n=365$,则 $k=1.18\sqrt{365}=22.54$。

3. 生日攻击概述

生日攻击是基于下述结论:设杂凑函数 H 有 2^m 个可能的输出(即输出长 m 位),如果 H 的 k 个随机输入中至少有两个产生相同输出的概率大于 0.5,则 $k \approx \sqrt{2^m}=2^{m/2}$。称杂凑

函数 H 具有相同输出的两个任意输入的攻击方式为第 Ⅱ 类生日攻击。

第 Ⅱ 类生日攻击可按以下方式进行。

(1) 设用户用图 5-7 所示的方式发送消息,即 A 用自己的秘密钥对消息的杂凑值加密,加密结果作为对消息的签字,连同明文消息一起发给接收者。

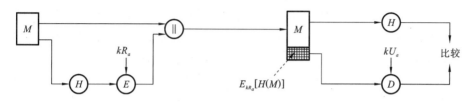

$$E_{kR_a}[H(M)]$$

图 5-7　生日攻击

(2) 敌手对 A 发送的消息 M 产生出 $2^{m/2}$ 个变形的消息,每个变形的消息本质上的含义与原消息相同,同时敌手还准备一个假冒的消息 M',并对假冒的消息产生出 $2^{m/2}$ 个变形的消息。

(3) 敌手在产生的两个消息集合中,找出杂凑值相同的一对消息——$\widetilde{M}$ 和 $\widetilde{\widetilde{M}}$,由上述讨论可知敌手成功的概率大于 0.5。如果不成功,则重新产生一个假冒的消息,并产生 $2^{m/2}$ 个变形,直到找到杂凑值相同的一对消息为止。

(4) 敌手将 $\widetilde{M}$ 提交给 A 请求签字,由于 $\widetilde{M}$ 与 $\widetilde{\widetilde{M}}$ 的杂凑值相同,所以可将 A 对 $\widetilde{M}$ 的签字当作对 $\widetilde{\widetilde{M}}$ 的签字,将此签字连同 $\widetilde{\widetilde{M}}$ 一起发给接收者。

上述攻击中如果杂凑值的长为 64 位,则敌手攻击成功所需的时间复杂度为 $o(2^{32})$。

将一个消息变形为具有相同含义的另一消息的方法有很多,例如,敌手可在文件的单词之间插入很多"space-space-backspace"字符对,然后将其中的某些字符对替换为"space-backspace-space"就得到一个变形的消息。

抵抗上述攻击的方法如下。

假定:Hash 函数的输出为 n 位,若寻找一个消息,使其单向函数值与给定函数值相同,则需要计算 2^n 次。

一台每秒进行 1000000 次 Hash 运算的计算机得花 600000 年才能找到第二个消息与给定的 64 位 Hash 值匹配,所以只要 n 足够大,穷举攻击是不现实的。

若寻找两个消息具有相同的单向 Hash 函数值仅需要试验 $2^{n/2}$ 个随机的消息,就可至少以 1/2 的概率找到一个碰撞。

对于 64 位的 Hash 值,同样的机器可以在一个小时之内找到一对有相同 Hash 值的消息。所以为了抵抗生日攻击,所选 Hash 值的长度应该是 n 的 2 倍。

64 位的 Hash 函数对付生日攻击显然是太小了。大多数单向 Hash 函数产生 128 位的 Hash 值。这迫使试图进行生日攻击的人必须对 2^{64} 个随机消息进行 Hash 运算才能找到 Hash 值相同的两个消息。目前在 2^{64} 个消息中寻找相同输出在计算上是不可行的。

目前,在所使用 Hash 算法中,有的消息摘要长度已达到 160 位,如安全 Hash 标准 SHA 定义输出长度为 160 位,这使得生日攻击更难进行,需要 2^{80} 次随机 Hash 运算。

4. 实施生日攻击

设 M 和 Hash 算法生成 64 位的 Hash 值。攻击者可以根据 M 产生 232 个表达相同含义的变式(如在词与词之间多加一个空格)。同时准备好伪造的消息 M',产生 232 个表达相同含义的变式。

在这两个集合中,找出产生相同 Hash 码的一对消息 M_1 和 M_1'。根据生日悖论,找到这样一对消息的概率大于 0.5。

最后,攻击者拿 M_1 给发送者签名,但发送时,把 M_1' 和经加密的 Hash 码一起发送。例如,A 准备两份合同 M 和 M',一份 B 会同意,一份会取走他的财产而被他拒绝。A 对 M 和 M' 各作 32 处微小变化(保持原意),分别产生 232 个 64 位 Hash 值。

根据前面的结论,超过 0.5 的概率能找到一个 M 和一个 M',它们的 Hash 值相同,A 提交 M,经 B 审阅后产生 64 位 Hash 值并对该值签名,返回给 A,A 用 M' 替换 M。

5.2.4　SHA-1 安全散列算法

Ron Rivest 于 1990 提出了一个称为 MD4 的散列函数。它的设计没有基于任何假设和密码体制,这种直接构造方法受到人们的广泛关注。不久,它的一些缺点也被提出。

为了增强安全性和克服 MD4 的缺陷,Ron Rivest 于 1991 年对 MD4 作了六点改进,并将改进后的算法称为 MD5。MD5 曾经是使用最普遍的安全散列算法。然而,随着对 MD5 分析的深入,从密码分析和强力攻击的角度来看,MD5 也被认为是易受攻击的。因此有必要用一个具有更长的散列码和更能抗击已知密码分析攻击的散列函数来代替流行的 MD5。从而有两个散列码长为 160 位的替代者 SHA-1 和 RIPEMD-160。本书只介绍 SHA-1。

安全散列算法(Secure Hash Algorithm,SHA)由美国国家标准和技术协会(NIST)提出,并作为联邦信息处理标准(FIPS PUB 180)在 1993 年公布;1995 年又发布了一个修订版(FIPS PUB 180-1),通常称为 SHA-1。SHA-1 是基于 MD4 算法。

1. SHA-1 描述

SHA-1 结构框图如图 5-8 所示,SHA-1 算法的输入为不超过 264 位长的任意消息,输出为一个 160 位长的消息摘要,输入按 512 位长的分组进行处理。处理过程如下。

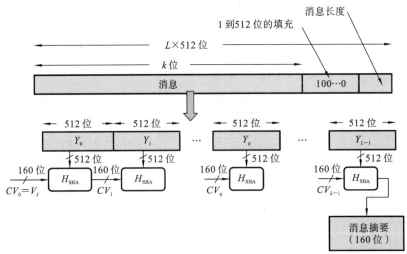

图 5-8　SHA-1 结构框图

（1）对消息进行填充：在原始的消息后面附加填充比特串，使得数据长度（比特数）与 448 模 512 同余，即填充后的数据长度为 512 的整数倍减去 64。填充是必须的，即使消息长度已满足要求，仍然需要填充，如消息长度为 448 位，则需要填充 512 位，使其长度变为 960 位。因此填充的比特数从 1 到 512。规定填充比特串的第一位是 1，其余各位均是 0。

（2）附加消息的长度：用 64 位的二进制数表示原始消息的长度，将所得的 64 位数据附加在（1）所得的数据后面（高位字节优先）。

（3）初始化 MD 缓存：用一个 160 位的缓存来存放该散列函数的中间及最终结果。该缓存可以表示为 5 个 32 位的寄存器（A、B、C、D、E）。这些寄存器被初始化为以下 32 位长的整数（十六进制表示）：

$$A=67452301$$
$$B=EFCDAB89$$
$$C=98BADCFE$$
$$D=10325476$$
$$E=C3D2E1F0$$

注意，这些值以高位字节优先的方式存储，因而初始化的值（十六进制表示）存储如下：

字 A=67 45 23 01
字 B=EF CD AB 89
字 C=98 BA DC FE
字 D=10 32 54 76
字 E=C3 D2 E1 F0

（4）处理 512 位分组序列：核心是一个包含 4 个循环的模块，每个循环由 20 个处理步骤组成，如图 5-9 所示。4 个循环结构相似，但使用不同的原始逻辑函数，分别为 f_1、f_2、f_3 和 f_4。

每个循环以当前处理的 512 位分组 Y_q 和 160 位的缓存值 ABCDE 为输入，然后更新缓存的内容，每个循环也使用一个额外的常数值 K_t，其中 $0 \leqslant t \leqslant 79$。SHA-1 的加法常量 K_t 如表 5-1 所示。

第 4 个循环的输出加到第一个循环的输入（CV_q）上产生 CV_{q+1}，这里的相加是缓存中的 5 个字分别与 CV_q 中对应的 5 个字以模 2^{32} 相加。

（5）输出：所有 L 个 512 位的分组处理完成后，第 L 阶段产生的输出便是 160 位的报文摘要。

SHA-1 的第 3 到第 5 步的操作总结如下：

$$CV_0 = V_1$$
$$CV_q = SUM_{32}(CV_q, ABCDE_q)$$
$$MD = CV_L$$

其中 V_1 是第 3 步定义的缓冲区 ABCDE 的初值，$ABCDE_q$ 是第 q 个分组经过四轮处理后的输出，L 是分组个数，SUM_{32} 是对应字模 2^{32} 的加法，MD 是最终摘要值。

2. SHA-1 的压缩函数

上面说过，SHA-1 的压缩函数由 4 次循环组成，每次循环由 20 个处理步骤组成，每个

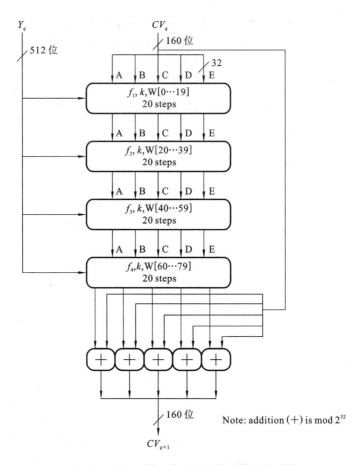

图 5-9　SHA-1 的一个 512 位分组的处理过程

表 5-1　SHA-1 的加法常量 K_t

迭 代 步 数	十 六 进 制	十 进 制
$0 \leqslant t \leqslant 19$	5A827999	$2^{30} \times \sqrt{2}$
$20 \leqslant t \leqslant 39$	6ED9EBA1	$2^{30} \times \sqrt{3}$
$40 \leqslant t \leqslant 59$	8F1BBCDC	$2^{30} \times \sqrt{5}$
$60 \leqslant t \leqslant 79$	CA62C1D6	$2^{30} \times \sqrt{10}$

处理步骤的形式如图 5-10 所示。

$$A, B, C, D, E \leftarrow (E + f(t, B, C, D) + S^5(A) + W_t + K_t), A, S^{30}(B), C, D$$

其中 A、B、C、D、E 是上面提到的缓存中的 5 个字，$f(t, B, C, D)$ 是步骤 t 的原始逻辑函数，S^k 为 32 位的参数循环左移 k 位，W_t 是由当前 512 位分组导出的一个 32 位字(导出方式见表 5-2)。

每个基本逻辑函数有 3 个 32 位字输入并产生一个 32 位字输出。每个函数执行一组按位的逻辑操作，即第 n 位的输出是这三个输入中第 n 个比特的一个函数。SHA-1 中基本逻辑函数的定义如表 5-2 所示。

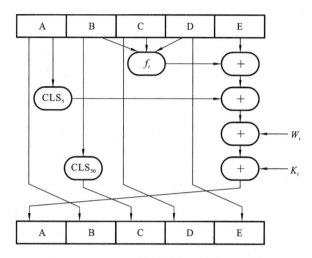

图 5-10　SHA 的压缩函数中一步迭代示意图

表 5-2　SHA-1 中基本逻辑函数的定义

迭代的步数	函 数 名	定 义
$0 \leqslant t \leqslant 19$	$f_1 = f_t(B,C,D)$	$(B \wedge C) \vee (\overline{B} \wedge D)$
$20 \leqslant t \leqslant 39$	$f_2 = f_t(B,C,D)$	$B \oplus C \oplus D$
$40 \leqslant t \leqslant 59$	$f_3 = f_t(B,C,D)$	$(B \wedge C) \vee (B \wedge D) \vee (C \wedge D)$
$60 \leqslant t \leqslant 79$	$f_4 = f_t(B,C,D)$	$B \oplus C \oplus D$

逻辑运算与、或、非、异或分别用符号 $\wedge$、$\vee$、$\overline{}$、$\oplus$ 表示。SHA-1 中基本逻辑函数的真值表如表 5-3 所示。

表 5-3　SHA-1 中基本逻辑函数的真值表

B	C	D	f_1	f_2	f_3	f_4
0	0	0	0	0	0	0
0	0	1	1	1	0	1
0	1	0	0	1	0	1
0	1	1	1	0	1	0
1	0	0	0	1	0	1
1	0	1	0	0	1	0
1	1	0	1	0	1	0
1	1	1	1	1	1	1

32 位字 W_t 的值是通过如下过程由 512 位的分组中导出的。W_t 的前 16 个字的值直接取自当前分组中的前 16 个字的值,余下的字定义如下:

$$W_t = S_1(W_{t-16} \oplus W_{t-14} \oplus W_{t-8} \oplus W_{t-3})$$

在前 16 步处理中 W_t 的值等于分组中对应字的值。余下的 64 步中 W_t 的值由 4 个前面的 W_t 值异或之后再循环左移一位得出,如图 5-11 所示。SHA-1 将 16 个分组字扩展为 80

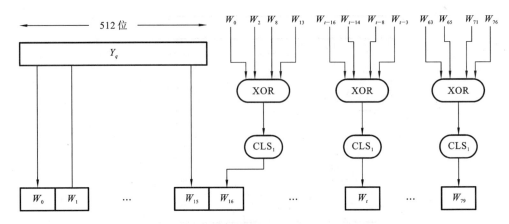

图 5-11　SHA 分组处理所需的 80 个字的产生过程

个字以供压缩函数使用,这将使寻找碰撞非常困难。

5.2.5　SHA-1 与 MD5 和 RIPEMD-160 的比较

由于 SHA-1 与 MD5 都是由 MD4 演化而来,所以 SHA-1 在许多方面都与 MD5 和 RIPEMD-160 相似,因为这三个算法都是由 MD4 导出。表 5-4 展示了 SHA-1 与 MD5 和 RIPEMD-160 的对比。

表 5-4　SHA-1 与 MD5 和 RIPEMD-160 的对比

设 计 指 标	算　　法		
	MD5	SHA-1	RIPEMD-160
消息摘要长度	128 位	160 位	160 位
分组长度	512 位	512 位	512 位
步骤数	64(4 个 16 步的循环)	80(4 个 20 步的循环)	160(5 对 16 步的循环)
消息最大长度	∞	$2^{64}-1$ 位	$2^{64}-1$ 位
基本逻辑函数个数	4	4	5
加法常数个数	64	4	9
数据存储方式	低位字节优先	高位字节优先	低位字节优先

SHA-1 与 MD5 的算法类似,所以它们的性质极为相似。SHA-1 与 MD_5 和 RIPEMD-160 的比较如下。

(1) 抗穷举攻击的能力:SHA-1 抗穷举攻击的能力比 MD5 的强,用穷举攻击方法产生具有给定散列值的消息;MD5 需要的代价为 2128 数量级,SHA-1 需要的代价为 2160 数量级;用穷举攻击方法产生两个具有相同散列值的消息,MD5 需要的代价为 264 数量级,SHA-1 需要的代价为 280 数量级。对于弱碰撞攻击,这三个算法都是无懈可击的。MD5 很容易遭遇强碰撞的生日攻击,而 SHA-1 和 RIPEMD-160 目前是安全的。

(2) 抗密码分析的能力:MD5 算法抗密码分析的能力较弱,SHA-1 也有很高的抗密码分析攻击的能力。RIPEMD-160 设计时就考虑了抗已知密码分析攻击,RIPEMD-160 比 SHA-1 有更强的抗密码分析攻击的能力。

（3）速度：三个算法的主要运算都是模 2^{32} 加法和按位逻辑运算,因而都易于在 32 位的结构上实现,但 SHA-1 和 RIPEMD-160 的迭代次数较多,复杂性较高,因此速度较 MD5 慢些。SHA-1 执行的速度比 MD5 的速度慢得多。

（4）简洁性：SHA-1 和 MD5 两种算法都易于描述和实现,不需要使用大的程序和置换表。

（5）数据的存储方式：MD5 使用 little-endian 方式,SHA-1 使用 big-endian 方式。这两种方式没有本质的差异,低位字节优先与高位字节优先都没有明显优势。

2005 年,山东大学王小云教授给出一种攻击方法,用 2^{69} 次操作可以找到两个独立的消息使得它们有相同的 SHA-1 值,而此前认为需要 2^{80} 次操作。

5.3　数字签名

数字签名是电子商务安全一个非常重要的分支,在大型网络安全通信中的密钥分配、安全认证、防否认等方面具有重要作用。

前面讲述的消息认证是保护通信双方不受第三方攻击,但却无法防止通信双方中一方对另一方欺骗。例如,A 伪造一个消息并使用与 B 共享的密钥产生该消息的认证码,然后声称该消息来自 B,同样,B 也可以对自己给 A 发送的消息予以否认。因此,除了认证之外还需要其他机制来防止通信双方的抵赖行为,最常见的是数字签名技术。

传统的军事、政治、外交活动中的文件、命令和条约及商业中的契约等需要人手工完成签名或印章,以表示确认和作为举证等。随着计算机通信网络的发展,人们更希望通过电子设备实现快速、远距离交易,数字签名就由此应运而生,并被用于商业通信系统。

签名的目的如下。

（1）使信息的接收方能够对公正的第三方（双方事先委托的仲裁者）证明其内容的真实性是由指定的发送方发出的。

（2）发送方事后不能根据自己的利益来否认报文的内容。

（3）接收方也不能根据自己的利益来伪造报文的内容。

5.3.1　数字签名原理

前面介绍的消息认证能保护通信双方,防止第三方的攻击,然而却无法防止通信双方的一方对另一方欺骗。例如,通信双方 A 和 B 使用消息认证码通信,则可能发生如下欺骗。

A 伪造一个消息并使用与 B 共享的密钥产生该消息的认证码,然后声称该消息来自 B；由于这个原因,B 也可以对自己发送给 A 的消息予以否认。因此除了认证之外还需要其他机制来防止通信双方的抵赖行为,最常见的解决方案就是采用数字签名。

数字签名体制是以电子形式签名存储消息的方法,所签名的消息能够在通信网中传送。数字签名与传统的手写签名有如下不同。

（1）签名：手写签名是被签文件的物理组成部分；而数字签名不是被签消息的物理部

分,因而需要将签名连接到被签消息上。

(2) 验证:手写签名通过将它与其他真实的签名进行比较来验证;而数字签名利用已经公开的验证算法来验证。

(3) 签名数字消息的复制品与其本身是一样的,而手写签名纸质文件的复制品与原品是不同的。

与手写签名类似,一个数字签名至少应满足以下三个基本条件。

(1) 签名者不能否认自己的签名。

(2) 接收者能够验证签名,而其他任何人都不能伪造签名。

(3) 当关于签名的真伪发生争执时,存在一个仲裁机构或第三方能够解决争执。

在这些性质的基础上,结合手写签名与数字签名的区别,可归纳出如下数字签名的需求。

(1) 依赖性:数字签名必须依赖于要签名报文的比特模式,类似于笔迹签名与被签文件的不可分离性。

(2) 唯一性:数字签名对签名者来说是唯一的信息,以防伪造和否认,类似笔迹签名的独特性。

(3) 可验证:数字签名必须是在算法上可验证的。

(4) 抗伪造:伪造一个数字签名在计算上是不可行的,无论是通过以后的数字签名来构造新报文,还是对给定的报文构造一个虚假的数字签名,类似笔迹签名,具有不可模仿性。

(5) 可用性:数字签名的产生、识别和证实必须相对简单,并且其备份在存储上是可实现的,显然签名不能太长。

1. 数字签名的基本概念

数字签名是一种以电子形式给一个消息签名的方法。数字签名在 ISO7498—2 标准中定义为:附加在数据单元上的一些数据,或是对数据单元所进行的密码变换,这种数据和变换允许数据单元的接收者用以确认数据单元的来源和数据单元的完整性,并保护数据,防止被人(如接收者)进行伪造。

数字签名主要用于对数字消息进行签名,以防消息冒名伪造或篡改,也可以用于通信双方的身份鉴别。

简单地说,数字签名是个加密的过程,数字签名的验证是一个解密的过程。

2. 数字签名与公钥加密的比较

当公钥加密时,Alice 采用 Bob 的公钥对信息加密,Alice 将密文发送给 Bob;Bob 用其本身的私钥对收到的密文解密,恢复出明文。

当数字签名时,Alice 采用自己的私钥对消息 M 签名,Alice 将 M 和签名发送给 Bob;Bob 收到消息 M 和签名后,Bob 采用 Alice 的公钥验证签名的有效性。

所以,数字签名具有如下特点。

(1) 一个签名的消息很可能在多年之后才验证其真实性。

(2) 数字签名可能需要多次验证。

(3) 数字签名的安全性和抗伪造性要求很高。

（4）数字签名要求签名速度比验证速度更快。

3. 数字签名与消息认证的比较

对于消息认证来说，当收发双方没有利害冲突时，消息认证对于防止第三者的破坏来说已经足够；接收方能够验证消息发送者身份是否被篡改；接收方能够验证所发的消息内容是否被篡改。然而，当收发双方存在利害冲突时，单纯用消息认证技术已无法解决收发双方之间的纠纷，必须采用数字签名技术。

所以，数字签名又具有如下特点。

（1）数字签名能确定消息来源的真实性。

（2）数字签名能保证实体身份的真实性。

（3）安全数字签名要求具有不可否认性。

4. 数字签名的设计目标

签名的比特模式是依赖于消息报文的，也就是说，数字签名是以消息报文作为输入计算出来的，签名能够对消息的内容进行鉴别。

数字签名对发送者来说必须是唯一的，能够防止伪造和抵赖。

产生数字签名的算法必须相对简单、易于实现，且能够在存储介质上保存备份。

对数字签名的识别、证实和鉴别也必须相对简单、易于实现。

伪造数字签名在计算上是不可行的，无论攻击者采用何种方法（利用数字签名伪造报文，或者对报文伪造数字签名）。

5. 数字签名的主要分类与功能

数字签名是非对称密钥加密技术与数字摘要技术的应用，分为普通数字签名和特殊数字签名。

普通数字签名有 RSA、EIGamal、Schnorr、椭圆曲线数字签名和有限自动机数字签名等。特殊数字签名有不可否认签名、门限签名、盲签名、代理签名等。

数字签名主要功能如下。

（1）确认信息是由签名者发送的。

（2）确认消息自签名后到收到为止，未被修改过。

（3）签名者无法否认签名是由自己发送的。

5.3.2　数字签名的解决方案

目前已经提出了许多数字签名体制，可以分成两类：直接数字签名和需仲裁的数字签名。

1. 直接数字签名

直接数字签名只涉及收发双方，假定接收方已知发送方的公钥，发送方可以用自己的私钥对整个消息内容或消息内容的 Hash 值进行加密，完成数字签名。可以用接收者的公钥来加密以提供保密性，先签名后加密。

直接数字签名可通过以下四种方法实现。

(1) 只提供了认证与签名:A→B:$E_{KRa}[M]$。

在这种方式中,只有 A 具有 KRa 加密;传输中无法被篡改;需要某些格式信息/冗余度;任何第三方可以用 KUa 验证签名。

(2) 提供保密(KUb)、认证与签名(KRa):A→B:$E_{KUb}[E_{KRa}(M)]$。

(3) 提供认证及数字签名:A→B:$M \parallel E_{KRa}[H(M)]$。

在这种方式中,$H(M)$ 受到密码算法的保护,只有 A 能够生成 $E_{KRa}[H(M)]$。

(4) 提供保密性、认证和数字签名:A→B:$E_K[M \parallel E_{KRa}[H(M)]]$。

直接数字签名的缺点:验证模式依赖于发送方的保密密钥。

(1) 发送方要抵赖发送某一消息时,可能会声称其私有密钥丢失或被窃,他人伪造了他的签名。

(2) 通常需要采用与私有密钥安全性相关的行政管理控制手段来制止或至少是削弱这种情况,但威胁在某种程度上依然存在。

(3) 改进的方式:可以要求被签名的信息包含一个时间戳(日期与时间),并要求将已暴露的密钥报告给一个授权中心。X 的某些私有密钥确实在时间 T 被窃取,敌方可以伪造 X 的签名及早于或等于时间 T 的时间戳。

2. 需仲裁的数字签名

为了解决直接数字签名中存在的问题,我们可以引入仲裁者。需仲裁的数字签名体制一般流程如下:发送方 A 对发给接收方 B 的消息签名后,将附有签名的消息发给仲裁者 C,C 对其验证后,连同一个通过验证的证明发送给接收方 B。在这个方案中,A 无法对自己发出的消息予以否认,但仲裁者必须是得到所有用户信任的负责任者。仲裁者在这一类签名模式中扮演敏感和关键的角色,所有的参与者必须极大地相信这一仲裁机制工作正常。

(1) 单密钥加密方式,但仲裁者可以看见消息:

$$X→A:M \parallel E_{Kxa}[ID_x \parallel H(M)]$$
$$A→Y:E_{Kay}[ID_x \parallel M \parallel E_{Kxa}[ID_x \parallel H(M)] \parallel T]$$

X 与 A 之间共享密钥 Kxa,Y 与 A 之间共享密钥 Kay;

X:准备消息 M,计算其散列码 $H(M)$,用 X 的标识符 ID_x 和散列值构成签名,并将消息及签名经 Kxa 加密后发送给 A。

A:解密签名,用 $H(M)$ 验证消息 M,然后将 ID_x、M、签名和时间戳一起经 Kay 加密后发送给 Y。

Y:解密 A 发来的信息,并可将 M 和签名保存起来。

当面临纠纷时,流程如下。

Y:向 A 发送 $E_{Kay}[ID_x \parallel M \parallel E_{Kxa}[ID_x \parallel H(M)]]$。

A:用 Kay 恢复 ID_x、M 和签名($E_{Kxa}[ID_x \parallel H(M)]$),然后用 Kxa 解密签名并验证散列码。

注意:在这种模式下 Y 不能直接验证 X 的签名,Y 认为 A 的消息已认证,只因为它来自 A,因此双方都需要高度相信 A。

① X 必须信任 A 没有暴露 Kxa 并且没有生成错误的签名,$E_{Kxa}[ID_x \parallel H(M)]$。

② Y 必须信任 A 是在仅当散列值正确并且签名确实是 X 产生的情况下才发送的，E_{Kay} $[\text{ID}_x \| M \| E_{\text{Kxa}}[\text{ID}_x \| H(M)] \| T]$。

③ 双方都必须信任 A 处理争议是公正的。

只要 A 遵循上述要求，则 X 相信没有人可以伪造其签名；Y 相信 X 不能否认其签名。上述情况还隐含着 A 可以看到 X 给 Y 的所有信息，因而所有的窃听者也能看到。

（2）单密钥加密方式，但仲裁者不可以看见消息：

$$X \rightarrow A : \text{ID}_x \| E_{\text{Kxy}}[M] \| E_{\text{Kxa}}[\text{ID}_x \| H(E_{\text{Kxy}}[M])]$$
$$A \rightarrow Y : E_{\text{Kay}}[\text{ID}_x \| E_{\text{Kxy}}[M] \| E_{\text{Kxa}}[\text{ID}_x \| H(E_{\text{Kxy}}[M])] \| T]$$

在这种情况下，X 与 Y 之间共享密钥 Kxy。

X：将标识符 ID_x、密文 $E_{\text{Kxy}}[M]$，以及对 ID_x 和密文消息的散列码用 Kxa 加密后形成签名发送给 A。

A：解密签名用散列码验证消息，这时 A 只能验证消息的密文，而不能读取其内容，然后 A 将来自 X 的所有信息加上时间戳并用 Kay 加密后发送给 Y。

（1）和（2）存在一个共性问题：A 和发送方联手可以否认签名的信息；A 和接收方联手可以伪造发送方的签名。

（3）双密钥加密方式，但仲裁者不可以看见消息：

$$X \rightarrow A : \text{ID}_x \| E_{\text{KR}_x}[\text{ID}_x \| E_{\text{KUy}}(E_{\text{KRx}}[M])]$$
$$A \rightarrow Y : E_{\text{KRa}}[\text{ID}_x \| E_{\text{KUy}}[E_{\text{KRx}}[M]] \| T]$$

X：对消息 M 双重加密，首先用 X 的私有密钥 KRx，然后用 Y 的公开密钥 KUy。形成一个签名的、保密的消息。然后将该信息以及 X 的标识符一起用 KRx 签名后与 ID_x 一起发送给 A。这种内部的双重加密的消息对 A 以及除 Y 以外的其他人都是安全的。

A：检查 X 的公开/私有密钥对是否仍然有效，是则认证消息，并将包含 ID_x 的双重加密的消息和时间戳构成的消息用 KRa 签名后发送给 Y。

本模式与上述两个模式相比，具有以下优点。

（1）在通信之前各方之间无需共享任何信息，从而避免了联手作弊。

（2）即使 KRx 暴露，只要 KRa 未暴露，就不会有错误标定日期的消息被发送。

（3）X 发送给 Y 的消息内容对 A 和任何其他人是保密的。

5.3.3　RSA 数字签名体制

RSA 是最流行的一种加密标准，许多产品的内核都有 RSA 的软件和类库，RSA 与 Microsoft、IBM、Sun 和 Digital 都签订了许可协议，使其在生产线上加入了类似的签名特性。与 DSS 不同，RSA 既可用于加密数据，也可用于身份认证。

用 RSA 实现数字签名的方法中，要签名的报文作为一个散列函数的输入，产生一个定长的安全散列码。使用签名者的私有密钥对这个散列码进行加密就形成签名，然后将签名附在报文后。验证者根据报文产生一个散列码，同时使用签名者的公开密钥对签名进行解密。如果计算得出的散列码与解密后的签名匹配，那么签名就是有效的。因为只有签名者知道私有密钥，因此只有签名者才能产生有效的签名。RSA 数字签名与验证如图 5-12 所示。

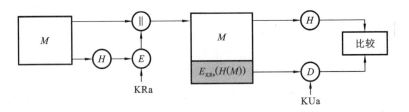

图 5-12 RSA 数字签名与验证

（1）秘密地选取两个大素数 p 和 q。

（2）计算 $n = p * q, \phi(n) = (p-1)(q-1)$。公开 n，保密 $\phi(n)$。

（3）随机地选取正整数 $1 < e < \phi(n)$，满足 $\gcd(e, \phi(n)) = 1$，e 为公开的密钥。

（4）计算 d，满足 $d * e = 1(\bmod(\phi(n)))$。$d$ 为保密的密钥。

（5）签名变换：对于消息 $m \in Z_n$，签名为 $\text{Sig}(m) = m^d \bmod n$。

（6）签名验证：对于 $m, s \in Z_n$，如果 $m = m^d \bmod n$，则认为 s 为消息 m 的有效签名。

对照数字签名的各项要求如下。

（1）散列函数取得报文的信息摘要，从而使对之加密产生的签名依赖于消息。

（2）RSA 私钥的保密性使得签名是唯一的。

（3）信息摘要的字节数很少（如 SHA 的 160B），因而 Hash 函数的输出产生签名相对简单，同样地，签名的识别与证实相对简单。

（4）散列函数的单向性与抗冲突性，还有 RSA 私钥的保密性，使得伪造数字签名不可行。

可以看出，散列函数在数字签名中发挥了产生消息摘要、减少签名与认证工作量的作用。

5.3.4 ElGamal 数字签名体制

ElGamal 于 1985 年基于离散对数问题提出了一个数字签名体制，通常称为 ElGamal 数字签名体制。它像 ElGamal 密码体制一样都是非确定性的，即一个确定的消息可能有许多合法的签名。这里介绍一个更一般的数字签名体制，称它为 ElGamal 型数字签名体制。

设计一个 ElGamal 型数字签名体制的过程如下。

（1）选择足够大的素数 p 使得求解离散对数问题在 Z_p 上是困难的，q 是 $p-1$ 的大素数因子或者 $q = p$。

（2）随机选择 Z_p^* 中一个阶为 q 的元素 α；当 $q = p$ 时，在 Z_p^* 中随机选择一个本原元 α。

（3）随机选择整数 a，使得 $0 \leqslant a \leqslant p-2$，并计算 $\beta = \alpha^a \bmod p$。

（4）对每个密钥 $k = (p, q, \alpha, a, \beta)$，定义签名变换 $\text{Sig}_k(x, r) = (\gamma, \delta)$，这里 r 是每次签名前随机选择的随机数，$\gamma = (\alpha^r \bmod p) \bmod q$。$\delta$ 的取值：当 $q < p$ 时，δ 满足方程 $rf(\gamma, x, \delta) + ag(\gamma, x, \delta) + h(\gamma, x, \delta) \equiv 0 \bmod p$；当 $q = p$ 时，δ 满足方程 $rf(\gamma, x, \delta) + ag(\gamma, x, \delta) + h(\gamma, x, \delta) \equiv 0 \bmod (p-1)$，这里的 f, g, h 是公开的函数，并且使得从方程中求解 δ 是容易的。

（5）对 $x \in Z_p^*$，$\gamma \in Z_q^*$，$\delta \in Z_q$，定义验证函数 $\text{Ver}(x, \gamma, \delta) = T$，当且仅当 $\gamma^{f(\gamma, x, \delta)} \beta^{g(\gamma, x, \delta)} \alpha^{h(\gamma, x, \delta)} \equiv (1 \bmod p) \bmod q$。

(6) 以 $\{p,q,\alpha,\beta\}$ 为公开密钥, a 为私有密钥。

这样就建立了 ElGamal 型数字签名体制:其消息空间 $P=Z_p^*$,签名空间 $S=Z_q^* \times Z_q(q<p)$ 或 $S=Z_q^* \times Z_{p-1}(q=p)$,密钥空间为 $K=\{(p,q,\ \alpha,a\ ,\beta):\beta=\alpha^a \bmod p\}(q<p)$ 或 $K=\{(p,q,\ \alpha,a\ ,\beta):\beta=\alpha^a \bmod p\}(q=p)$ 。其中 p 是大素数, $q=p$ 或者 q 是 $p-1$ 的大素数因子, α 是 Z_p^* 的一个本原元(取 $q=p$)或 Z_p^* 中一个阶为 q 的元素(取 $q<p$), $0 \leqslant a \leqslant p-2$, $\beta=\alpha^a \bmod p$ 。

如果签名是正确构造的,则验证将是成功的,因为 $(\gamma^{f(\gamma,x,\delta)} \beta^{g(\gamma,x,\delta)} \alpha^{h(\gamma,x,\delta)} \bmod p) \bmod q = \alpha^{rf(\gamma,x,\delta)+\alpha^{ag(\gamma,x,\delta)}+\alpha^{h(\gamma,x,\delta)}} \bmod p) \bmod q=1$,当 f,g,h 取不同的函数时,就能得到不同的数字签名体制。

在上面的签名体制中,取 $q=p$ 时,得到的就是 ElGamal 数字签名体制。此时,签名算法为 $\mathrm{Sig}_k(x,r)=(\gamma,\delta)$, $\gamma=(\alpha^r \bmod p)$, $\delta=(x-a\gamma)r^{-1} \bmod (p-1)$;验证算法为 $\mathrm{Ver}(x,\gamma,\delta)=T$,当且仅当 $\gamma^\beta \beta^\gamma \equiv \alpha^x \bmod p, x, \gamma \in Z_p^*, \delta \in Z_{p-1}$ 。

5.3.5　数字签名标准 DSS

DSS 数字签名标准是由美国国家标准与技术研究院(NIST)于 1991 年 8 月建议的一种基于非对称加密体制的数字签名实现方法,在 1994 年公布的联邦信息处理标准 FIPSPUB 186 中采用为数字签名标准,它利用了前面介绍的安全散列算法 SHA,并提出了一种新的数字签名技术,即数字签名算法 DSA。

该技术有如下特点:无专利问题,公开的可用性有利于该技术的广泛使用,这将给政府和公众带来经济效益。NIST 期望选用的技术能保证在智能卡应用中有效地实现签名操作。

DSS 的安全性表现在如下方面。

(1) 对报文的签名不会引起密钥的泄漏;

(2) 若不知道系统的私钥,则无人能够对给定的报文产生签名。

(3) 无人能够产生匹配给定签名的报文。

(4) 无人能够修改报文而使原有的签名依然有效。

然而,令人遗憾的是,它的政治性多于学术性。RSA 算法的供应商站在反对 DSS 的前沿,他们希望是 RSA 而不是另一种算法成为标准。许多已经取得 RSA 算法专利许可权的大型软件公司也站出来反对 DSS。

DSS 与 RSA 比较:在密钥生成方面,DSS 比 RSA 快;而在签名验证上 RSA 要比 DSS 快(近百倍)。因此,RSA 比较有一般性,而 DSS 适用于智能卡应用。RSA 的专利已经被 PKP 公司买断,因此 RSA 的使用有知识产权问题,而 DSS 目前还没有专利问题。

在 DSS 数字签名方法中,签名方先利用安全散列算法产生报文的信息摘要,然后将信息摘要和一个专用于该签名的随机数 k 作为签名函数的输入,该签名函数还依赖于签名方的私有密钥(KRa)和一个全局公开密钥(KUG,事实上是一组相关联的参数)。签名由两个分量组成,记为 s 和 r 。验证方计算报文的散列码,该散列码和签名作为验证函数的输入。验证函数还依赖于全局公开密钥和与签名方的私钥配对的验证方的公钥。如果签名是有效的,验证函数的输出等于签名分量 r ,其工作流程如图 5-13 所示。

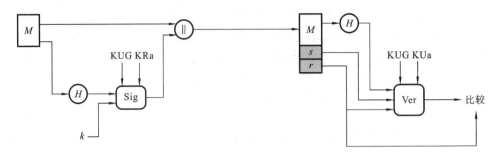

图 5-13 DSS 数字签名标准

签名算法 DSA 基于 Z_p^* 上求解离散对数问题的难度，是 ElGamal 型数字签名体制的变形。ElGamal 型数字签名体制中，当 $q<p, f(\gamma, x, \delta)=\delta, g(\gamma, x, \delta)=-\gamma, h(\gamma, x, \delta)=-H(x)$ 时，就成为数字签名算法 DSA，其中 H 是一个散列算法。在 DSA 中，称公钥 $\{p, q, \alpha, \beta\}$ 中的 $\{p, q, \alpha\}$ 为全局公钥分量，β 为用户公钥。

设计一个 DSA 算法的步骤如下。

(1) 全局公钥的选择：首先选择一个 160 位的素数 q，接着选择一个长度为 512～1024 位的素数 p，使得 $p-1$ 能被 q 整除，最后选择 $g=h^{(p-1)/q} \mod p$，其中 h 是大于 1 小于 $p-1$ 的整数，从而使 g 大于 1。

(2) 选择用户私钥公钥对：选择 1～$p-1$ 的随机数或者伪随机数 x 作为用户私钥，计算 $y=g^x \mod p$ 作为公钥。

(3) 生成签名：用户选择随机整数 k，对消息 M，计算两个分量 r 与 s 产生签名 $(r,s): r=f_2(k, p, q, g)=(g^k \mod p) \mod q, s=f_1(H(M), k, x, r, q)=(k^{-1}(H(M)+xr)) \mod q$。

(4) 验证签名：接收方先根据收到的消息 M'、签名 (r', s')、公钥 y、p、q、g 等值计算

$$w=f_3(s', q)=(s')^{-1} \mod q$$

$$v=f_4(y, q, g, H(M'), w, r')=(g^{(H(M')w) \mod q} y^{r'w \mod q} \mod p) \mod q$$

再将 v 与 r 进行比较，若相等，则接收签名。DSA 的签名和验证如图 5-14 所示。

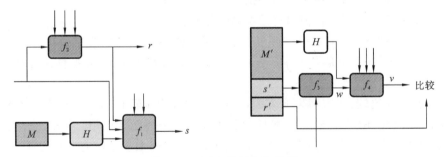

图 5-14 DSA 的签名和签证

5.3.6　中国商用密码 SM2 算法概况

2010 年 12 月 17 日，国家密码管理局颁布了中国商用公钥密码标准算法 SM2。SM2 是一组基于椭圆曲线的公钥密码算法。国家密码管理局公告（第 21 号）详细描述了 SM2 系列算法。

1. SM2 算法的特点

(1) SM2 是一组基于椭圆曲线的公钥密码算法。

(2) 包含加/解密算法、数字签名算法和密钥交换协议。

(3) 本节讲解 SM2 公钥密码算法中的数字签名算法。

2. 中国商用密码 SM2 数字签名算法

(1) 体制参数。

① 选择一个椭圆曲线。国家密码管理局推荐使用 256 位素数域 GF(p) 上的椭圆曲线，方程形式为 $y^2 = x^3 + ax + b$。

② 设置用户 Alice 的私钥 $d_A \in [1, n-1]$。

③ 设置用户 Alice 的公钥 $P_A = [d_A]G = (X_A, Y_A)$，$G = (X_G, Y_G)$ 为椭圆曲线上的生成元。

④ 选择一个密码杂凑算法 $Hv(\ )$，其摘要长度为 v，建议选用国家密码管理局批准的密码杂凑算法，如国家密码管理局发布的 SM3 算法。

⑤ 选择一个安全的随机数发生器，建议选用国家密码管理局批准的随机数发生器。

⑥ 设用户 Alice 具有长度为 $entlen_A$ 比特的标识 ID_A，记 $ENTLA$ 是由整数 $entlen_A$ 转换而成的两个字节。在 SM2 数字签名算法中，用户 Alice 与验证者需使用密码杂凑函数求得 Alice 的杂凑值 $Z_A = H_{256}(ENTL_A \parallel ID_A \parallel a \parallel b \parallel X_G \parallel Y_G \parallel X_A \parallel Y_A)$。

(2) 签名过程。

设待签名消息为 M，用户 Alice 应执行下述运算步骤获取 M 的数字签名 (r, s)，签名算法流程图如图 5-15 所示。

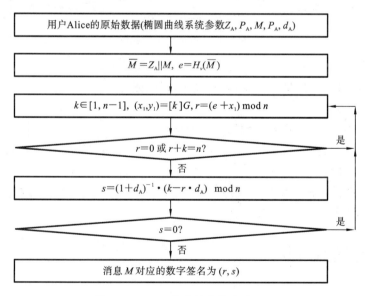

图 5-15 SM2 数字签名算法流程图

① 设置 $\overline{M} = Z_a \parallel M$。

② 计算 $e = H_v(\overline{M})$，并将 e 的数据类型转换为整数。

③ 用随机数发生器产生随机数 $k\in[1,n-1]$。

④ 计算椭圆曲线点 $(x_1,y_1)=[k]G$，并将 x_1 的数据类型转换为整数。

⑤ 计算 $r=(e+x_1)\bmod n$，若 $r=0$ 或 $r+k=n$，则返回步骤③。

⑥ 计算 $s=((1+d_A)^{-1}\cdot(k-r\cdot d_A))\bmod n$，若 $s=0$，则返回步骤③。

⑦ 将 r、s 的数据类型转换为字符串，消息 M 的签名为 (r,s)。

（3）验证过程。

为验证收到的消息 M' 以及数字签名 (r',s')，验证者 Bob 应执行以下运算步骤，验证过程流程图如图 5-16 所示。

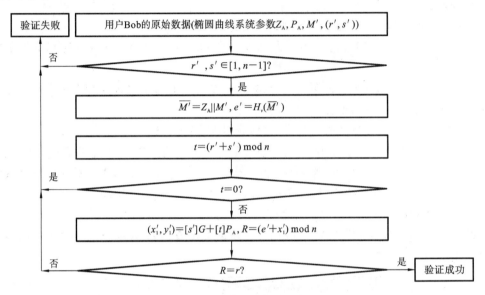

图 5-16　验证过程流程图

① 检验 $r'\in[1,n-1]$ 是否成立，若不成立，则验证失败。

② 检验 $s'\in[1,n-1]$ 是否成立，若不成立，则验证失败。

③ 设置 $\overline{M'}=Z_A\parallel M'$。

④ 计算 $e'=H_v(\overline{M'})$，将 e' 的数据表示为整数。

⑤ 将 r' 和 s' 的数据转换为整数，计算 $t=(r'+s')\bmod n$，若 $t=0$，则验证失败。

⑥ 计算椭圆曲线点 $(x_1',y_1')=[s']G+[t]P_A$。

⑦ 将 x_1' 的数据转换为整数，计算 $R=(e'+x_1')\bmod n$，检验 $R=r'$ 是否成立，若成立，则验证成功，否则验证失败。

5.4　公钥基础设施

5.4.1　PKI 的概念

公钥基础设施（PKI）是利用密码学中的公钥概念和加密技术为网上通信提供符合标准的一整套安全基础平台。PKI 能为各种不同安全需求的用户提供各种不同的网上安全服务所需要的密钥和证书,这些安全服务主要包括身份识别与鉴别(认证)、数据保密性、数据完整性、不可否认性及时间戳服务等,从而达到保证网上传递信息安全、真实、完整和不可抵赖的目的。

PKI 的技术基础之一是公开密钥体制。

PKI 的技术基础之二是加密机制。

从技术上讲,PKI 可以作为支持认证、完整性、机密性和不可否认性的技术基础,从技术上解决网上身份认证、信息完整性和不可否认性等安全问题,为网络应用提供可靠的安全保障。

PKI 提供了一个安全框架,使各类构件、应用、策略组合起来,为网络环境中的相关活动提供以下的安全功能。

(1) 保密性。保证信息的私有性。

(2) 完整性。保证信息没有被篡改。

(3) 真实性。证明一个人或一个应用的身份。

(4) 不可否认性。保证信息不能被否认。

PKI 机制的主要思想是通过公钥证书对某些行为进行授权,其目标是可以根据管理者的安全策略建立起一个分布式的安全体系。PKI 的核心目标是解决网络环境中的信任问题,确定网络环境中行为主体(包括个人和组织)身份的唯一性、真实性和合法性,保护行为主体的合法安全利益。

5.4.2　PKI 的组成

一个典型的 PKI 组成如图 5-17 所示,包括 PKI 安全策略、软/硬件系统、认证机构(CA)、注册机构(RA)、证书发布系统和 PKI 应用等。

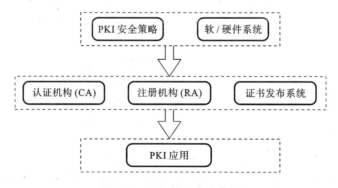

图 5-17　PKI 的组成示意图

PKI 系统的关键是如何实现对密钥的安全管理。公开密钥机制涉及公钥和私钥,私钥由用户自己保存,而公钥在一定范围内是公开的,需要通过网络来传输。所以,公开密钥体制的密钥管理主要是对公钥的管理,目前较好的解决方法是采用大家共同信任的认证机构(CA)。

1. CA 的概念

认证机构(CA)是整个网上电子交易等安全活动的关键环节,主要负责产生、分配并管理所有参与网上安全活动的实体所需的数字证书。在公开密钥体制中,数字证书是一种存储和管理密钥的文件。CA 是一个具有权威性、可信赖性和公正的第三方信任机构,专门解决公开密钥机制中公钥合法性的问题。

CA 的主要职能包括以下方面。

(1) 制订并发布本地 CA 策略。本地 CA 策略只能对上级 CA 策略补充,不能违背上级 CA 策略。

(2) 对下属各成员进行身份认证和鉴别。发布本 CA 证书,或代替上级 CA 发布证书。

(3) 产生和管理下属成员证书。证实 RA 的证书申请,向 RA 返回证书制作的确认信息,或返回已制作好的证书。

(4) 接收和认证对它所签发的证书的撤消申请。

(5) 产生和发布它所签发的证书和 CRL。

(6) 保存证书信息、CRL 信息、审计信息和它所制订的策略。

2. CA 的组成

一个典型 CA 系统包括安全服务器、注册机构 RA、CA 服务器、LDAP 服务器和数据库服务器等,如图 5-18 所示。

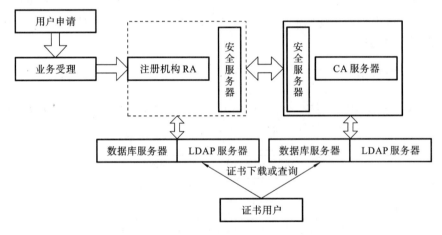

图 5-18　典型 CA 的组成

3. 证书及管理

PKI 采用证书管理公钥,通过第三方的可信任机构 CA 把用户的公钥和用户的其他标识信息捆绑在一起,在 Internet 上验证用户的身份。数字证书的管理方式在 PKI 系统中起着关键作用。

(1) 证书的概念。

数字证书也称为数字标识。它提供了一种在 Internet 等公共网络中进行身份验证的方式,是用来标识和证明网络通信双方身份的数字信息文件,其功能与驾驶员的驾照或日常生活中的身份证相似。数字证书由一个权威的证书认证机构(CA)发行,在网络中可以通过从 CA 中获得的数字证书来识别对方的身份。

比较专业的数字证书定义:数字证书是一个经证书授权中心数字签名的包含公开密钥拥有者信息以及公开密钥的文件。最简单的证书包含一个公开密钥、名称以及证书授权中心的数字签名。一般情况下,证书中还包括密钥的有效时间、发证机关(证书授权中心)的名称、该证书的序列号等信息,证书的格式遵循相关国际标准。

(2) 数字证书的格式。

目前有 X.509、WTLS(WAP)和 PGP 等多种数字证书,但应用最为广泛的是 X.509。X.509 为数字证书及其 CRL 格式提供了一个标准。X.509 证书的通用格式如图 5-19 所示。

证书版本号(Version)
证书序列号(Serial Number)
签名算法标识符(Signature)
颁发机构名(Issuer)
有效期(Validity)
实体名称(Subject)
证书持有者的公开密钥信息(Subject Public Key Info)
颁发者唯一标识符(Issuer Unique Identifier)
证书持有者唯一标识符(Subject Unique Identifier)
签名值(Issuer's Signature)

图 5-19 X.509 证书的通用格式

(3) 证书申请和发放。

证书的申请一般有两种方式:在线申请和离线申请。在线申请就是用户登录认证机构的相关网站下载申请表格,然后按要求填写内容;或通过浏览器、电子邮件等在线方式申请证书,这种方式一般用于申请普通用户证书。离线申请一般通过人工的方式直接到认证机构证书受理点办理证书申请手续,通过审核后获取证书,这种方式一般用于比较重要的场合,如网上银行的在线支付证书等。

(4) 证书撤消。

在证书的有效期内,由于私钥丢失或证书持有者解除与某一组织或单位的关系,该用户所使用的数字证书需要撤消。证书撤消操作由 CA 完成,当 CA 接收到用户撤消证书申请时,立即执行证书撤消操作,同时通知用户证书撤消情况。其实,出于安全考虑,在证书的正常使用中,当用户每次使用证书时系统都要检查用户的证书是否合法和有效。

证书撤消一般可通过两种方式实现:一种是利用周期性发布机制,主要有证书撤消列表(Certificate Revocation Lists,CRL);另一种是利用在线查询机制,如在线证书状态协议(Online Certificate Status Protocol,OCSP)。

（5）证书更新。

进行证书更新的主要原因：一是与证书相关的密钥可能达到它有效的生命终点；二是证书即将到期；三是证书中的一些属性发生了改变，而且必须进行改变。在这些情况下，必须颁发一个新的证书，这称为证书更新或重新证明。根据证书应用对象的不同，证书更新分为普通用户证书更新和机构证书更新两种类型。

4. 数字证书签发的基本流程

数字证书分为签名证书和加密证书；签名证书用于对用户认证信息数字签名，以解密签名和 Hash 运算；加密证书用于对发送给用户的数据进行加密。

在用户取得 PKI 加密数字证书的前提下，就可以申请签名证书和加密证书签发。证书签发过程如图 5-20 所示。

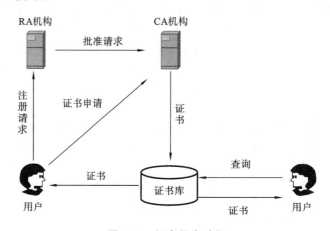

图 5-20　证书签发过程

数字证书的作用包含以下三个方面。

（1）数字证书可以作为身份凭证，使双方了解对方身份。

（2）可以用于信息加密，防止信息窃取和泄露。

（3）可以用于解密数字签名，从而使发送方不能抵赖和防止假冒。

5. 基于 X.509 证书的认证过程

以基于 X.509 的双向认证为例，简单介绍认证过程。

（1）A 发送信息：A 生成一个随机数 Y_a，可以用来防止假冒和伪造；接着用 A 的私钥加密构成 $K_a\{T_a, Y_a, B\}$（T_a 为时间戳）发送给 B。

（2）B 接收信息：先从 PKI 获取 A 的公钥证书，并从证书中提取 A 的公钥，通过解密 $K_a\{T_a, Y_a, B\}$，验证 A 的身份是否属实。从 $\{T_a, Y_a, B\}$ 验证自己是否是信息的接收人，验证时间戳是否接近当前时间，Y_a 检验是否有重放。

（3）B 发送信息：B 生成一个随机数 Y_b，接着用 B 的私钥加密构成 $K_b\{T_b, Y_b, A, Y_a\}$ 发送给 A。

（4）A 接收信息：先从 PKI 获得 B 的公钥证书，并从证书中提取 A 的公钥，通过解密 $K_b\{T_b, Y_b, A, Y_a\}$，验证 B 的身份是否属实。从 $\{T_b, Y_b, A, Y_a\}$ 验证自己是否是信息的接收人;验证时间戳 T_b 是否接近当前时间,Y_b 是否有重放。

6. 基于 X.509 证书的认证的特点

通过支持认证中的公钥加密和数字签名,有效防止身份信息泄露、伪造、冒用和拒绝承认等安全问题;身份信息由可信的 PKI 权威机构管理和备份,很好地维护了身份信息,防止信息丢失。

在此基础上,借助于时间戳和随机数参与认证,更好地防止了重放攻击;类似于网络数字身份证件的认证形式,具有灵活适用的特点,被广泛应用。

习　题　5

一、选择题。

1. 以下关于数字签名说法正确的是(　　)。

A. 数字签名是在所传输的数据后附加上一段与传输数据毫无关系的数字信息

B. 数字签名能够解决数据的加密传输,即安全传输问题

C. 数字签名一般采用对称加密机制

D. 数字签名能够解决篡改、伪造等安全性问题

2. A 方有一对密钥(K_A 公开,K_A 秘密),B 方有一对密钥(K_B 公开,K_B 秘密),A 方向 B 方发送数字签名 M,对信息 M 加密为:$M' = K_B$ 公开(K_A 秘密(M))。B 方收到密文的解密方案是(　　)。

A. K_B 公开(K_A 秘密(M'))　　　　　　B. K_A 公开(K_A 公开(M'))

C. K_A 公开(K_B 秘密(M'))　　　　　　D. K_B 秘密(K_A 秘密(M'))

3. 数字签名要预先使用单向 Hash 函数进行处理的原因是(　　)。

A. 多一道加密工序,使密文更难破译

B. 提高密文的计算速度

C. 缩小签名密文的长度,加快数字签名和验证签名的运算速度

D. 保证密文能正确还原成明文

4. 完整的数字签名过程(包括从发送方发送消息到接收方安全地接收到消息)包括(　　)和验证过程。

A. 加密　　　　　　B. 解密　　　　　　C. 签名　　　　　　D. 保密传输

5. 数字签名的(　　)功能是指签名可以证明是签字者而不是其他人在文件上签字。

A. 签名不可伪造　　　　　　　　　　　B. 签名不可变更

C. 签名不可抵赖　　　　　　　　　　　D. 签名是可信的

6. 在加密服务中,(　　)是用于保障数据的真实性和完整性的,目前主要有两种生成 MAC 的方式。

A. 加密和解密　　　B. 数字签名　　　C. 密钥安置　　　D. 消息认证码

7. 关于 CA 和数字证书的关系,以下说法不正确的是(　　)。

A. 数字证书是保证双方之间的通信安全的电子信任关系,由 CA 签发

B. 数字证书一般依靠 CA 中心的对称密钥机制实现

C. 在电子交易中,数字证书可以用于表明参与方的身份

D. 数字证书能以一种不能被假冒的方式证明证书持有人身份

二、简答题。

1. SHA 中使用的基本算术和逻辑函数是什么?

2. 一个安全的散列函数应该满足什么性质?

3. 什么是生日攻击?

4. 散列函数和消息认证码有什么区别? 各自可以提供什么功能?

5. 比较 DSA 和 RSA 算法。

第6章　身份认证和访问控制

6.1　身份认证概述

随着互联网的不断发展,越来越多的人开始尝试在线交易。然而病毒、黑客、网络钓鱼以及网页仿冒诈骗等恶意威胁给在线交易的安全性带来了极大的挑战。

近些年国内外网络诈骗事件层出不穷,给银行和消费者带来了巨大的经济损失。层出不穷的网络犯罪引起了人们对网络身份的信任危机,如何证明"我是谁"及如何防止身份冒用等问题是必须要解决的问题。

6.1.1　身份认证概念

身份认证是指计算机及网络系统确认操作者身份的过程。身份识别是安全体系的第一道大门,是网络安全的基石,是名副其实的网络安全体系的门禁。

1. 认证技术的概念

认证(Authentication)是通过对网络系统使用过程中的主客体进行鉴别,并经过确认主客体的身份以后,给这些主客体赋予恰当的标志、标签、证书等的过程。

身份认证(Identity and Authentication Management)是计算机网络系统的用户在进入系统或访问不同保护级别的系统资源时,系统确认该用户的身份是否真实、合法和唯一的过程。

2. 身份认证的作用

身份认证与鉴别是信息安全中的第一道防线,是保证计算机网络系统安全的重要措施之一,对信息系统的安全有着重要的意义。

身份认证可以确保用户身份的真实性、合法性和唯一性。认证是对用户身份及认证信息的生成、存储、同步、验证和维护整个过程的管理。因此,可以防止非法人员进入系统,防止非法人员通过各种违法操作获取不正当利益、非法访问受控信息、恶意破坏系统数据的完整性的情况的发生,严防"病从口入"关口。

3. 身份认证的种类和方法

认证技术是用户身份认证与鉴别的重要手段,也是计算机系统安全中一项重要内容。根据鉴别对象,认证分为消息认证和用户身份认证。

(1)消息认证:用于保证信息的完整性和不可否认性。

(2)用户身份认证:鉴别用户身份,包括识别和验证两部分。识别是鉴别访问者的身份,验证是对访问者身份的合法性进行确认。

从认证关系上,身份认证也可分为用户与主机间的认证和主机与主机之间的认证。

4. 身份认证的三要素

(1) 利用示证者所知道的信息,如口令、密钥等。

(2) 利用示证者所拥有的事物,如身份证、护照、信用卡、钥匙等。

(3) 辨别示证者的个人特征,如指纹、笔迹、声纹、手型、血型、视网膜、虹膜、DNA 等。

6.1.2 身份认证技术方法

认证技术是信息安全理论与技术的一个重要方面。用户在访问安全系统之前,首先经过身份认证系统识别身份,然后访问监控设备,根据用户的身份和授权数据库,决定用户是否能够访问某个资源。

身份认证在安全系统中的地位极其重要,是最基本的安全服务,其他的安全服务都要依赖对用户身份的认证。

目前,计算机及网络系统中常用的身份认证方式主要有以下几种。

1. 基于密码的身份认证

基于密码的身份认证技术是一种传统的认证技术,当被认证对象要求访问提供服务的系统时,提供服务的认证方要求被认证对象提交该对象的口令密码,认证方收到口令后,将其与系统中存储的用户口令进行比较,以确认被认证对象是否为合法访问者,如图 6-1 所示。

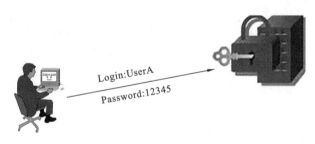

图 6-1 基于密码的身份认证

2. 基于 USB Key 的身份认证

基于 USB Key 的身份认证技术是近几年发展起来的一种方便、安全、可靠的身份认证技术。USB Key 是一种 USB 接口的、小巧的硬件设备,它内置了 CPU、存储器、芯片操作系统,可以存储用户的密钥或数字证书,利用 USB Key 内置的密码算法实现对用户身份的认证。USB Key 结合了现代密码学技术、智能卡技术和 USB 技术,是新一代身份认证技术,如图 6-2 所示。

3. 生物特征身份认证技术

生物特征认证是指通过自动化技术利用人体的生理特征和(或)行为特征进行身份鉴定。目前利用生理特征进行生物识别主要有指纹识别、虹膜识别、掌纹识别和面部识别;利用行为特征进行识别主要有语音识别、签名识别和步态识别等。除了这些比较成熟的生物

图 6-2　基于 USB Key 的身份认证

识别技术之外,还有许多新兴的技术,如耳朵识别、人体气味识别、血管识别、步态识别等。

随着现代生物技术的发展,尤其是人类基因组研究的重大突破,研究人员认为 DNA 识别技术或基因识别技术将是未来生物识别技术的主流。

(1)指纹识别如图 6-3 所示。

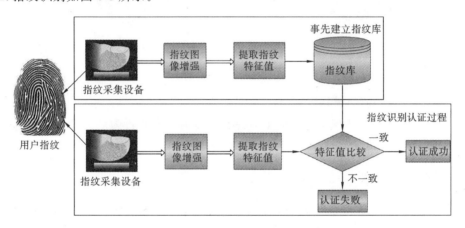

图 6-3　指纹识别

(2)掌纹识别如图 6-4 所示。

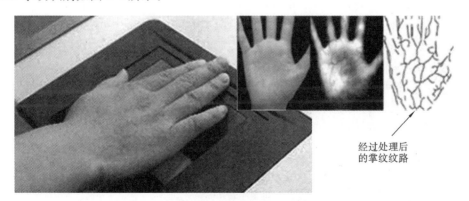

图 6-4　掌纹识别

(3)面部识别。

面部识别通过对面部特征和它们之间的关系(眼睛、鼻子和嘴的位置以及它们之间的相对位置)来进行识别,用于捕捉面部图像的两项技术为标准视频技术和热成像技术。标准视频技术通过视频摄像头摄取面部图像,热成像技术通过分析由面部的毛细血管的血液产生的热线来产生面部图像。与标准视频技术不同,热成像技术并不需要较好的光源,即使在黑暗的情况下也可以使用。

(4)虹膜识别。

虹膜识别利用虹膜终生不变性和差异性的特点来识别身份,如图6-5所示。虹膜是瞳孔内织物状的各色环状物,每个虹膜都包含一个独一无二的基于水晶体、细丝、斑点、凹点、皱纹和条纹等特征的结构。

图6-5 虹膜识别

(5)基于行为特征的生物识别。

基于行为特征的生物识别选择的生物特征主要是生物的行为产生的,这些行为具有唯一性和可识别性,如语音识别、签名识别、步态识别等。

6.1.3 零知识证明

通常的身份认证都要求传输口令或身份信息(尽管是加密传输)。如果不传输这些信息,身份也能得到证明就好了,这就需要零知识证明技术(the Proof of Zero Knowledge)。零知识证明技术:被认证方 P 掌握某些秘密信息,P 想设法让认证方 V 相信他确实掌握那些信息,但又不想让 V 也知道那些信息。

零知识证明可以分为两大类:最小泄露证明(Minimum Disclosure Proof)和零知识证明(Zero Knowledge Proof)。

最小泄露证明需要满足以下两个条件。

(1)P 几乎不可能欺骗 V:如果 P 知道证明,他可以使 V 以极大的概率相信他知道证明;如果 P 不知道证明,则他使得 V 相信知道证明的概率几乎为零。

(2)V 几乎不可能知道证明的知识,特别是他不可能向别人重复证明过程。

零知识证明除了要满足以上两个条件之外,还要满足第三个条件:V 无法从 P 那里得到任何有关证明的知识。

解释零知识证明的通俗例子是洞穴问题。如图 6-6 所示的山洞问题:有一个洞,设 P 知道咒语,可打开 C 和 D 之间的秘密门,不知道者都将走入死胡同中,那么 P 如何向 V 出示证明使 V 相信他知道这个

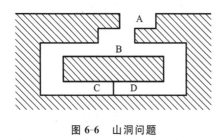

图6-6 山洞问题

秘密,但又不告诉 V 有关咒语。

P 按以下步骤使 V 相信自己掌握了洞穴的秘密。

(1) V 站在 A 点。

(2) P 进入洞中任意一点 C 或 D。

(3) 当 P 进洞之后,V 走到 B 点。

(4) V 让 P 从左边出来或从右边出来。

(5) P 按要求实现(以咒语,即解数学难题)。

(6) P 和 V 重复执行步骤(1)～(5)共 n 次。

被认证方 P 掌握的秘密信息一般是长期没有解决的猜想问题的证明,但能通过具体的步骤来验证它的正确性。

如果 P 知道咒语,他一定可以按照 V 的要求正确地走出山洞 n 次;如果 P 不知道咒语并想使 V 相信他知道咒语,就必须每次都事先猜对 V 会要求他从哪一边出来。猜对一次的概率是 0.5,猜对 n 次的概率是 0.5^n,若 $n=16$,每次均通过 V 的检验,则 V 受骗机会仅为 1/65536。当 n 足够大时,这个概率接近零。因此,山洞问题满足零知识证明的所有条件。

6.2 身份认证协议

下面讲述几种常见的身份认证协议。

6.2.1 拨号认证协议

在拨号环境中,拨号认证要进行两部分的认证:首先是用户的调制解调器和网络访问服务器(NAS)之间使用 PPP 协议认证,这类协议包括 PAP/CHAP 等;然后是 NAS 和认证服务器(AS)之间使用 TCP/IP 协议认证,这类协议包括 TACACS/RADIUS 等。拨号认证过程如图 6-7 所示。

图 6-7 拨号认证过程

6.2.2 口令认证协议

口令认证协议(Password Authentication Protocol,PAP)结构简单,使对等实体通过双向握手进行认证。PAP 帧格式如图 6-8 所示。

PAP 简单且易于实现。但 PAP 存在很大的安全问题,用户的用户名和密码是以明码的方式进行传送的,数据在从用户端发送到认证方接收到的整个过程中毫无遮拦地暴露在

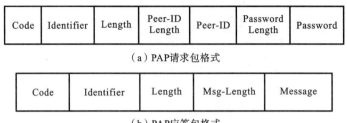

（a）PAP请求包格式

Code	Identifier	Length	Msg-Length	Message

（b）PAP应答包格式

图 6-8　PAP 帧格式

线路上面。

6.2.3　挑战握手认证协议

挑战握手认证协议（Challenge Handshake Authentication Protocol，CHAP）采用的是挑战/应答方法，它通过三次握手方式对被认证方的身份进行周期性的认证。

CHAP 的认证过程如下。

（1）在通信双方链路建立阶段完成后，认证方向被认证方发送一个提问消息。

（2）被认证方向认证方发回一个响应，该响应由单向散列函数计算得出，单向散列函数的输入参数由本次认证的标识符、秘诀和提问构成。

（3）认证方将接收到的响应与它自己根据认证标识符、秘诀和提问计算出的散列函数值进行比较，若相符，则认证通过，向被认证方发送"成功"消息；否则，发送"失败"消息，断开连接。

在双方通信过程中系统将以随机的时间间隔重复上述三步认证过程。

CHAP 帧格式如图 6-9 所示。

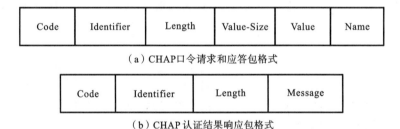

（a）CHAP口令请求和应答包格式

Code	Identifier	Length	Message

（b）CHAP认证结果响应包格式

图 6-9　CHAP 帧格式

CHAP 对 PAP 进行了改进，不再直接通过链路发送明文口令，而是使用挑战口令以哈希算法对口令进行加密，安全性比 PAP 高。

CHAP 的优点如下。

（1）通过不断改变认证标识符和提问消息值来防止回放攻击。

（2）利用周期性的提问防止通信双方在长期会话过程中被攻击。

（3）虽然 CHAP 进行的是单向认证，但在两个方向上进行 CHAP 协商，也能实现通信双方的相互认证。

（4）CHAP 可用于认证多个不同的系统。

CHAP 的不足：CHAP 认证的关键是秘诀，CHAP 的秘诀以明文形式存放和使用，不能利用通常的不可逆加密口令数据库，并且 CHAP 的秘诀是通信双方共享的，因此给秘诀的分发和更新带来了麻烦，要求每个通信对都有一个共享的秘诀，这不适合大规模的系统。

6.3 Kerberos 认证协议

6.3.1 Kerberos 简介

Kerberos 是美国麻省理工学院（MIT）开发的一种身份鉴别服务。Kerberos 的本意是希腊神话中守护地狱之门的守护者。Kerberos 提供了一个集中式的认证服务器结构，认证服务器的功能是实现用户与其访问的服务器间的相互鉴别。Kerberos 建立的是一个实现身份认证的框架结构。其实现采用的是对称密钥加密，未采用公开密钥加密。公开发布的 Kerberos 版本包括版本 4 和版本 5。Kerberos 有三个功能：身份认证、记账、审核。

Kerberos 针对分布式环境，一些工作站可能安装于不安全场所，而且用户也并非是完全可信的。用户在登录时需要认证。用户必须获得由认证服务器发行的许可证，才能使用目标服务器上的服务。许可证提供被认证的用户访问一个服务时所需的授权资格。所有用户和服务器间的会话都是暂时的。

1. Kerberos 的产生背景

在网络系统中，用户需要从多台计算机得到服务，控制访问的方法有以下三种。

（1）认证工作由用户登录的计算机来管理，服务程序不负责认证，这对封闭式网络是可行的方案。

（2）收到服务请求时，对发来请求的主机进行认证，对每台认证过的主机用户不进行认证，如 rlogin 和 rsh 程序。半开放系统可用此方法。每个服务选择自己信任的计算机，在认证时通过检查主机地址来实现认证。

（3）在开放式系统中，主机不能控制登录它的每一个用户，另外在有来自系统外部的假冒等情况发生时，以上两种方法都不能保证用户身份的真实性，必须对每一个服务请求，要认证用户的身份。

开放式系统的认证要求如下。

（1）安全性：没有攻击的薄弱环节。

（2）可靠性：认证服务是其他服务的基础，要可靠，不能瘫痪。

（3）透明性：用户觉察不到认证服务，只是输入口令。

（4）可扩展性：支持加入更多的服务器。

2. 什么是 Kerberos

Kerberos 为网络通信提供可信第三方服务的面向开放系统的认证机制。

每当用户 C 申请得到某服务程序 S 的服务时，用户和服务程序会首先向 Kerberos 要求认证对方的身份，认证建立在用户和服务程序对 Kerberos 信任的基础上。在申请认证时，C 和 S 都是 Kerberos 认证服务的用户，为了与其他服务的用户区别，Kerberos 用户统称为当事人（Principle），Principle 可以是用户或者某项服务。当用户登录到工作站时，Kerberos 对用户进行初始认证，此后用户可以在整个登录时间得到相应的服务。Kerberos 不依赖用户的终端或请求服务的安全机制，认证工作由认证服务器完成。时间戳技术被应用于防止重放攻击。

Kerberos 保存当事人及其密钥的数据库。共享密钥只被当事人和 Kerberos 知道，当事人在登记时与 Kerberos 商定，使用共享密钥。Kerberos 可以创建消息使一个当事人相信另一个当事人的真实性。Kerberos 还产生一种临时密钥，称为对话密钥，通信双方用在具体的通信中。

Kerberos 提供三种安全等级。

（1）只在网络开始连接时进行认证，连接建立起来后的通信被认为是可靠的。认证式网络文件系统（Authenticated Network File System）使用此种安全等级。

（2）安全消息传递：对每次消息都进行认证工作，但是不保证每条消息不被泄露。

（3）私有消息传递：不仅对每条消息进行认证，而且对每条消息进行加密。Kerberos 在发送密码时就采用私有消息模式。

6.3.2 Kerberos 原理

1. Kerberos 的组成

Kerberos 是 MIT 为雅典娜（Athena）计划开发的认证系统。它由以下几部分组成。

（1）Kerberos 应用程序库：应用程序接口，包括创建和读取认证请求，以及创建 Safe Message 和 Private Message 的子程序。

（2）加密和解密库：DES 等。

（3）Kerberos 数据库：记载每个 Kerberos 用户的名字、私有密钥、截止信息（记录的有效时间通常为几年）等信息。

（4）数据库管理程序：管理 Kerberos 数据库。

（5）KDBM 服务器（数据库管理服务器）：接收客户端的请求，对数据库进行操作。

（6）认证服务器（AS）：存放一个 Kerberos 数据库的只读副本，用来完成 Principle 的认证，并生成会话密钥。

（7）数据库复制软件：管理数据库从 KDBM 服务所在的机器到认证服务器所在的机器的复制工作，为了保持数据库的一致性，每隔一段时间就需要进行复制工作。

（8）用户程序：登录 Kerberos，改变 Kerberos 密码，显示和破坏 Kerberos 标签等工作。

2. Kerberos 认证模型

Kerberos 的主要认证模型如下：出于实现和安全考虑，Kerberos 认证服务被分配到两个相对独立的服务器——认证服务器 AS（它同时连接并维护一个中央数据库存放用户口令、标识等）和票据许可服务器（Ticket Granting Server，TGS）。整个系统由四部分组成：AS、TGS、Client、Server。

Kerberos 有两种证书：票据（Ticket）和认证符（Authenticator）。这两种证书都要加密，但加密的密钥不同。Ticket 用来安全地在 AS 和 S 之间传递用户的身份，同时保证使用

Ticket 的用户必须是 Ticket 中指定的用户。

Ticket 由 C/S 的标识、Client 的地址、时间戳、生存时间、会话密钥五部分组成。Ticket 一旦生成,在 Life 指定的时间内就可以被 Client 多次使用来申请同一个 Server 的服务。

Authenticator:提供的信息与 Ticket 中的信息进行比较,一起保证发出 Ticket 的用户就是 Ticket 中指定的用户。

认证符有下列部分组成:Client 的名字、Client 的地址、记录当前时间的时间戳。Authenticator 只能在一次服务请求中使用,每当 Client 向 Server 申请服务时,必须重新生成 Authenticator。

3. Kerberos 认证过程

用户 C 请求服务 S 的整个 Kerberos 认证过程可以分为三个阶段、六个步骤来操作,如图 6-10 所示。

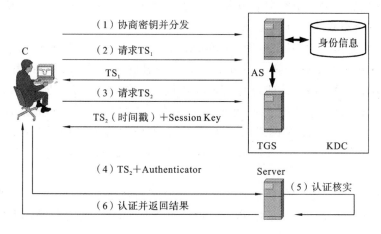

图 6-10　Kerberos 认证过程

第一阶段,认证服务交换。

用户 C 向 AS 发出请求,以获取访问 TGS 的令牌(票据许可证):Ticket$_{tgs}$。

得到初始化令牌的工作在用户登录工作站时进行,在用户看来与登录分时的系统是完全相同的。登录时用户被要求输入用户名,输入后系统向 AS 发送一条包含用户和 TGS 服务两者名字的请求,以及时间戳 TS$_1$(表示是新请求)。

AS 检查用户有效,则随机产生用户和 TGS 通信的会话密钥 $K_{c,tgs}$,并创建令牌 Ticket$_{tgs}$,令牌包含用户名、用户地址、TGS 服务名、当前时间(时间戳 TS$_2$)、有效时间,还有刚才创建的会话密钥。然后将令牌用 K_{tgs} 加密。AS 向 C 发送加密过的令牌 Ticket$_{tgs}$ 和会话密钥 $K_{c,tgs}$,发送的消息用只有用户和认证服务器 A 知道的 K_c 来加密,K_c 值基于用户密码。

用户机器收到 AS 回应后,要求用户输入密码,将密码转化为 DES 密钥 K_c,然后将 AS 发回的信息解开,保存令牌 Ticket$_{tgs}$ 和会话密钥 $K_{c,tgs}$,为了安全,用户密码 P_c 和密钥 K_c 则被丢弃。

当用户的登录时间超过了令牌的有效时间时,用户的请求就会失败,这时系统会要求用户使用 Kinit 程序重新申请令牌 $Ticket_{tgs}$。用户运行 Klist 命令可以查看自己所拥有的令牌的当前状态。

步骤一，C→AS：$ID_c \parallel ID_{tgs} \parallel TS_1$。

步骤二，AS→C：$E_{K_c}[K_{c,tgs} \parallel ID_{tgs} \parallel TS_2 \parallel Lifetime_2 \parallel Ticket_{tgs}]$。其中，$Ticket_{tgs} = E_{K_{tgs}}[K_{c,tgs} \parallel ID_c \parallel AD_c \parallel ID_{tgs} \parallel TS_2 \parallel Lifetime_2]$。

特别说明如下。

(1) 不输入 C 的口令，就不能解开来自 AS 的信息。

(2) TS_1 时间戳用来防止重放攻击。

(3) K_c 由用户口令导出。

(4) $K_{c,tgs}$ 是 C 和 TGS 之间的会话密钥。

第二阶段，用户 C 从 TGS 得到所请求服务的令牌 $Ticket_v$。

一个令牌只能申请一个特定的服务，所以用户必须为每一个服务 V 申请新的令牌，用户可以从 TGS 处得到服务令牌 $Ticket_v$。

用户程序首先向 TGS 发出申请令牌的请求。请求信息中包含 V 的名字，上一步中得到的请求 TGS 服务的加密令牌 $Ticket_{tgs}$，还有加密过的认证符 $Authenticator_c$。认证符含有用户身份、网址、时间戳。认证符与 Ticket 不同，只用一次且有效期短。如果有效，TGS 生成用于 C 和 V 之间通信的会话密钥 $K_{c,v}$，并生成用于 C 申请得到 V 服务的令牌 $Ticket_v$，其中包含 C 和 V 的名字、C 的网络地址、当前时间、有效时间和会话密钥 $K_{c,v}$。令牌 $Ticket_v$ 的有效时间是初始令牌 $Ticket_{tgs}$ 剩余的有效时间和所申请的服务缺省有效时间中最短的时间。

TGS 用 C 和 TGS 之间的会话密钥 $K_{c,tgs}$ 加密 $Ticket_v$ 和会话密钥 $K_{c,v}$，然后发送给用户 C。C 得到回答后，用 $K_{c,tgs}$ 解密，得到所请求的令牌 $Ticket_v$ 和会话密钥 $K_{c,v}$。

步骤三，C→TGS：$ID_v \parallel Ticket_{tgs} \parallel Authenticator_c$，

$$Authenticator_c = E_{K_{c,tgs}}[ID_c \parallel AD_c \parallel TS_3]。$$

说明：TGS 拥有 K_{tgs}，可以解密 $Ticket_{tgs}$，然后使用从 $Ticket_{tgs}$ 得到的 $K_{c,tgs}$ 来解密 $Authenticator_c$，将认证符中的数据与票据中的数据比较，以验证票据发送者就是票据持有者。

步骤四，TGS→C：$E_{K_{c,tgs}}[K_{c,v} \parallel ID_v \parallel TS_4 \parallel Ticket_v]$，

$$Ticket_v = E_{K_v}[K_{c,v} \parallel ID_c \parallel AD_c \parallel ID_v \parallel TS_4 \parallel Lifetime_4]。$$

第三阶段，客户机与服务器之间认证交换。

当用户 C 也想验证 V 的身份时，V 将收到的时间戳加 1，并用会话密钥 $K_{c,v}$ 加密后发送给用户，用户收到回答后用 $K_{c,v}$ 解密，再对增加的时间戳进行验证，从而确定 V 的身份。

此后，客户机与服务器之间通过共享的会话密钥秘密通信。

步骤五，用户 C 将票据和鉴别符发给服务器 V。

步骤六，V 验证票据和鉴别符中的匹配，然后许可访问服务，如果需要双向验证，则服务器 V 返回一个鉴别符。

Kerberos 认证具有如下优点。

(1) 认证在用户和认证服务器之间进行，减少了服务器对身份信息管理和存储的开销

和黑客入侵后的安全风险。

（2）支持双向认证。

（3）认证的整个过程是一个典型的挑战/响应方式,在防止重放攻击方面起到有效的作用。

（4）Kerberos 协议的推广和应用具有灵活性。

Kerberos 已广泛应用于 Internet、Intranet 认证服务和安全访问,具有高度的安全可靠性和较好的扩展性,成为当今比较重要的实用认证方案。

6.4　访问控制

访问控制是计算机网络系统安全防范和保护的重要手段,是保证网络安全最重要的核心策略之一,也是计算机网络安全理论基础的重要组成部分。

6.4.1　访问控制的基本原理

访问控制是在保障授权用户能获取所需资源的同时拒绝非授权用户的安全机制。网络的访问控制技术是通过对访问的申请、批准和撤消的全过程进行有效的控制,从而确保只有合法用户的合法访问才能给予批准,而且相应的访问只能执行授权的操作。

在计算机系统中,认证、访问控制和审计共同建立了保护系统安全的基础。认证是用户进入系统的第一道防线,访问控制是鉴别用户的合法身份后,控制用户对数据信息的访问。访问控制是在身份认证的基础上,依据授权对提出请求的资源访问加以控制。访问控制是一种安全手段,既能够控制用户和其他系统与资源进行通信和交互,也能保证系统和资源未经授权的访问,并为成功认证的用户授权不同的访问等级。

访问控制包括以下两个重要过程。

（1）通过鉴别（Authentication）来验证主体的合法身份。

（2）通过授权（Authorization）来限制用户可以对某一类型的资源进行何种类型的访问。

例如,当用户试图访问 Web 服务器时,服务器执行几个访问控制进程来识别用户并确定允许的访问级别,其访问控制过程如下。

（1）用户请求服务器上的资源。

（2）将依据 IIS 中的 IP 地址限制检查客户机的 IP 地址。如果 IP 地址是禁止访问的,则请求就会失败,并且给用户返回"403 禁止访问"的消息。

（3）如果服务器要求身份验证,则服务器从客户端请求身份验证信息。浏览器既提示用户输入用户名和密码,也可以自动提供这些信息。在用户访问服务器上的任何信息之前,可以要求用户提供有效的 Microsoft Windows 用户账户、用户名和密码。该标识过程称为"身份验证",可以在网站或 FTP 站点、目录或文件级别设置身份验证,可以使用 Internet 信息服务（IIS 提供的）身份验证方法来控制对网站和 FTP 站点的访问。

（4）IIS 检查用户是否拥有有效的 Windows 用户账户。如果用户没有,则请求就会失败,并且给用户返回"401 拒绝访问"的消息。

(5) IIS 检查用户是否具有请求资源的 Web 权限。如果用户没有,则请求就会失败,并且给用户返回"403 禁止访问"的消息。

(6) 添加任何安全模块,如 Microsoft ASP. NET 模拟。

(7) IIS 检查有关静态文件、Active Server Pages(ASP)和通用网关接口(CGI)文件上资源的 NTFS 权限。如果用户不具备资源的 NTFS 权限,则请求就会失败,并且给用户返回"401 拒绝访问"的消息。

(8) 如果用户具有 NTFS 权限,则可完成该请求。

1. 访问控制的概念

访问控制是指主体依据某些控制策略或权限对客体本身或是其资源进行不同的授权访问。访问控制包括三个要素:主体、客体和控制策略。

主体 S(Subject)是指一个提出请求或要求的实体,是动作的发起者,但不一定是动作的执行者。主体可以是某个用户,也可以是用户启动的进程、服务和设备。

客体 O(Object)是接收其他实体访问的被动实体。客体的概念也很广泛,凡是可以被操作的信息、资源、对象都可以认为是客体。在信息社会中,客体可以是信息、文件、记录等的集合体,也可以是网络上的硬件设施,无线通信中的终端,甚至一个客体可以包含另外一个客体。

控制策略 A(Attribution)是主体对客体的访问规则集,即属性集合。访问策略实际上体现了一种授权行为,也就是客体对主体的权限允许。

访问控制的目的是限制访问主体对访问客体的访问权限,从而使计算机网络系统在合法范围内使用。它决定用户能做什么,也决定代表一定用户身份的进程能做什么。为达到这个目的,访问控制需要完成以下两项任务。

(1) 识别和确认访问系统的用户。

(2) 决定该用户可以对某一系统资源进行何种类型的访问。

访问控制模型是一种从访问控制角度出发,描述安全系统并建立安全模型的方法。该模型主要描述了主体访问客体的一种框架,通过访问控制技术和安全机制来实现模型的规则和目标。可信计算机系统评估准则(TCSEC)提出了访问控制在计算机安全系统中的重要作用,TCSEC 要达到的一个主要目标就是阻止非授权用户对敏感信息的访问。访问控制模型在准则中被分为两类:自主访问控制(Discretionary Access Control,DAC)模型和强制访问控制(Mandatory Access Control,MAC)模型。近几年基于角色访问控制(Role-based Access Control,RBAC)模型得到广泛的研究与应用。

访问控制模型分类如图 6-11 所示。

2. 访问控制实现方法

较为常见的访问控制的实现方法主要有四种:访问控制矩阵、访问能力表、访问控制表和授权关系表。

表 6-1 是一个访问控制矩阵的例子。在这个例子中,Jack、Mary、Lily 是三个主体,客体有四个文件(file)和两个账户(account)。从该访问控制矩阵可以看出,Jack 是 file1、file3 的拥有者,而且能够对其进行读(r)、写(w)操作,但是 Jack 对 file2、file4 就没有访问权。需要

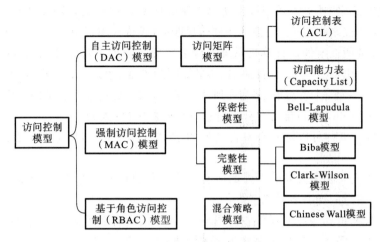

图 6-11　访问控制模型分类

表 6-1　访问控制矩阵

	file1	file2	file3	file4	account1	account2
Jack	own r w		own r w		inquiry credit	
Mary	r	own r w	w	r	inquiry debit	inquiry credit
Lily	r w	r		own r w		inquiry debit

注意的是拥有者的确切含义会因不同的系统而拥有不同的含义,通常一个文件的拥有(own)权限表示可以授予(authorize)或者撤消(revoke)其他用户对该文件的访问控制权限,如 Jack 拥有 file1 的 own 权限,他就可以授予 Mary 读或者 Lily 读、写的权限,也可以撤消给予他们的权限。

对账户的访问权限展示了访问可以被应用程序的抽象操作所控制。查询(inquiry)操作与读操作类似,它只检索数据而并不改动数据。借(debit)、贷(credit)操作与写操作类似,要对原始数据进行改动,都会涉及读原先账户平衡信息、改动并重写。实现这两种操作的应用程序需要有对账户数据的读、写权限,而用户并不允许直接对数据进行读、写,所以只能通过已经实现借、贷操作的应用程序来间接操作数据。

6.4.2　自主访问控制

自主访问控制(DAC)又称任意访问控制,是根据自主访问控制策略建立的一种模型。允许合法用户以用户或用户组的身份访问策略规定的客体,同时阻止非授权用户访问客体。某些用户还可以自主地把自己拥有的客体的访问权限授予其他用户。在实现上,首先要对用户的身份进行鉴别,然后就可以按照访问控制表所赋予用户的权限允许和限制用户使用客体的资源,主体控制权限通常由特权用户(管理员)或特权用户组实现。

例如,假设某所大学使用计算机系统进行学生信息管理。教务处在系统中建立了一张表,存入了每个学生的有关信息,如姓名、年龄、年级、专业、系别、成绩,以及受过哪些奖励和处分等。教务处不允许每个学生都能看到这些信息,教务处可能按如下的原则来控制。

(1) 每个学生可以看到自己的有关信息,但不允许看别人的。

(2) 每个班的老师可以随时查看自己班的学生的有关信息,但不能查看其他班学生的信息。

(3) 教务处可限制除教务处以外的所有用户不得修改这些信息,也不能插入和删除表中的信息,这些信息的拥有者是教务处。

教务处可按照上述原则对系统中的用户(该大学的所有老师和学生)进行授权。于是其他用户只能根据教务处的授权来对这张表进行访问。

根据教务处的授权规则,计算机中相应存放一张表(授权表),将教务处的授权情况记录下来,以后当任何用户对教务处的数据进行访问时,系统首先查这张表,检查教务处是否对他进行了授权,如果有授权,计算机就执行其操作;若没有,则拒绝执行。

自主访问控制中,用户可以针对被保护对象制定自己的保护策略。DAC 的优点是具有灵活性、易用性与可扩展性。DAC 的缺点就是这种控制是自主的,带来了严重的安全问题。

1. 访问能力表

实际的系统中虽然可能有很多的主体和客体,但主体和客体之间的关系可能并不多,这样的话就存在着很多的空白项。为了减少系统的开销,可以从主体(行)出发,表达矩阵某一行的信息,这就是访问能力表。也可以从客体(列)出发,表达矩阵某一列的信息,这便是访问控制表。

能力(Capability)是受一定机制保护的客体标志,标记了客体以及主体(访问者)对客体的访问权限。只有当一个主体对某个客体拥有访问能力的时候,它才能访问这个客体。

访问能力表示例如图 6-12 所示。

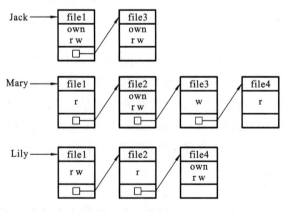

图 6-12 访问能力表示例

在访问能力表中,很容易获得一个主体所授权可以访问的客体及其权限,但如果要求获得对某一特定客体有特定权限的所有主体就比较困难。

在一个安全系统中,正是客体本身需要得到可靠的保护,访问控制服务也应该能够控制可访问某一客体的主体集合,能够授予或取消主体的访问权限,于是出现了以客体为出发点的实现方式——访问控制表(ACL),现代的操作系统大体上都采用基于 ACL 的方法。

2. 访问控制表

访问控制表(Access Control List,ACL)是基于访问控制矩阵中列的自主访问控制。它在一个客体上附加一个主体明细表表示各个主体对这个客体的访问权限。明细表中的每一项都包括主体的身份和主体对这个客体的访问权限。访问控制表示例如图 6-13 所示。

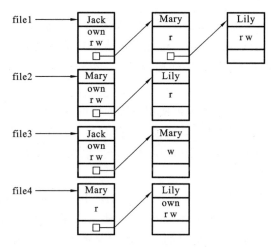

图 6-13　访问控制表示例

在一个很大的系统中,可能会有非常多的主体和客体,这就导致访问控制表非常长,占用很多的存储空间,而且访问时效率下降。使用组(group)或者通配符可以有效地缩短表的长度。

用户可以根据部门结构或者工作性质被分为有限的几类。同一类用户使用的资源基本上是相同的。因此,可以把一类用户作为一个组,分配一个组名,简称"GN",访问时可以按照组名判断。通配符"∗"可以代替任何组名或者主体标识符。这时,访问控制表中的主体标识为

$$主体标识 = ID \cdot GN$$

其中,ID 是主体标识符,GN 是主体所在组的组名。

带有组和通配符的访问控制表示例如图 6-14 所示。

图 6-14　带有组和通配符的访问控制表示例

图 6-14 的第二列表示属于 TEACH 组的所有主体都对客体 O_j 具有读和写的权限,但是只有 TEACH 组中的主体 Cai 才额外具有执行的权限(第一列)。无论是哪一组中的 Li

都可以读客体 O_j(第三列)。最后一个表项(第四列)说明所有其他主体,无论属于哪个组,都对 O_j 不具备任何访问权限。

ACL 的优点:表述直观、易于理解,而且比较容易查出对某一特定资源拥有访问权限的所有用户,有效地实施授权管理。

ACL 的缺点:ACL 需要对每个资源指定可以访问的用户或组,以及相应的权限;访问控制的授权管理费力而烦琐,容易出错;单纯使用 ACL,不易实现最小权限原则及复杂的安全政策。

6.4.3 强制访问控制

自主访问控制的最大特点是自主,即资源的拥有者对资源的访问策略具有决策权,因此它是一种限制比较弱的访问控制策略。这种方式给用户带来灵活性的同时,也带来了安全隐患。与 DAC 模型不同的是,强制访问控制(Mandatory Access Control,MAC)模型是一种多级访问控制策略。

强制访问控制是指计算机系统根据使用系统的机构事先确定的安全策略对用户的访问权限进行强制性的控制。也就是说,系统独立于用户行为强制执行访问控制,用户不能改变安全级别或对象的安全属性。强制访问控制进行了很强的等级划分,所以经常用于军事用途。

MAC 通过将安全级别进行排序实现了信息的单向流通,因此它一直被军方采用。MAC 模型中最主要的三种模型为 Lattice 模型、Bell LaPadula 模型(BLP Model)和 Biba 模型(Biba Model)。在这些模型中,信息的完整性和保密性是分别考虑的,因而对读、写的方向进行了如下的反向规定。

(1) 保障信息完整性策略。为了保障信息的完整性,低级别的主体可以读高级别客体的信息(不保密),但低级别的主体不能写高级别的客体(保障信息完整),因此采用的是上读、下写策略。

(2) 保障信息机密性策略。与保障完整性策略相反,为了保障信息的保密性,低级别的主体不可以读高级别的信息(保密),但低级别的主体可以写高级别的客体(完整性可能破坏),因此采用的是下读、上写策略。

强制访问控制(Mandatory Access Control,MAC)依据主体和客体的安全级别来决定主体是否有对客体的访问权,因此它的基本思想如下。

(1) 对所有主体及其所控制的进程、文件、段、设备等客体全部实施严格的访问控制。

(2) 系统中的主体(用户、进程)和客体(文件、数据)都分配安全标签,以标示安全级别。

安全级别常用的为四级:绝密级、秘密级、机密级和无级别级。其中,绝密级>秘密级>机密级>无级别级。

BLP 模型:安全级的制定是线性、有序的。

用 λ 标志主体或客体的安全标签,当主体访问客体时,需满足如下两条规则。

(1) 简单安全属性:如果主体 S 能够读客体 O,则 $\lambda(S) \geqslant \lambda(O)$。

(2) 保密安全属性:如果主体 $\lambda(S)$ 能够写客体 O,则 $\lambda(S) \leqslant \lambda(O)$。

主体按照"向下读,向上写"的原则访问客体,即只有当主体的密级不小于客体的密级并且主体的范围包含客体的范围时,主体才能读取客体中的数据;只有当主体的密级不大于客体的密级,并且主体的范围包括客体的范围时,主体才能向客体中写数据。

BLP 模型的优点是保证了客体的高度安全性,保证了信息流总是低安全级别的实体流向高安全级别的实体。缺点是高安全级别的主体拥有的数据永远不能被低安全级别的主体访问,降低了系统的可用性;"向上写"的策略使得低安全级别的主体篡改敏感数据成为可能,破坏了系统的数据完整性;MAC 由于过于偏重保密性,导致工作量太大,管理不便,灵活性差。

6.4.4　基于角色的访问控制

传统的访问控制方法都是由主体和访问权限直接发生关系,主要针对用户个人授予权限,主体始终是和特定的实体捆绑对应的。这样会出现如下问题。

(1) 在用户注册到销户期间,用户的权限需要变更时必须在系统管理员的授权下才能进行,因此很不方便。

(2) 大型应用系统的访问用户往往种类繁多、数量巨大,并且动态变化,当用户量大量增加时,按每个用户分配一个注册账号的方式将使得系统管理变得复杂,工作量急剧增加,且容易出错。

(3) 很难实现系统的层次化分权管理,尤其是当同一用户在不同场合处在不同的权限层次时,系统管理很难实现(除非同一用户以多个用户名注册)。

在用户和访问权限之间引入角色的概念,将用户和角色联系起来,通过对角色的授权来控制用户对系统资源的访问。这种方法可根据用户的工作职责设置若干角色,不同的用户可以具有相同的角色,在系统中享有相同的权限,同一个用户又可以同时具有多个不同的角色,在系统中行使多个角色的权限。

基于角色的访问控制(Role Based Access Control,RBAC)是对角色的访问进行控制。角色(Role)是一定数量的权限的集合,指完成一项任务必须访问的资源及相应操作权限的集合,表示为权限和用户的关系。

RBAC 与传统访问控制的差别如图 6-15 所示。

RBAC 的基本思想:用户经认证后获得一个角色,该角色被分派了一定的权限,用户以特定角色访问系统资源,访问控制机制检查角色的权限,并决定是否允许访问。

RBAC 模型如图 6-16 所示。

RBAC 的关注点在于角色与用户及权限之间的关系。关系的左右两边都是 Many-to-Many 关系,就是用户可以有多个角色,角色可以包括多个用户。

例如,在一个学校管理系统中,可以定义校长、院长、系统管理员、学生、老师、处长、会计、出纳员等角色。其中,担任系统管理员的用户具有维护系统文件的责任和权限,而不管这个用户具体是谁。系统管理员也可能是由某个老师兼任,这样他就具有两种角色。但是出于责任分离,需要对一些权限集中的角色组合进行限制,如规定会计和出纳员不能由同一个用户担任。

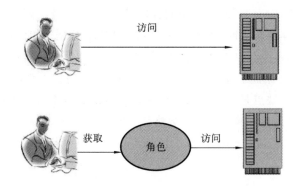

图 6-15 RBAC 与传统访问控制的差别

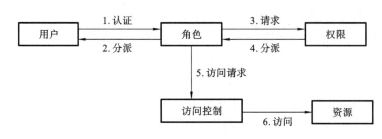

图 6-16 RBAC 模型

可设计如下的访问策略。

(1) 允许系统管理员查询系统信息和开关系统,但不允许读或修改学生的信息。

(2) 允许一个学生查询自己的信息,但不能查询其他人的任何信息或修改任何信息。

(3) 允许老师查询所有学生的信息,但只能在规定的时间和范围内修改学生的信息。

基于角色的访问控制特点如下。

(1) 以角色作为访问控制的主体。

用户以什么样的角色对资源进行访问,决定了用户拥有的权限以及可执行何种操作。

(2) 角色继承。

为了提高效率,避免相同权限的重复设置,RBAC 采用了"角色继承"的概念,定义的各类角色都有自己的属性,但可能还继承其他角色的属性和权限。角色继承把角色组织起来,能够很自然地反映组织内部人员之间的权限、责任关系,如图 6-17 所示。

(3) 最小特权原则(Least Privilege Theorem)。

最小特权原则是系统安全中最基本的原则之一。所谓最小特权是指"在完成某种操作时所赋予网络中每个主体(用户或进程)的必不可少的特权"。

最小特权原则是指"应限定网络中每个主体所必需的最小特权,确保由于可能的事故、错误、网络部件的篡改等原因造成的损失最小"。

换句话说,最小特权原则是指用户所拥有的权限不能超过他执行工作时所需的权限。

在 RBAC 中,可以根据组织内的规章制度、职员的分工等设计不同权限的角色,只有在角色执行需要完成的任务时才授权给角色。

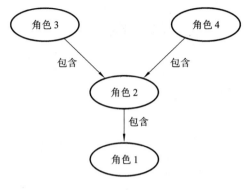

图 6-17　角色继承

当一个主体需访问某资源时,如果该操作不在主体当前所扮演的角色授权操作之内,则该访问被拒绝。

最小特权原则一方面给予主体"必不可少"的特权,这就保证了所有的主体都能在所赋予的特权之下完成需要完成的任务或操作;另一方面,它只给予主体"必不可少"的特权,这就限制了每个主体所能进行的操作。

(4) 职责分离(主体与角色的分离)。

对于某些特定的操作集,某一个角色或用户不可能同时、独立地完成所有这些操作。"职责分离"可以有静态和动态两种实现方式。

静态职责分离:只有当一个角色与用户所属的其他角色彼此不互斥时,这个角色才能授权给该用户。

动态职责分离:只有当一个角色与一主体的任何一个当前活跃角色都不互斥时,该角色才能成为该主体的另一个活跃角色。

(5) 角色容量。

在创建新的角色时,要指定角色的容量。在一个特定的时间段内,有一些角色只能由一定人数的用户占用。

基于角色的访问控制是根据用户在系统里表现的活动性质决定的,这种活动性质表明用户充当了一定的角色。

用户访问系统时,系统必须先检查用户的角色,一个用户可以充当多个角色,一个角色也可以由多个用户担任。

基于角色的访问控制机制模型的优点在于便于授权管理、角色划分、RBAC 能够很容易地将组织的安全策略映射到信息系统中、简化安全策略实施、具有自我管理能力、支持数据抽象和最小特权原则等。基于角色的访问控制是一种有效而灵活的安全措施,目前仍处于深入研究和广泛使用中。

基于角色的访问控制机制也存在缺点,RBAC 模型是基于主体-客体观点的被动安全模型,它是从系统的角度(控制环境是静态的)出发保护资源。授权是静态的,不具备动态适应性,这显然使系统面临极大的安全威胁,难以适应动态、开放的网络环境。

习　题　6

一、选择题。

1. 用于实现身份认证的安全机制是( )。

A. 加密机制和数字签名机制

B. 加密机制和访问控制机制

C. 数字签名机制和路由控制机制

D. 访问控制机制和路由控制机制

2. 在常用的身份认证方式中,( )是采用软硬件结合、一次一密的强双因子认证模式,具有安全性、移动性和方便性。

A. 智能卡认证　　　　　　　　B. 动态令牌认证

C. USB Key　　　　　　　　　D. 用户名及密码方式认证

3. Kerberos 的设计目标不包括( )。

A. 认证　　　　B. 授权　　　　C. 记账　　　　D. 审计

4. 身份鉴别是安全服务中的重要一环,以下关于身份鉴别叙述不正确的是( )。

A. 身份鉴别是授权控制的基础

B. 身份鉴别一般不用提供双向的认证

C. 目前一般采用基于对称密钥加密或公开密钥加密的方法

D. 数字签名机制是实现身份鉴别的重要机制

5. 访问控制是指确定( )以及实施访问权限的过程。

A. 用户权限　　　　　　　　　B. 可给予哪些主体访问权限

C. 可被用户访问的资源　　　　D. 系统是否遭受入侵

6. 下列对访问控制影响不大的是( )。

A. 主体身份　　　　　　　　　B. 客体身份

C. 访问类型　　　　　　　　　D. 主体与客体的类型

7. 为了简化管理,通常对访问者( ),以避免访问控制表过于庞大。

A. 分类组织成组

B. 严格限制数量

C. 按访问时间排序,删除长期没有访问的用户

D. 不做任何限制

8. 如果访问者有意避开系统的访问控制机制,则该访问者对网络设备及资源进行非正常使用属于( )。

A. 破坏数据完整性　　　　　　B. 非授权访问

C. 信息泄漏　　　　　　　　　D. 拒绝服务攻击

9. Kerberos 在请求访问应用服务器之前,必须( )。

A. 向 Ticket Granting 服务器请求应用服务器 Ticket

B. 向认证服务器发送要求获得"证书"的请求

C. 请求获得会话密钥

D. 直接与应用服务器协商会话密钥

二、简答题。

1. 解释身份认证的基本概念。

2. 什么是基于角色的访问控制(RBAC)?

3. Kerberos 认证协议实现身份认证的什么特点?

4. BLP 模型能否同时保证机密性和完整性?为什么?

5. 访问控制表和访问能力表有何区别?

第7章　网络攻击与防范

从技术上说,网络容易受到攻击的主要原因是网络软件不完善和网络协议本身存在安全缺陷。例如,使用最多的、最著名的 TCP/IP 网络协议就存在大量的安全漏洞。这是因为在设计 TCP/IP 协议时,只考虑到如何实现信息通信,而没有考虑到有人会破坏信息通信。TCP/IP 没有内在的控制机制来支持源地址的鉴别。黑客利用 TCP/IP 的漏洞,可以使用侦听的方式来截获数据,对数据进行检查,推测 TCP 的系列号,修改传输路由,修改鉴别过程,插入黑客的数据流。莫里斯病毒就是利用这一点,给互联网造成巨大的危害。

7.1　安全威胁分析

7.1.1　入侵行为分析

信息系统不安全的主要原因是系统自身存在安全弱点,因此,信息系统安全脆弱性分析是评估系统安全强度和设计安全体系的基础。怎样才算是受到了黑客的入侵和攻击呢?

狭义定义:攻击仅仅发生在入侵行为完成且入侵者已经在其目标网络中。

广义定义:使网络受到入侵和破坏的所有行为都应该称为"攻击",即当入侵者试图在目标机上"工作"的那个时刻起,攻击就已经发生了。

本书采用广义的定义,即认为当入侵者试图在目标机上"工作"的那个时刻起,攻击就已经发生了。

下面从以下几个方面对入侵行为进行分析。

1. 入侵的目的

(1) 执行进程:运行程序,消耗系统资源,对目标主机无害。

(2) 获取文件和数据:采用网络舰艇程序获取用户口令文件。

(3) 获取超级用户权限:目的是进行任何操作。

(4) 进行非授权操作:寻找管理员设置中的漏洞,或用工具突破系统防线。

(5) 使系统拒绝服务:目标系统中断或完全拒绝合法用户、网络系统或其他资源的服务。攻击的意图是恶意的。

(6) 篡改信息:对重要文件修改、更换和删除等。

(7) 披露信息:入侵者将获得的信息和数据发往公开的站点,造成信息扩散。

2. 入侵者

入侵者大致可以分为以下三类。

(1) 伪装者。未经授权使用计算机者或绕开系统访问控制机制获得合法用户账户权限者——外部人员。

（2）违法者。未经授权访问数据、程序或者资源的合法用户，或者具有访问授权但错误使用其权限的人——内部人员。

（3）秘密用户。拥有账户管理权限者，利用这种控制来逃避审计和访问数据，或者禁止收集审计数据——内外兼有。

3. 入侵过程

入侵和攻击需要一个过程，大致分为窥探设施、攻击系统、掩盖踪迹。

（1）窥探设施：顾名思义就是对目标系统的环境进行了解，目的是要了解目标采用的是什么操作系统、哪些信息是公开的、有何价值等问题，这些问题的答案对入侵者以后将要发动的攻击起着至关重要的作用。

对目标系统的环境进行了解，包括目标使用的操作系统是什么、哪些信息是公开的、运行的 WEB 服务器是什么类型、版本是什么。

此步骤需要得到的信息至少包括以下几点。

① 通过收集尽可能多的关于一个系统的安全态势的各个方面的信息，进而构造出关于该目标机构的因特网、远程访问及内联网和外联网之间的结构。

② 通过使用 Ping 扫描、端口扫描以及操作系统检测等工具和技巧，进一步掌握关于目标环境所依赖的平台、服务等相关信息。

③ 从系统中抽取有效账号或者导出资源名。

（2）攻击系统：在窥探设施工作完成后，入侵者根据得到的信息对系统发动攻击。攻击系统分为对操作系统的攻击、对应用软件的攻击和对网络的攻击三个层次。

（3）掩盖踪迹：入侵者会千方百计地避免自己被检测出来，将采取各种手段，如设置后门。

7.1.2　攻击分类

攻击的分类方法是多种多样的。这里根据入侵者使用的方式和手段，将攻击进行分类。

1. 口令攻击

抵抗入侵者的第一道防线是口令系统。几乎所有的多用户系统都要求用户不仅要提供一个名字或标识符（ID），而且要提供一个口令。口令用来鉴别一个注册系统的个人 ID。在实际系统中，入侵者总是试图通过猜测或获取口令文件等方式来获得系统认证的口令，从而进入系统。入侵者登录后，便可以查找系统的其他安全漏洞，来得到进一步的特权。为了避免入侵者轻易地猜测出口令，用户应避免使用不安全的口令。

有时即使好的口令也是不够的，尤其当口令需要穿过不安全的网络时将面临极大的危险。很多的网络协议中是以明文的形式传输数据，如果攻击者监听网络中传送的数据包，就可以得到口令。在这种情况下，一次性口令是有效的解决方法。

从口令破译的原理来说，可分为穷举法、漏洞破译法。

（1）穷举法。

穷举法也称强力破解、暴力破解，它是对所有可能的口令组合进行猜测，最终找到真正的口令。基于穷举法原理进行口令猜测的软件称为口令破解器。口令破解器是一个程序，它能将口令破译出来,或是让口令保护失效。

与信息的加/解密不同,口令破解器一般不对加密后的口令执行解密操作以获取口令,因为很多系统对口令的加密使用了不可逆的算法,如 MD5、SHA1 等。这时,仅从被加密的数据和加密算法不可能解密出原来未加密的口令。

因此,口令破解器通常尝试破译一个一个由字母、数字临时组成的字符串,用口令加密时所有的加密算法来加密这些单词,直到发现一个单词加密后的结果与要解密的信息一样,认为这个单词就是要找的口令了。

穷举法是一种较笨拙的方法,但它是目前最有效的方法,主要原因在于许多用户设置口令时随意性很大,密码选择较随便,并且新型加密方法是不可逆的,如果把可能出现的字母与数字、符号组合起来进行试验肯定能验出结果。但穷举法有它的劣势,穷举一个口令所需的试验次数随着口令长度的增加而成指数级增加。

(2) 漏洞破译法。

缓冲区溢出漏洞。在 Windows 平台上,用户的基本信息存放在％systemroot％\system32\config\sam 文件中,如果黑客得到此文件就可以使用专门的破译工具(如 LOphtCrack)来破译。

除了上述方法可以进行口令破译外,还有其他方法可以得到用户的用户名和口令,如网络监听和用键盘记录器进行截取。

键盘记录器是一种可以记录键盘击键操作的软件。在 Windows 系统中,在键盘上按下任何一个键,都会产生按键消息,系统把该消息发送给相应的应用程序,交由应用程序去处理。使用钩子技术和动态链接库技术,黑客可以截获这些按键消息,并对消息进行相应的处理,如记录下按键并保存到文件中或发邮件给指定用户。

2. 拒绝服务攻击

拒绝服务攻击(Denial of Service,DoS)是一种遍布范围广泛的破坏性攻击手段,它的技术含量低,攻击效果明显。DoS 通常利用传输协议中的某个弱点、系统存在的漏洞,或服务的漏洞,对目标系统发起大规模的进攻,用超出目标处理能力的海量数据包消耗可用系统资源、带宽资源等,或造成程序缓冲区溢出错误,致使其无法处理合法用户的正常请求,无法提供正常服务,最终致使网络服务瘫痪,甚至系统死机。简单地说,拒绝服务攻击就是让攻击目标瘫痪的一种"损人不利己"的攻击手段。

拒绝服务攻击可能是蓄意的,也可能是偶然的。当未被授权的用户过量使用资源时,攻击是蓄意的;当合法用户无意的操作使得资源不可用时,攻击是偶然的。应该对两种拒绝服务攻击都采取预防措施。拒绝服务攻击问题一直得不到合理的解决,是网络协议本身的安全缺陷造成的。

3. 利用型攻击

利用型攻击是一种试图直接对主机进行控制的攻击。

(1) 特洛伊木马。

特洛伊木马(Trojan Horse)简称木马,是指隐藏在正常程序中的一段具有特殊功能的恶意代码。它不是病毒,因为它不具备病毒的可传染性、自我复制能力等特性,但它是一种具备破坏和删除文件、发送密码、记录键盘及其他特殊功能的后门程序,如在用户不知情的情况下拷贝文件或窃取密码。随着互联网的迅速发展,特洛伊木马的攻击性、危害性越来越大。

木马入侵的主要途径是通过一定的方法把木马执行文件复制到被攻击者的电脑系统里,利用的途径有邮件附件、下载软件等,然后通过一定的提示故意误导被攻击者打开执行文件,如故意谎称这个木马执行文件是朋友送的贺卡,打开后也许确有贺卡画面出现,但这时木马可能已经在后台运行了。

通常木马文件非常小,大部分是几千字节到几十千字节,把木马捆绑到正常文件上,用户很难发现。特洛伊木马实质上是一个程序,必须运行后才能工作,所以会在进程表、注册表中留下一定的痕迹。

特洛伊木马程序采用 C/S 模式工作,它包括服务器端和客户端两个程序,缺掉其中任何一个都很难发生攻击,因为木马不具有传染性,所以服务器端程序是以其他方式进入被入侵的计算机,当服务器端置入被攻击机后,会在一定情况下开始运行(如用户主动运行或重新启动电脑,因为很多木马程序会自动加入启动信息中),这时它就在被攻击主机上打开一个端口,并一直监听这个端口,等待客户端连接。

木马的客户端一般运行在攻击机上,当攻击机上的客户端向被攻击机上的这一端口提出连接请求时,被攻击机上的服务端就会自动运行以应答攻击机的请求,如果服务端在该端口收到数据,就对这些数据进行分析,然后按识别后的命令在被攻击机上执行相应的操作,如窃取用户名和口令、复制或删除文件、重新启动或关闭计算机等。木马隐藏着可以控制被攻击系统、危害系统安全的功能,可能造成对方资料和信息的泄漏、破坏,甚至使整个系统崩溃。

(2) 缓冲区溢出攻击。

缓冲区是系统为运行程序中的变量分配的内存空间。缓冲区溢出通过往程序的缓冲区写超出其长度的内容,造成缓冲区溢出,从而破坏程序的堆栈,使程序转而执行一段恶意的代码,达到攻击的目的。缓冲区溢出的原因是系统程序没有检测输入的参数,也就是没有检测为变量输入的值的长度是否符合要求。

缓冲区溢出是非常普遍和危险的漏洞。据统计,通过缓冲区溢出进行攻击占所有系统攻击的 80% 以上,在各种操作系统、应用软件中广泛存在。溢出造成了两种后果:一是过长的字串覆盖了相邻的存储单元,引起程序运行失败,严重的可引起死机、系统重新启动等后果;二是利用这种漏洞可以执行任意指令,甚至可以取得系统特权,使用一类精心编写的程序,可以很轻易地取得系统的超级用户权限。

4. 信息收集型攻击

信息收集型攻击并不直接对目标系统本身造成危害,它为进一步的入侵提供必需的信息。这种攻击大部分在黑客入侵三部曲中的第一步——窥探设施时使用。

扫描技术是一种常用的信息收集型攻击技术。常用的扫描有以下三种。

(1) Ping 扫描:使用 Ping 工具,入侵者可以表示出存活的系统,指出潜在的目标。

(2) 端口扫描:可以标示出正在监听着的潜在服务,并将目标系统暴露程度做出假设。

(3) 操作系统扫描:扫描使用的一种操作系统。

5. 假消息攻击

攻击者用配置不正确的消息来欺骗目标系统,以达到攻击的目的。常见的假消息攻击形式有以下几种。

(1) 电子邮件攻击。

电子邮件攻击主要表现为以下两种方式。

第一种方式是电子邮件欺骗和破坏,黑客通过电子邮件的方式向被攻击者发送木马、病毒,或者一段带有攻击特征的特定 Html 代码。

第二种方式是邮件炸弹,指的是用伪造的 IP 地址和电子邮件地址向同一邮箱发送数以百计、千计的内容相同的垃圾邮件,致使被攻击者邮箱被"炸",严重者可能会给电子邮件服务器带来危险,甚至瘫痪。

(2) IP 欺骗。

IP 欺骗利用 IP 协议中的一个缺陷:信任服务的基础仅仅是建立在网络地址的验证上,而 IP 地址是容易被伪造的。IP 欺骗是指一台主机设备冒充另外一台主机的 IP 地址,与其他设备进行通信,从而达到某种目的的技术。

实际上,IP 欺骗不是黑客想要进攻的结果,而是利用它来达到其他目的。几乎所有的欺骗都是基于计算机之间的相互信任关系的,例如在 NT 域之间的信任,最简单的是 Windows 共享信任,它可以不需要密码就能对网络邻居进行访问。IP 欺骗实际上是计算机主机之间信任关系的破坏。

(3) Web 欺骗。

由于 Internet 的开放性,任何用户都可以建立自己的 Web 站点,同时并不是每个用户都了解 Web 的运行规则。常见的 Web 欺骗形式有使用相似的域名,改写 URL、Web 会话挟持等。

(4) DNS 欺骗。

修改上一级 DNS 服务记录,重定向 DSN 请求,使受害者获得不正确的 IP 地址。

7.2 端口扫描技术

7.2.1 端口扫描技术原理

一个端口就是一个潜在的通信通道,也就是一个入侵通道。对目标计算机进行端口扫描,能得到许多有用的信息,从而发现系统的安全漏洞。它使系统用户了解系统目前向外界提供了哪些服务,从而为系统用户管理网络提供了一种手段。

端口扫描向目标主机的 TCP/IP 服务端口发送探测数据包,并记录目标主机的响应。通过分析响应来判断服务端口是打开还是关闭的,就可以得知端口提供的服务或信息。端口扫描也可以通过捕获本地主机或服务器的流入、流出 IP 数据包来监视本地主机的运行情况,它仅能对接收到的数据进行分析,帮助人们发现目标主机的某些内在的弱点,而不会提供进入一个系统的详细步骤。

TCP 是面向连接的字节流传输层服务,本地 IP 地址、本地端口号、远端 IP 地址和远端端口号构成的四元组确定一个 TCP 连接。在连接建立后,双方就可以传输数据。TCP 报头中有六个标志比特,理解它们才能更好地掌握 TCP 协议,下面分别介绍其含义。

SYN:标志位用来建立连接,让连接双方同步序列号。如果 SYN=1,ACK=0,则表示该数据包为连接请求;如果 SYN=1,ACK=1,则表示接收连接请求。

FIN:表示发送端已经没有数据要求传输了,希望释放连接。

RST:用来复位一个连接。RST 标志位置的数据包称为复位包。一般情况下,如果 TCP 收到一个分段明显不是属于该主机上的任何一个连接,则向远端发送一个复位包。

URG:紧急数据标志。如果它为 1,表示本数据包中包含紧急数据,此时紧急数据指针有效。

ACK:确认标志位。如果它为 1,表示包中的确认号有效;否则,包中的确认号无效。

PSH:如果置位,接收端应尽快把数据传送给应用层。

前面介绍了 UDP 端口和 TCP 端口。因为 UDP 端口是面向无连接的,从原理的角度来看,没有被扫描的可能,或者说不存在一种迅速而又通用的扫描算法;而 TCP 端口具有连接定向(Connection Oriented)的特性(即是有面向连接的协议),为端口的扫描提供了基础,所以这里介绍的端口扫描技术是基于 TCP 端口的。TCP 建立连接时有三次握手:Client 端往 Server 某一端口发送请求连接的 SYN 包,如果 Server 的这一端口允许连接,就会给 Client 端发一个 ACK 回包,Client 端收到 Server 端的 ACK 包后再给 Server 端发一个 ACK 包,TCP 连接正式建立,这就是连接成功的过程。当 Client 端往 Server 某一端口发送请求连接的 SYN 包时,若 Server 的这一端口不允许连接,就会给 Client 端发一个 RST 回包,Client 端收到 Server 端的 RST 包后再给 Server 端发一个 RST 包,这就是连接失败的过程。基于连接的建立过程,假如要扫描某一个 TCP 端口,可以往该端口发一个 SYN 包,如果该端口处于打开状态,就可以收到一个 ACK,也就是说,如果收到 ACK,就可以判断目标端口处于打开状态;否则,目标端口处于关闭状态。这就是 TCP 端口扫描的基本原理。

7.2.2 TCP 扫描

端口扫描主要有经典的扫描(全连接)以及 SYN 扫描(半连接),还有间接扫描和秘密扫描等。要想理解它们的工作原理,首先应该对 TCP/IP 数据包的内容以及 TCP 的秘密握手机制有所了解。除了携带发送方和接收方的 IP 地址和端口号外,TCP 的报头还包含一个序列号和一些起着特殊作用的标志位,如 SYN、ACK 和 FIN。

当系统间彼此说"HELLO"或道"GOODBYE"时,就会用到握手机制。先看看如何利用 TCP/IP 的握手机制来建立一个连接。当想网上冲浪或者想 TELNET 到远程主机时,三次握手机制就会生成一个这样的连接。

三次握手机制的工作原理大致如下。

握手的第一步,一台计算机请求与另外一台计算机建立连接,它通过发送 SYN 请求来完成,即将 SYN 标志位置位。消息的内容就像说:"HI,听着,我想和你的机子端口 X 说话,咱们先同步一下,我用序列号 Y 来开始连接。"端口 X 表示了连接的服务类型。两台计算机间的每条信息都有一个由发送方产生的序列号,序列号的使用使得双方知道它们之间是同步的,而且还可以起到丢失信息或接收顺序错误时发送警告信息的作用。

握手的第二步，接收到 SYN 请求的计算机响应发送来的序列号，它会将 ACK 标志位置位，同时它也提供自己的序列号，这个类似于说："OH，亲爱的，我已经收到了你的号码，这是我的号码。"

到现在为止，发起连接建立请求的计算机认为连接已经建立起来，然而对方却并不这样认为，对方还要等到它自己的序列号有了应答后才能确认连接已经建立起来。因此现在的状态可以称为"半连接"。如果发起连接请求的计算机不对收到的序列号作出应答，那么这个连接就永远也建立不起来，而正因为没有建立连接，所以系统也不会对这次连接作任何记录。

握手的第三步，发起连接请求的计算机对收到的序列号作出应答，这样，两台计算机之间的连接才算建立起来。

两台计算机说"GOODBYE"时的握手情况与此类似：当一台计算机没有更多的数据需要发送了，它发送一个 FIN 信号（将 FIN 标志位置位）通知另一端，接收到 FIN 信号的另一端的计算机可能发送完了数据，也可能没发送完，但它会对此作出应答，而当它真正完成所有需要发送的数据后，它会再发送一个自己的 FIN 信号，等对方对此作出应答后，连接才彻底解除。

目前主要的端口扫描技术有以下方式。

1. TCP 连接扫描

TCP 连接扫描也称为 TCP 全连接扫描。它是最简单的一种扫描技术，利用 TCP 协议的三次握手过程。它直接连接目标端口并完成一个完整的三次握手过程（SYN、SYN/ACK 和 ACK）。操作系统提供的"connect()"函数完成系统调用，用来与目标计算机的端口进行连接。如果端口处于侦听状态，那么"connect()"函数就能成功，否则，这个端口是不能用的，即没有提供服务。

TCP 连接扫描技术最大的一个优点是不需要任何权限，系统中的任何用户都有权限使用这个调用。另一个优点是速度快。如果对每个目标端口以线性的方式，使用单独的"connect()"函数调用，那么将会花费相当长的时间，用户可以同时打开多个套接字，从而加速扫描。使用非阻塞 I/O 允许用户设置一个低的时间以用尽周期，并同时观察多个套接字。但这种方法的缺点是很容易被发觉，并且很容易被过滤掉。目标计算机的日志文件会显示一连串的连接和连接出错的服务消息，目标计算机用户发现后就能很快关闭它。

2. TCP 同步序列号扫描

TCP 同步序列号扫描是指端口扫描没有完成一个完整的 TCP 连接，即在扫描主机和目标主机的一指定端口建立连接时，只完成前两次握手，在第三步时，扫描主机中断了本次连接，使连接没有完全建立起来。这种端口扫描又称半连接扫描，也称间接扫描或半开式扫描。

SYN 扫描通过本机的一个端口向对方指定的端口，发送一个 TCP 的 SYN 连接建立请求数据包，然后开始等待对方的应答。如果应答数据包中设置了 SYN 位和 ACK 位，那么这个端口是开放的；如果应答数据包是一个 RST 连接复位数据包，则对方的端口是关闭的。使用这种方法不需要完成 Connect 系统调用所封装的建立连接的整个过程，而只完成其中有效的部分就可以达到端口扫描的目的。

这种扫描方式的优点是不容易被发现,扫描速度也比较快,同时通过对 MAC 地址的判断,可以对一些路由器进行端口扫描。其缺点是需要系统管理员的权限,不适合多线程技术。因为在实现过程中需要自己完成对应答数据包的查找、分析,使用多线程容易发生数据包的串位现象(原来应该被这个线程接收的数据包被另一个线程接收),接收后,这个数据包就会被丢弃,而等待线程只好在超时之后再发送一个 SYN 数据包,等待应答。这样,所用的时间反而会增加。

3. TCP 结束标志扫描

TCP 结束标志扫描不依赖于 TCP 的三次握手过程,而是扫描 TCP 连接的"FIN"(结束)位标志。原理在于 TCP 连接结束时,会向 TCP 端口发送一个设置了 FIN 位的连接终止数据包,关闭的端口会回应一个设置了 RST 的连接复位数据包,而开放的端口会对这种可疑的数据包不加理睬,将它丢弃。可以根据是否收到 RST 数据包来判断对方的端口是否开放。

这种扫描方式的优点比前两种都要隐秘,不容易被发现。这种扫描方式有两个缺点:要判断对方端口是否开放必须等待超时,增加了探测时间,而且容易得出错误的结论;一些系统并没有遵循规定,最典型的就是 Microsoft 公司开发的操作系统。这些系统一旦收到这样的数据包,无论端口是否开放都会回应一个 RST 连接复位数据包,这样一来,这种扫描方案对这类操作系统是无效的。

4. IP 协议扫描

IP 协议扫描并不是直接发送 TCP 协议探测数据包,而是将数据包分成两个较小的 IP 协议段。这样就将一个 TCP 协议头分成好几个数据包,从而过滤器就很难探测到,但一些程序在处理这些小数据包时会有些麻烦。

5. TCP Xmas Tree Scan

TCP Xmas Tree Scan 这种方法向目标端口发送一个含有 FIN(结束)、URG(紧急)和 PUSH(弹出)标志的分组。根据 RFC793,对于所有关闭的端口,目标系统应该返回 RST 标志。根据这一原理就可以判断哪些端口是开放的。

6. TCP Null Scan

TCP Null Scan 这种方法与 TCP Xmas Tree Scan 方法的原理是一样的,只是发送的数据包不一样而已。TCP Null Scan 是向目标端口发送一个不包含任何标志的分组。根据 RFC793,对于所有关闭的端口,目标系统也应该返回 RST 标志。

7. UDP 协议扫描

UDP 协议扫描是往目标端口发送一个 UDP 分组。如果目标端口是以一个"ICMP Port Unreachable(ICMP 端口不可到达)"消息来作为响应的,那么该端口是关闭的。相反,如果没有收到这个消息那就可以推断该端口是打开的。还有就是一些特殊的 UDP 回馈,如 SQL Server 服务器,对其 1434 号端口发送"x02"或者"x03"就能够探测得到其连接端口。由于 UDP 是无连接的不可靠协议,因此这种技巧的准确性很大程度上取决于与网络及系统资源的使用率相关的多个因素。另外,当试图扫描一个大量应用分组过滤功能的设备时,UDP 协议扫描将是一个非常缓慢的过程。如果在互联网上执行 UDP 协议扫描,那么结果是不可靠的。

8. ICMP Echo 扫描

ICMP Echo 扫描其实并不能算是真正意义上的扫描,但有时的确可以通过支持 Ping 命令,判断在一个网络上主机是否开机。Ping 是最常用的,也是最简单的探测手段,用来判断目标是否活动。实际上 Ping 是向目标发送一个回显(Type=8)的 ICMP 数据包,当主机得到请求后,再返回一个回显(Type=0)的数据包。而且 Ping 程序一般是直接实现在系统内核中的,而不是一个用户进程,更加不易被发现。

9. 高级 ICMP 扫描技术

Ping 是利用 ICMP 协议实现的,高级的 ICMP 扫描技术主要利用 ICMP 协议最基本的用途——报错。根据网络协议,如果接收到的数据包协议项出现了错误,那么接收端将产生一个"Destination Unreachable(目标主机不可达)"的 ICMP 错误报文。这些错误报文不是主动发送的,而是由于错误,根据协议自动产生的。当 IP 数据包出现"Checksum(校验和)"和版本错误时,目标主机将抛弃这个数据包。如果是 Checksum 出现错误,那么路由器就直接丢弃这个数据包。有些主机(如 AIX、HP/UX 等)是不会发送 ICMP 的 Unreachable 数据包的。

例如,可以向目标主机发送一个只有 IP 头的 IP 数据包,此时目标主机将返回"Destination Unreachable"的 ICMP 错误报文。如果向目标主机发送一个坏的 IP 数据包,如不正确的 IP 头长度,目标主机将返回"Parameter Problem(参数有问题)"的 ICMP 错误报文。

注意,如果是在目标主机前有一个防火墙或者一个其他过滤装置,可能过滤掉提出的要求,从而接收不到任何的回应。这时可以使用一个非常大的协议数字作为 IP 头部的协议内容,而且这个协议数字还没有被使用,主机一定会返回"Destination Unreachable";如果没有返回"Destination Unreachable"的 ICMP 数据包错误提示,那么就说明被防火墙或者其他设备过滤了,也可以用这个方法探测是否有防火墙或者其他过滤设备存在。

7.2.3 端口管理

1. 端口的关闭和开启

在 Windows 的默认情况下,会有很多不安全的或无用的端口处于开启状态,如 Telnet 服务的 23 端口、FTP 服务的 21 端口、SMTP 服务的 25 端口、RPC 服务的 135 端口等。为了保证系统的安全性,可以通过下面的方法来关闭/开启端口。

(1)关闭端口。

在 Windows 2000/XP 中关闭 Telnet 服务的端口,操作步骤:先打开控制面板,双击"管理工具",再双击"服务",接着在打开的服务窗口中找到并双击"Telnet"服务,如图 7-1 所示。

(2)开启端口。

如果要开启该端口只需先在"启动类型"中选择"自动",单击"确定"按钮,再打开该服

图 7-1　关闭端口

务,在"服务状态"中单击"启动"按钮即可启用该端口,最后单击"确定"按钮即可。

2. 管理端口

管理端口可采用两种方法:一种方法是利用系统内置的管理工具,另一种方法是利用第三方软件。

(1) 用"TCP/IP 筛选"管理端口。

打开"本地连接状态"→"属性"按钮→"Internet 协议(TCP/IP)"→"高级"→ "选项"→ "TCP/IP 筛选"→左边"TCP 端口"上的"只允许",增加允许使用的 TCP 端口,如"21""23" "25""80"等,如图 7-2 所示,重新启动以后未经允许的端口就关闭了。

图 7-2　管理端口

（2）端口扫描工具。

通过使用扫描工具,可以不留痕迹地发现远程服务器或者本地主机的各种 TCP 端口的分配及提供的服务和它们的软件版本。这就能间接地或直观地了解到远程主机所存在的安全问题。

扫描软件并不是一个直接的攻击网络漏洞的程序,它仅仅能帮助用户发现远程或者本地主机的某些内在的弱点。一个好的扫描软件能对它得到的数据进行分析,帮助用户查找目标主机的漏洞,但它不会提供进入一个系统的详细步骤。

扫描软件一般应该有三项功能:能发现运行中的一个主机或网络;一旦发现一台主机,能发现什么服务正运行在这台主机上;通过测试这些服务,能发现存在什么漏洞。编写扫描软件必须要很多 TCP/IP 程序编写和 C、Perl 和 SHELL 语言的知识。需要一些 Socket 编程的背景,一种开发客户/服务应用程序的方法。

扫描软件是一把双刃剑,利用它可以更好地发现机器存在的问题和漏洞,同时,黑客可以利用它为自己的攻击提供条件。

端口扫描工具 X-Scan 如图 7-3 所示。

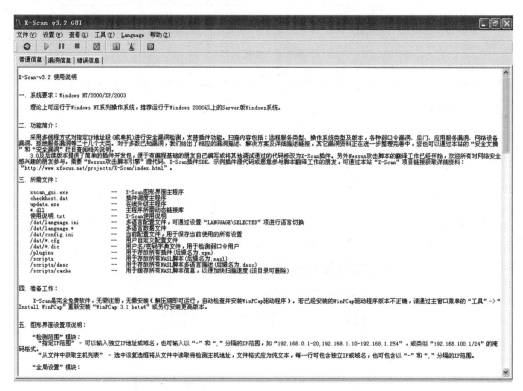

图 7-3　端口扫描工具 X-Scan

下面以端口扫描工具 X-Scan 的设置使用为例,介绍一下它的使用方法。

步骤一:设置 X-Scan 的检测范围,如图 7-4 所示。

步骤二:设置 X-Scan 的扫描模块,如图 7-5 所示。

开放服务标识探测目标主机开放了哪些端口,X-Scan 的扫描模块有以下几种。

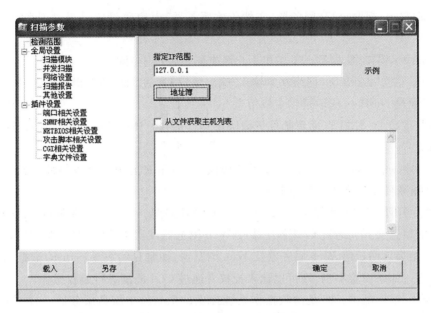

图 7-4　设置 X-Scan 的检测范围

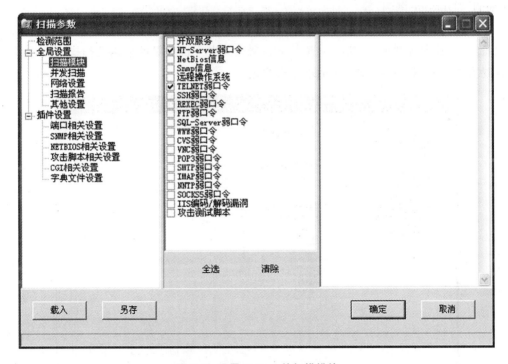

图 7-5　设置 X-Scan 的扫描模块

Snmp 信息：探测目标主机的 Snmp（简单网络管理协议）信息。通过对这一项的扫描，可以检查出目标主机在 Snmp 中不正当的设置。

SQL-Server 弱口令：如果 SQL-Server（数据库服务器）的管理员密码采用默认设置或设置过于简单，如"123""abc"等，就会被 X-Scan 扫描出 SQL- Server 弱口令。

FTP 弱口令:探测 FTP 服务器(文件传输服务器)上密码设置是否过于简单或允许匿名登录。

NT-Server 弱口令:探测 NT 主机用户名密码是否过于简单。

NetBios 信息:NetBios(网络基本输入/输出协议)通过 139 端口提供服务,默认情况下存在,可以通过 NetBios 获取远程主机信息。

SMTP 弱口令:SMTP(简单邮件传输协议)弱口令指 SMTP 协议在实现过程中出现的缺陷(Bug)。

POP3 弱口令:POP3 是一种邮件服务协议,专门用来为用户接收邮件。选择该项后,X-Scan 会探测目标主机是否存在 POP3 弱口令。

CGI"公用网关接口"漏洞:自动探测上百个 CGI 漏洞。它可以实现 Web 服务器和浏览器(用户)的信息交互。通过 CGI 程序接收 Web 浏览器发送给 Web 服务器的信息,进行处理,将响应结果再回送给 Web 服务器及 Web 浏览器,如常见的表单(Form)数据的处理、数据库查询等。如果设置不当,则可以让未授权者通过 CGI 漏洞进行越权操作。

IIS 编码/解码漏洞:IIS 是微软操作系统提供的 Internet 信息服务器。自 IIS 诞生起,它的漏洞就没有间断过。X-Scan 可以扫描出多种常见的 IIS 编码/解码漏洞,如"PRINTER 漏洞""Unicode 漏洞"等。

步骤三:设置并发扫描端口,如图 7-6 所示。设置扫描的 IP 地址范围;设置最大并发线程数量,其值越大速度越快,建议设置为 500;最大并发主机数量的值越大扫描主机越多,建议设置为 10。此外,建议 Ping 不通的主机跳过。

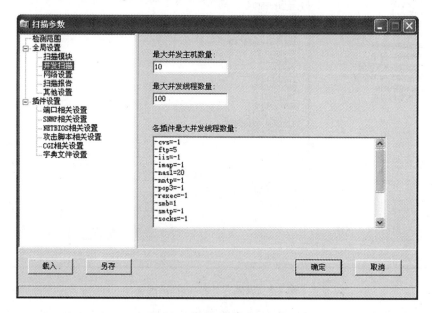

图 7-6　设置并发扫描端口

步骤四:设置待检测端口,确定检测方式,如图 7-7 所示。其中,TCP 详细但不安全,SYN 不一定详细但安全,可以根据具体需求自行选择。

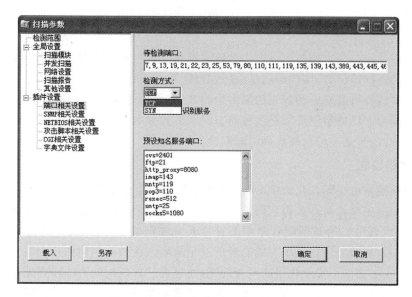

图 7-7　设置待检测端口,确定检测方式

7.3　漏洞扫描技术

系统安全漏洞也称系统脆弱性(Vulnerability),以下简称漏洞,是计算机系统在硬件、软件、协议的设计与实现过程中或系统安全策略上存在的缺陷和不足。非法用户可利用漏洞获得计算机系统的额外权限,在未经授权的情况下访问或提高其访问权限,从而破坏系统的安全性。

漏洞是针对系统安全而言的,包括一切可导致威胁、损坏计算机系统安全性(完整性、可用性、保密性、可靠性、可控性)的因素。任何一个系统,无论是软件还是硬件都不可避免地存在漏洞,所以从来都没有绝对的安全。漏洞的存在是客观的,但是漏洞的存在不一定能够被发现。漏洞是不断地被人们发现并公布出来的。

发现漏洞有两个不同的出发点。一方面,攻击者会不断地去发现目标系统的安全漏洞,从而通过安全漏洞入侵系统。另一方面,系统安全防护会努力发现可能存在的系统漏洞,在漏洞被攻击者发现、利用之前就将其修补好。

漏洞的发现者主要是程序员、系统管理员、安全服务商组织、黑客以及普通用户。

7.3.1　漏洞扫描技术的原理

漏洞扫描主要通过以下两种方法来检查目标主机是否存在漏洞:在端口扫描后得知目标主机开启的端口以及端口上的网络服务,将这些相关信息与网络漏洞扫描系统提供的漏洞库进行匹配,查看是否有满足匹配条件的漏洞存在;通过模拟黑客的攻击手法,对目标主机系统进行攻击性的安全漏洞扫描,如测试弱势口令等。若模拟攻击成功,则表明目标主机系统存在安全漏洞。

7.3.2　漏洞的检测与修补

漏洞检测是通过一定的技术方法主动地去发现系统中未知的安全漏洞。现有的漏洞检测技术有源代码扫描、反汇编代码扫描、渗透分析、环境错误注入等。源代码扫描、反汇编代码扫描以及渗透分析都是一种静态的漏洞检测技术，不需要程序运行即可分析程序中可能存在的安全漏洞。环境错误注入是一种动态的漏洞检测技术，它在程序动态运行过程中测试软件存在的漏洞，是一种比较成熟的漏洞检测技术。

1. 源代码扫描

源代码扫描是由美国加州大学 Davis 分校提出的一个原型系统。

源代码扫描主要针对开放源代码的程序，由于相当多的安全漏洞在源代码中会出现类似的错误，所以就可以通过匹配程序中不符合安全规则的部分，如文件结构、命名规则、函数、堆栈指针等，从而发现程序中可能隐含的安全缺陷。这种漏洞检测技术需要熟练掌握编程语言，并预先定义出不安全代码的审查规则，通过表达式匹配的方法检查源程序代码。这种方法不仅不能发现程序动态运行过程中存在的安全漏洞，而且会出现大量的误报。

2. 反汇编代码扫描

有一些程序是不公开源代码的，对于这些程序，反汇编代码扫描是最有效的检测方法。分析反汇编代码需要有丰富的经验和很高的技术。可以自行分析代码，也可以使用辅助工具得到目标程序的汇编脚本语言，再对汇编出来的脚本语言使用扫描的方法，检测不安全的汇编代码序列。通过反汇编代码扫描这种方法可以检测出大部分的系统漏洞，但这种方法费时费力，对人员的技术水平要求很高，同样不能检测到程序动态运行过程中产生的安全漏洞。

3. 渗透分析

渗透分析也是传统的漏洞检测技术。渗透分析是依据已知安全漏洞知识检测未知的漏洞，但是渗透分析要求已知一种漏洞知识或能够以存在于系统中的一种漏洞作为先决条件。渗透分析的有效性与执行分析的程序员有关，缺乏评估的客观性。

4. 环境错误注入

上面的三种方法都是以静态程序为目标，难以检测到程序动态运行过程中存在的问题。于是，人们又开始研究针对程序动态运行过程的动态漏洞检测技术——环境错误注入。这种方法是在软件运行的环境中故意注入人为的错误，并验证反应。这是验证计算机和软件系统容错性和可靠性的一种有效方法。

环境错误注入提供了一种模拟异常环境的方法，而不必考虑在实践中异常环境是如何存在的。

环境错误注入分析依赖于操作系统中已知的安全缺陷，利用应用程序和环境的源代码的静态信息，来决定何时触发错误环境。

几乎所有的应用程序都包括用户接口、应用函数调用、系统函数调用、其他功能应用调用等。测试人员针对不同的阶段进行不同的模式错误注入应用，选择不同的环境错误注入方法，从而达到有针对性、高效率测试软件缺陷的目的。

目前可以进行如下的环境错误注入行为。

(1) 符号连接攻击。

(2) 文件描述字攻击。

(3) 共享函数库攻击。

(4) IFS 攻击。

(5) 格式化字符串攻击。

(6) 环境变量攻击。

(7) 竞争条件攻击。

漏洞检测的目的在于发现漏洞,一旦发现了新的系统安全漏洞,那么下一步就需要修补。修补漏洞的流程如图 7-8 所示。

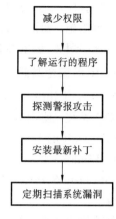

图 7-8　修补漏洞的流程

7.3.3　常见漏洞

系统管理网络与安全研究机构(The System Administration Networking and Security Institute,SANS)统计发现大量的安全事件是由少数一些安全漏洞引发的,下面给出 SANS 统计出的十大系统安全漏洞。这些漏洞应该高度重视。

1. BIND 漏洞

操作系统:Unix 和 Linux 系统。

防范这些攻击有三种主要的方法。在所有未被授权的 DNS 服务器系统上关闭 BIND 名字解析进程。一些专家建议同时删除 DNS 软件。因为即使关闭了服务但是软件依然在系统上,而这些软件为攻击者提供了简单的手段来使这些服务成为进入系统的后门。如果关闭了服务并且删除了软件,那么攻击者开启这些服务就会很困难;将被授权的 DNS 服务器升级到最新的版本或安装最新的补丁;为了防止被远程攻击,应该将 BIND 运行在无特权的用户账号下。

2. 弱的 CGI 程序和程序扩展

操作系统:任何可以运行 Web 服务器的操作系统。

防范这种漏洞的步骤如下。

(1) 以 root 权限运行 Web 服务器。

(2) bin 目录中删除 CGI 脚本解释器。

(3) 删除不安全的 CGI 脚本。

(4) 安全的 CGI 程序。

(5) 不要配置 Web 服务器不需要的 CGI 支持。

3. 远程过程调用漏洞

存在于 rpc. ttdbserverd(tooltalk)、rpc. cmsd(calendarmanager)和 rpe. statd 中的远程程序调用漏洞。

操作系统:Unix 和 Linux 系统。

远程过程调用(Remote Procedure Call,RPC)允许一台计算机上的程序执行另一台计算机上的程序。远程过程调用广泛应用于访问网络设备(如 NFS 中的共享文件)。

防范措施：如果可能的话，关闭或删除系统上能够被 Internet 直接访问的服务；如果必须运行这些服务，要安装最新的补丁。

4. RDS 安全漏洞

Microsoft Internet 信息服务器(IIS)中的 RDS 安全漏洞。

操作系统：使用 Internet 信息服务器的 Microsoft Windows NT 系统。

Microsoft 的 Internet 信息服务器是 Web 服务器软件，大多数使用 Microsoft Windows NT 和 Windows 2000 的 Web 站点都使用该软件。Internet 信息服务器的远程数据服务(Remote Data Services, RDS)编程中的漏洞被恶意用户利用，从而以管理员的权限运行远程命令。

防范措施：通过打补丁来弥补 RDS 漏洞。

5. Sendmail 缓冲区溢出漏洞

操作系统：Unix 和 Linux 系统。

Sendmail 程序发送、接收并转发大多数 Unix 和 Linux 计算机所处理的电子邮件。广泛用于 Internet 上的 Sendmail 成了攻击者的主要目标，并且这几年来不断有漏洞出现。

防范措施：升级到 Sendmail 的最新版本或安装最新的补丁；不要在邮件服务器或邮件转发系统上以进程模式运行 Sendmail。

6. Sadmind 和 Mountd

操作系统：Unix 和 Linux 系统。Sadmind 只存在于 Solaris 系统中。

Sadmind 允许远程管理员访问 Solaris 系统，并提供系统管理功能的图形化访问界面。Mountd 控制并仲裁对安装在 Unix 主机上的 NFS 的访问。这些程序中的缓冲区溢出如果被攻击者利用，会使攻击者以 root 身份获得控制权。

防范措施：关闭或删除系统上能够被 Internet 直接访问的服务；安装最新的补丁。

7. 基于 NetBIOS 的全局文件共享和不适当信息共享

使用 NetBIOS、Windows NT 中端口 135 到 139(Windows 2000 中为端口 445)、Unix NFS 输出端口 2049 的全局文件共享和不恰当信息共享，Macintosh Web 共享或端口 80、427 和 548 上的 ApplesShare/IP。

操作系统：Unix、Windows 和 Macintosh 系统。

防范这种攻击的方法如下。

(1) 当共享加载到驱动器时，确定只有必要的目录进行了共享。

(2) 对于附加的安全机制，只允许对特定的 IP 地址进行共享，因为 DNS 名可能被欺骗；对于 Windows 系统，确定所有的共享都有完善的口令保护。

(3) 对于 Windows NT 系统，防止通过空会话连接对用户、组、系统配置和注册表键的匿名枚举。

(4) 封锁外来的位于路由器和 NT 主机上的 NetBIOS 会话服务(tcp139)的连接。

(5) 慎重考虑对运行在独立和不可信任域名环境下，并保持与 Internet 连接的主机 Restrict-Anonymous 注册表键的实施。

8．无口令或口令脆弱的 UserID，特别是 root/管理员

所有系统都可能存在这种漏洞，防范该攻击的方法如下。

（1）建立可以接收的口令策略。

（2）获得写权限以检测口令，这非常重要。

（3）用口令破解程序测试口令。

（4）创建口令时使用检测口令的工具。

（5）强制口令定期失效。

（6）保持口令历史记录使用户不会使用旧的口令，让口令的有效期尽量短。

9．IMAP 和 POP 缓冲区溢出漏洞或不正确设置

操作系统：Unix 和 Linux 系统。

IMAP 和 POP 是流行的远程访问邮件协议，允许用户通过内部和外部网络访问其电子邮件账号。这些协议的开放访问本质使其对于攻击尤其脆弱。攻击者通过攻击 IMAP 和 POP 漏洞会马上获得 root 控制权限。

防范这种攻击的方法如下。

（1）在非电子邮件服务器上关闭这些服务。

（2）使用最新的补丁和版本。

（3）一些专家建议使用 TCP 封装控制来进行这些服务的访问，并采用加密（如 SSH 和 SSL）来保护口令。

10．设为 Public 和 Private 的默认 SNMP 团体字符串

操作系统：所有系统和网络设备。

防范这种攻击的方法如下。

（1）如果不是绝对需要 SNMP，就关闭它。

（2）如果需要使用 SNMP，就对团体名使用与第八项 UserID 口令相同的策略。

（3）使用 Snmpwalk 验证并检测团体名。

（4）如果可能，尽量使 MIB 属性为只读。

7.4　网络嗅探

网络嗅探也称为网络监听或网络分析，是一种最简单而且最有效的方法，它常常能轻易地获得其他方法很难获得的信息。管理员在网络上，在网关、路由器、防火墙一类的设备处，监测传输的网络数据，这在排除网络故障等方面起到了非常重要的作用。

网络监控的基础是数据捕获，网络监控系统通过并接在网络中实现对数据的捕获，这种方式和入侵检测系统相同，称这种数据获取方式为网络嗅探。网络嗅探是网络监控系统实现的基础。

嗅探技术是网络攻防技术中很重要的一种。对黑客来说，通过嗅探技术能以非常隐蔽的方式捕获网络中传输的大量的敏感信息，如用户账号和口令。与主动扫描相比，嗅探行为更难以被察觉，也更容易操作。对于安全管理人员来说，借助嗅探技术，可以对网络活动进行实时监控,并及时发现各种网络攻击行为。网络嗅探器简单说来就是能够"嗅探"到本地网络的数据,并检查进入计算机的信息包。

7.4.1 网络嗅探监听的原理

对于目前很流行的以太网协议,其工作方式是:将要发送的数据包发往连接在一起的所有主机,包中包含着应该接收数据包主机的正确地址,只有与数据包中目标地址一致的那台主机才能接收。但是,当主机工作在混杂模式下,无论数据包中的目标地址是什么,主机都会接收(当然只能监听经过自己网络接口的那些包)。

当主机工作在混杂模式下,所有的数据帧都被交给上层协议软件处理。当连接在同一条电缆或集线器上的主机被逻辑地分为几个子网时,如果一台主机处于混杂模式下,它还能接收到发向与自己不在同一子网(使用了不同的掩码、IP地址和网关)的主机的数据包,也就是说,在同一条物理信道上传输的所有信息都可以被接收到。另外,现在网络中使用的大部分协议都是很早设计的,许多协议的实现都是基于一种非常友好的、通信双方充分信任的基础之上,许多信息以明文发送。如果用户的账号和口令等信息也以明文的方式在网上传输,而黑客或网络攻击者正在进行网络监听,只要具有初步的网络和TCP/IP协议知识,便能轻易地从监听到的信息中提取出感兴趣的部分。同理,正确使用网络监听技术也可以发现入侵并对入侵者进行追踪定位,并在对网络犯罪进行侦查取证时获取有关犯罪行为的重要信息,成为打击网络犯罪的有力手段。

虽然交换网络避免了利用网卡混杂模式进行的网络嗅探,但交换机并不会解决所有的问题。在一个完全由交换机连接的局域网内,同样可以进行网络嗅探,主要有以下三种可行的办法:MAC洪水(MAC Flooding)、MAC复制(MAC Duplicating)、ARP欺骗,其中最常用的是ARP欺骗。

7.4.2 网络嗅探的接入方式

1. 共享式以太网环境中应用网络嗅探器

在共享式以太网中,同一网段中所有主机都连接到一个集线器(HUB)上。当同一网段中的任何一台主机发送一个数据包后,都会通过集线器以广播的方式发送到网络中,处在同一网络中的所有其他主机都会看到这些数据包,然后通过查找数据包中的目的MAC地址来确认这个包是否是发给自己的。如果是,就接收这个数据包;如果不是,就会丢弃这个数据包。

这样一来,在共享式以太网中,要嗅探进出某台主机接口卡中的流量和嗅探整个网络中的流量都是非常简单的。只要将网络嗅探器(见图7-9)通过网线连接到集线器中的任意一个空闲端口,然后通过网络嗅探软件,将嗅探器的网络接口卡的工作模式设为混杂模式,就可以捕捉到在网络上传输的所有网络流量。

2. 在交换机或路由器的网络环境中应用网络嗅探器

交换机是通过MAC地址表来决定将数据包转发到哪个端口的。原则上来讲,简单通过物理方式将网络嗅探器接入到交换机端口,然后将嗅探器的网络接口卡的工作模式设为

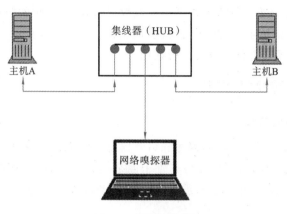

图 7-9　网络嗅探器

混杂模式,依然只能捕捉到进出网络嗅探器本身的数据包。那么,是否有方法可以在交换机网络中,让网络嗅探器捕捉到网络中某台主机的流量,或者整个网段的网络流量呢?答案是肯定的,不过有一定的条件限制,即应当具有物理接触目标网络的权限,另外,还应具有使用网络嗅探器以及调整网络设置的权限。满足了这些条件,下面分析如何通过端口镜像(Port Mirroing)功能达到在交换机网络中嗅探网络流量的目的。

目前,可网管式交换机一般都有一种称为端口镜像的功能,有的也称为端口绑定(Port Spanning)。这种功能允许将交换机中的一个端口设置为端口镜像模式,然后再指定要被镜像的交换机端口关联到这个指定了镜像功能的端口上。完成设置后,这些被镜像的交换机端口中的流量会同时复制一份到镜像端口上。这样,只要将网络嗅探器连接到这个端口上,然后将嗅探器的网络接口卡的工作模式设为混杂模式,就可以嗅探到连接到交换机中这些被镜像了的端口上的主机发送的数据包。例如,DLink 生产的 DGS3427 系列交换机就可以设置端口镜像功能。有些可网管交换机还可以通过 Web 方式直观地设置这种功能。Web 方式将网络分析器接入到交换机及网络环境中。

3. 无线局域网嗅探技术

在 802.11b 无线局域网中,一个无线节点并不是把数据帧直接发送给另一个节点,而是把目的地、接收工作站的地址放在帧的头部,然后把数据帧通过无线电信号发送。所有的无线网络节点平时处在混杂模式,接收到一个数据帧后,利用 802.11MAC 头的第一个地址来判断是不是应该处理这个帧。如果是,该节点就把该数据帧放入存储器,然后传递给协议栈下一层进行处理。如果消息接收准确,则接收节点通常发送一个 ACK 进行确认。

通过这个过程可以发现在进行物理地址的匹配判断之前,所有无线信号覆盖范围内的网络节点都能够从物理上接收到通信的数据帧。如果把这个判断过程人为地去掉,就可以达到接收所有 802.11b 数据的目的。这个工作就是把无线网卡的工作模式设为混杂模式。值得注意的是,与有线网络不同,处在混杂模式的无线节点不能发送数据帧,只能够接收数据帧。这样无线嗅探更加不易被探测到。

在实现嗅探时,首先设置用于嗅探的计算机,即在嗅探机上装好无线网卡,并把无线网卡的工作模式设置为混杂模式。在混杂模式下,网卡能够接收一切通过它的数据包,进而对数据包解析,实现数据窃听。其次实现循环抓取数据包,并将抓到的数据包送入下一步的数据解析模块处理。最后进行数据解析,依次提取出以太帧头、IP 包头、TCP 包头等,然后对各个报头部分和数据部分进行相应的分析处理。

7.4.3 网络嗅探的检测与防范

1. 如何检测到网络嗅探

由于在一个普通的网络环境中,账号和口令信息以明文方式在以太网中传输,一旦入侵者获得其中一台主机的 root 权限,并将其置于混杂模式以窃听网络数据,就有可能入侵网络中的所有计算机。如何才能知道有没有 Sniffer 在网上呢？这也是一个很难说明的问题,证明网络有 Sniffer 有如下几条特征。

（1）网络通信掉包率异常高。

（2）网络带宽出现异常。

（3）Sniffer 的记录文件会很快增大并填满文件空间。

（4）将网络接口设为混杂模式以接收所有数据包。

由于嗅探器很难被发现,对网络管理员来讲,消除嗅探就变得非常重要。由于嗅探器将网卡设为混杂模式,而一般正常服务的网卡都不处在该模式下,因此,检测嗅探器就等同于检测网络是否存在网卡设为混杂模式的计算机。Windows 95/98/NT 操作系统如果处在混杂模式下,可以很容易检测出。在正常模式(非混杂模式)下,网卡只将目标地址为本身地址或是以太网广播地址(FF:FF:FF:FF:FF:FF)传递给内核。当处在混杂模式下,驱动程序只检测以太网地址的第一个字节是否是广播地址,如果是 FF,则是广播包。可以利用发送目标以太网地址为 FF:00:00:00:00:00,而目标 IP 地址是正常的数据帧进行判断,当微软操作系统的驱动程序收到该数据帧时,如果处在混杂模式下,将对该数据帧作出响应,如果没处在混杂模式下,将丢弃该数据帧。还可利用 DNS 测试和网络机器延迟测试来检测某台机器是否处在混杂模式下。

2. 消除网络嗅探的方法

消除网络嗅探并不是一件很容易的事情,一般都根据所传输数据的重要性、安全性以及所需的花费来决定采用什么措施。通常采取加密和网络分割的办法来防止网络嗅探的攻击。

（1）及时打补丁。

系统管理人员需要定时查询服务商或者 CERT/CC、Securityfocus 和 SANS 等网络安全站点,在这些站点中寻找最新漏洞公告、下载补丁、安全配置等内容,并采取建议的相应对策。

（2）本机监控。

不同操作系统的计算机采用的检测工具不尽相同。大多数 Unix 系列操作系统使用 Ifconfig 就可以发现网卡是否工作在混杂模式下。但是在许多时候,本地监控却并不可靠,因为黑客在使用 Sniffer 的同时,很可能种植了一个 Ifconfig 的"代替品",检查的结果自然会隐藏真实的情况,所以通常还要结合其他更高级的工具, 如 Tripwire、Lsof 等。

（3）监控本地局域网的数据帧。

查找异常网络行为是较好的检测策略。因此系统管理员可以运行自己的嗅探器（如 Tcpdump、Windump 和 Snoop 等）监控网络中指定主机的 DNS 流量或使用分析计数器工具（如 AntiSniff）测量当前网络的信息包延迟时间。

（4）对敏感数据加密。

对敏感数据加密是安全的必要条件。其安全级别取决于加密算法的强度和密钥的强度。系统管理人员可以使用加密技术防止使用明文传输信息。使用 Secure Shell、Secure Copy 或者 IPV6 协议都可以使得信息安全传输。

例如，流行的论坛、聊天室等 Web 登录系统，在用户输入 ID 和密码后，利用客户端脚本进行 MD5 不可逆算法加密，然后发送到服务器验证，这样即使黑客截获了数据也无法破译。如果需要保护电子邮件免遭窃取，可以对邮件使用 PGP 加密。PGP 采用 RSA 和 IDEA 混合的加密算法，对该算法目前还没有找到比穷尽算法更有效的破解办法。上面提到的办法实现较简单，但是也不能完全阻止监听者对网络上种种信息包的获取。SNP 提供了一种安全的验证协议。TELNET、FTP 等应用的用户 ID 和口令不再以文本方式传输。SNP 系统所有的传输数据是采用 DES 加密的，监听者所看到的信息包只是一些乱码。SSH 提供端到端的验证与加密，属于应用层的安全通信协议，是目前国际互联网上最好的安全通信工具之一。SSH 采用 RSA 加密算法建立连接，验证过程结束后，所有的信息都采用 IDEA 技术加密，是典型的强加密，适合于所有的通信。SSH 曾一度为加密安全通信的主要协议。如果在网络系统中使用 SSH，那么用户 ID 和口令被捕获的概率将大大降低。系统管理人员也可以使用一次性的密码。虽然这样无法阻止 Sniffer 收集特定的信息（如 mail），但是使用一次性密码可以防止 Sniffer 非法获取系统的密码。在硬件系统和软件系统中使用一次性密码都是可行的。

（5）使用安全的拓扑结构。

Sniffer 无法穿过交换机、路由器、网桥。网络分段越细，则安全程度越高。广播一般只存在于同一根网络总线上，所以信息包只能被同一网络段的嗅探器所捕获。可以利用网络分割技术，使得网络进一步划分，减小嗅探器的监听范围，这样网络的其余部分就免受嗅探器的攻击。一般可以采用交换机划分网段，使用网桥或者网络路由器来划分子网。网络分割要解决的问题是确立信任关系，只有在此基础上才能设计网络拓扑。

7.4.4　嗅探监听工具

嗅探器在用于网络维护上是个得力的工具，在日常的网络查障中也发挥着重要的作用。嗅探器能够分析网络的流量，以便找出所关心的网络中潜在的问题。例如，网络的某一段频繁掉线、网速缓慢，而又不知道问题出在什么地方，此时就可以用嗅探器作出精确的问题判断。系统管理员通过嗅探器可以诊断出大量的不可见模糊的问题，这些问题涉及两台乃至多台计算机之间的异常通信，有些甚至牵涉到各种协议，借助嗅探器，系统管理员可以方便地确定出多少的通信量属于哪个网络协议、占主要通信协议的主机是哪一台、大多数通信目的地是哪台主机、报文发送占用多少时间或相互主机的报文传送间隔时间等，这些信息为管理员判断网络问题、管理网络区域提供了非常宝贵的信息。实践中，ISP 通过 Sniffer 软件捕获分析数据包,查找故障的罪魁祸首,解决了很多网吧、单位联网的疑难障碍。

嗅探器是把双刃剑,若用于不正当的目的,也可能带来很严重的安全问题。它可以检查更低层次传输的信息包,网络黑客可能会用它来做一些危及网络安全的事。

1. Windump

Tcpdump 是最老的也是最通用的窃听程序。在最简单的模式,它在命令行的方式下堆积单行的解码,一行一个包。这个程序是 Unix 下捕获数据包的标准。Tcpdump 的 Sniffer 很有名,Linux、FREEBSD 还把它搭带在系统上,这是一个被很多 Unix 高手认为专业的网络管理工具。

Windump 是 Windows 环境下一款经典的网络协议分析软件,其 Unix 版本名称为 Tcpdump。它可以捕捉网络上两台计算机之间所有的数据包,供网络管理员/入侵分析员进行进一步流量分析和入侵检测。在这种监视状态下,任何两台计算机之间都没有秘密可言。

Windows 下也有一个类似的功能——Windump,它可以方便地根据需要进行抓包。

2. Sniffit

Sniffit(见图 7-10)是由 Lawrence Berkeley Laboratory 开发的,可以在 Linux、Solaris、SGI 等各种平台运行网络监听软件,它主要是针对 TCP/IP 协议的不安全性对运行该协议的机器进行监听,数据包必须经过运行 Sniffit 的机器才能进行监听,因此它只能够监听同

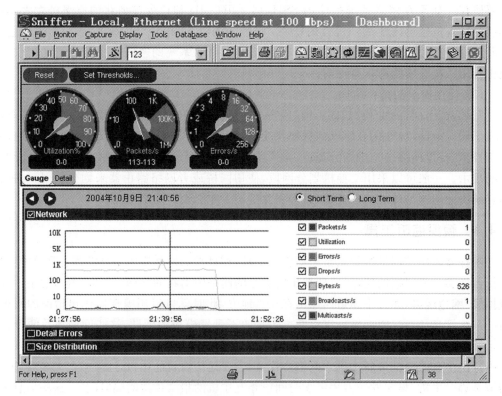

图 7-10　Sniffer

一个网段上的机器,它还能够自由地为机器增加某些插件以实现额外的功能。

Sniffer Pro 是美国 Network Associates 公司出品的一种网络分析软件,可用于网络故障与性能管理。主要功能包括:实时监控网络活动;收集网络流量;统计网络利用率和错误率等有关网络运行状态的数据、捕获接入冲突域中流经的所有数据包,以便进行详细分析;可利用专家分析系统,诊断网络中存在的问题等。

3. Ettercap

Ettercap 最初是设计为交换网上的网络嗅探工具,随着发展,它获得了越来越多的功能,成为一款有效的、灵活的中介攻击工具。它支持主动及被动的协议解析并包含了许多网络和主机特性(如 OS 指纹等)分析。

(1) Ettercap 有以下五种 Sniffing 工作方式。

① IPBASED:在基于 IP 地址的 Sniffing 方式下,Ettercap 将根据源 IP 地址和端口,以及目的 IP 和端口来捕获数据包。

② MACBASED:在基于 MAC 地址的方式下,Ettercap 将根据源 MAC 和目的 MAC 来捕获数据包,这种方式在捕获通过网关的数据包时很有用。

③ ARPBASED:在基于 ARP 欺骗的方式下,Ettercap 利用 ARP 欺骗在交换局域网内监听两个主机之间的全双工通信。

④ SMARTARP:在 SMARTARP 方式下,Ettercap 利用 ARP 欺骗,监听交换网上某台主机与所有已知的其他主机(存在于主机表中的主机)之间的全双工通信。

⑤ PUBLICARP:在 PUBLICARP 方式下,Ettercap 利用 ARP 欺骗,监听交换网上某台主机与所有其他主机之间的通信(半双工)。此方式以广播方式发送 ARP 响应,如果 Ettercap 已经拥有了完整的主机地址表(或在 Ettercap 启动时已经对 LAN 上的主机进行了扫描),Ettercap 会自动选取 SMARTARP 方式,且 ARP 响应会发送给被监听主机之外的所有主机,以避免在 Win2K 上出现 IP 地址冲突的消息。

(2) Ettercap 中最常用的功能有以下十二种。

① 在已有连接中注入数据:可以在维持原有连接不变的基础上向服务器或客户端注入数据,以达到模拟命令或响应的目的。

② SSH 支持:可以捕获 SSH 连接上的 User 和 PASS 信息,甚至是其他数据。Ettercap 是第一个在全双工的条件下监听 SSH 连接的软件。

③ HTTPS 支持:可以监听 Http SSL 连接上加密数据,甚至可以监听通过代理的连接。

④ 监听通过 GRE 通道的远程通信:可以通过监听来自远程 Cisco 路由器的 GRE 通道的数据流,并对它进行中间人攻击。

⑤ Plug-in 支持:可以通过 Ettercap 的 API 创建自己的 Plug-in。

⑥ 口令收集:可以收集 TELNET、FTP、POP、RLOGIN、SSH1. ICQ、SMB、MySQL、HTTP、NNTP、X11. NAPSTER、IRC、RIP、BGP、SOCK5. IMAP4. VNC、LDAP、NFS、SNMP、HALFLIFE、QUAKE3. MSNYMSG 等协议口令信息,当然不久还会有新的协议获得支持。

⑦ 数据包过滤和丢弃:可以建立一个查找特定字符串(甚至包括十六进制数)的过滤链,根据这个过滤链对 TCP/UDP 数据包进行过滤并用自己的数据替换这些数据包,或丢

弃整个数据包。

⑧ 被动的 OS 指纹提取:可以被动地(不必主动发送数据包)获取局域网上计算机系统的详细信息,包括操作系统版本、运行的服务、打开的端口、IP 地址、MAC 地址和网卡的生产厂家等信息。

⑨ OS 指纹:可以提取被控主机的 OS 指纹以及它的网卡信息(利用 NMAP Fyodor 数据库)。

⑩ 杀死一个连接:杀死当前连接表中的连接,甚至所有连接。

⑪ 数据包生产:可以创建和发送伪造的数据包。允许伪造从以太帧头到应用层的所有信息。

⑫ 把捕获的数据流绑定到一个本地端口:可以通过一个客户端软件连接到该端口上,进行进一步的协议解码或向其中注入数据(仅适用于基于 ARP 的方式)。

Ettercap 的优点:它不需要 Libpcap、Libnet 等常用库的支持;基于 ARP 欺骗的 Sniffing 不需要把执行 Ettercap 的主机的网卡设置为全收方式;支持后台执行。

迄今为止,没有一个切实可行的方法可以一劳永逸地阻止 Sniffer 的安装或者防备其对系统的侵害。Sniffer 往往是攻击者在侵入系统后使用的,用来收集有用的信息。因此,防止系统被突破是关键。系统管理员要定期地对所管理的网络进行安全测试,防止安全隐患。同时由于许多攻击来自网络内部,所以要控制拥有相当权限的用户的数量。也就是说,跟踪服务商提供的软件补丁是远远不够的。系统管理员应该采取一切可行的方法去防止 Sniffe 的侵入,如重新规划网络、监视网络性能、按时跟踪安全公告,并了解相关工具的使用及其局限性。

7.5 拒绝服务攻击

Internet 最初的设计目标是开放性和灵活性,而不是安全性。目前 Internet 上各种入侵手段和攻击方式大量出现,成为网络安全的主要威胁。拒绝服务(Denial of Service,DoS)是一种简单但很有效的进攻方式。DoS 的攻击方式有很多种。最基本的 DoS 攻击就是利用合理的服务请求来占用过多的服务资源,致使服务超载,无法响应其他请求。这些服务资源包括网络带宽、文件系统空间容量、开放的进程或者向内的连接。这种攻击会导致资源的缺乏,无论计算机的处理速度多么快、内存容量多么大、互联网的速度多么快都无法避免这种攻击带来的后果。因为任何事物都有一个极限,所以总能找到一个方法使请求的值大于该极限值,因此就会使所提供的服务资源缺乏,无法满足需求。千万不要自认为拥有了足够宽的带宽就会有一个高效率的网站,拒绝服务攻击会使所有的资源变得非常渺小。

7.5.1 DDoS 概述

拒绝服务造成 DoS 的攻击行为称为 DoS 攻击。攻击者利用大量的数据包"淹没"目标主机,耗尽可用资源乃至系统崩溃,而无法对合法用户作出响应,其目的是使计算机或网络无法提供正常的服务。分布式拒绝服务(Distributed Denial of Service,DDoS)攻击指借助于客户/服务器技术,将多个计算机联合起来作为攻击平台,对一个或多个目标发动 DDoS 攻击,从而成倍地提高拒绝服务攻击的威力。攻击者通常使用一个偷窃账号将 DDoS 主控程序安装在一个计算机上,在一个设定的时间主控程序与大量代理程序通信,代理程序已经被安装在网络上的许多计算机上,代理程序收到指令时就发动攻击。利用客户/服务器技术,主控程序能在几秒钟内激活成百上千次代理程序的运行。

与早期的 DoS 相比,DDoS 攻击借助数百台、数千台甚至数万台受控制的机器向同一台机器同时发起攻击,如图 7-11 所示,这种来势迅猛的攻击令人难以防备,具有很大的破坏力。

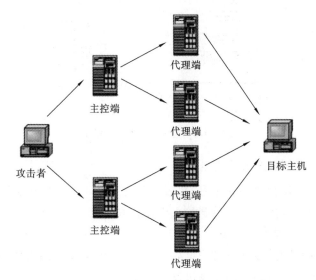

图 7-11　DDoS 攻击

DDoS 攻击分为三层:攻击者、主控端和代理端,三者在攻击中扮演着不同的角色。

(1) 攻击者。攻击者所用的计算机攻击主控台,可以是网络上的任何一台主机。攻击者操纵整个攻击过程,它向主控端发送攻击命令。

(2) 主控端。主控端是攻击者非法侵入并控制的一批主机,这些主机还分别控制着大量的代理主机。在主控端主机上安装了特定的程序,因此它们可以接收攻击者发来的特殊指令,并且可以把这些命令发送到代理主机上。

(3) 代理端。代理端也是攻击者侵入并控制的一批主机,它们运行攻击器程序,接收和运行主控端发来的命令。代理端主机是攻击的执行者,向受害者主机发动攻击。

攻击者发起 DDoS 攻击的第一步就是寻找在 Internet 上有漏洞的主机,进入系统后在其上面安装后门程序,攻击者入侵的主机越多,他的攻击队伍就越壮大。第二步是在被入侵主机上安装攻击程序,其中一部分主机充当攻击的主控端,另一部分主机充当攻击的代理端,最后各部分主机各司其职,在攻击者的调遣下对攻击对象发起攻击。由于攻击者在幕后操纵,所以在攻击时不会受到监控系统的跟踪,身份不容易被发现。

DDoS 攻击实施起来有一定的难度,它要求攻击者必须具备入侵他人计算机的能力,但是很不幸的是一些傻瓜式的黑客程序的出现,这些程序可以在几秒钟内完成入侵和攻击程序的安装,使发动 DDoS 攻击变成一件轻而易举的事情。

1. 拒绝服务攻击的一般过程

DoS 攻击的一般过程如图 7-12 所示，攻击者向服务器发送众多的带有虚假地址的请求，服务器发送回复信息后等待回传消息，因为地址是伪造的，所以服务器一直等不到回传消息，分配给这次请求的资源始终没有被释放。当服务器等待一定的时间后，连接会因超时而被切断，攻击者会再度传送新的一批请求，在这种反复发送伪地址请求的情况下，服务器资源最终会被耗尽，从而导致服务器服务中断。

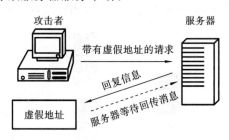

图 7-12　DoS 攻击的一般过程

2. 分布式拒绝服务攻击的一般步骤

第一步，攻击者使用扫描工具探测、扫描大量主机以寻找潜在入侵目标。

第二步，黑客设法入侵有安全漏洞的主机并获取控制权。这些主机将被用于放置后门、Sniffer 或守护程序甚至是客户端程序。

第三步，黑客在得到入侵计算机清单后，从中选出满足建立网络所需要的主机，放置已编译好的守护程序，并对被控制的计算机发送命令。

第四步，使用客户端程序，黑客发送控制命令给主机，准备启动对目标系统的攻击。

第五步，主机发送攻击信号给被控制计算机，开始对目标系统发起攻击。

第六步，目标系统被无数的伪造的请求所淹没，从而无法对合法用户进行响应，DDoS 攻击成功。

7.5.2　拒绝服务攻击的类型

（1）从实施 DoS 攻击所用的思路来看，DoS 攻击可以分为以下四类。

① 滥用合理的服务请求。

过度地请求系统的正常服务，占用过多服务资源，致使系统超载。这些服务资源通常包括网络带宽、文件系统空间容量、开放的进程或者连接数据等。

② 制造高流量无用数据。

恶意地制造和发送大量各种随机无用的数据包，用这种高流量的无用数据占据网络带宽，造成网络拥塞。

③ 利用传输协议缺陷。

构造畸形的数据包并发送，导致目标主机无法处理，出现错误或崩溃而拒绝服务。

④ 利用服务程序的漏洞。

针对主机上的服务程序的特定漏洞，发送一些有针对性的特殊格式的数据，导致服务处理错误而拒绝服务。

（2）按漏洞利用方式分类，DoS 攻击可以分为以下两类。

① 特定资源消耗类。

主要利用 TCP/IP 协议栈、操作系统或应用程序设计上的缺陷，通过构造并发送特定类型的数据包，使目标系统的协议栈空间饱和、操作系统或应用程序资源耗尽或崩溃，从而达到 DoS 的目的。

② 暴力攻击类。

依靠发送大量的数据包占据目标系统有限的网络带宽或应用程序处理能力来达到攻击的目的。通常暴力攻击需要比特定资源消耗攻击使用更大的数据流量才能达到目的。

（3）按攻击数据包发送速率变化方式，DoS 攻击可分为以下两类。

① 固定速率。

② 可变速率。

根据数据包发送速率变化模式，可变速率发送方式又可以分为振荡变化型和持续增加型。振荡变化型可变速率发送方式间歇性地发送数据包，使入侵检测系统难以发现持续的异常。持续增加型可变速率发送方式可以使攻击目标的性能缓慢下降，并可以误导基于学习的检测系统产生错误的检测规则。

（4）按攻击可能产生的影响，DoS 攻击可以分为以下两类。

① 系统或程序崩溃类。

根据可恢复的程度，系统或程序崩溃类又可以分为自我恢复类、人工恢复类、不可恢复类等。自我恢复类是指当攻击停止后系统功能可自动恢复正常。人工恢复类是指系统或服务程序需要人工重新启动才能恢复。不可恢复类是指攻击对目标系统的硬件设备、文件系统等造成了不可修复性的损坏。

② 服务降级类。

系统对外提供的服务下降。

7.5.3　典型的拒绝服务攻击技术

1. Ping of Death

Ping 是一个非常著名的程序，这个程序的目的是为了测试另一台主机是否可达。现在所有的操作系统上几乎都有这个程序，它已经成为系统的一部分。Ping 程序的目的是查看网络上的主机是否处于活动状态。它通过发送一份 ICMP 回显请求报文给目的主机，并等待返回 ICMP 回显应答，根据回显应答的内容判断目的主机的状况。Ping 之所以会造成伤害是早期操作系统处理 ICMP 协议数据包存在漏洞。

ICMP 协议的报文长度是固定的，大小为 64 KB，早期很多操作系统在接收 ICMP 数据报文的时候，只开辟 64 KB 的缓存区用于存放接收到的数据包。一旦发送过来的 ICMP 数据包的实际尺寸超过 64 KB（65536 B），操作系统就会将收到的数据报文向缓存区填写，当报文长度大于 64 KB 时，就会产生一个缓存溢出，结果导致 TCP/IP 协议堆栈的崩溃，造成主机的重启动或死机。

Ping 程序有一个"−l"参数可指定发送数据包的尺寸，因此，使用 Ping 这个常用小程序

就可以简单地实现这种攻击。例如,通过这样一个命令:

Ping - 1 65540 192.168.1.140

如果对方主机存在这样一个漏洞,就会形成一次拒绝服务攻击。这种攻击称为"死亡之Ping"。现在的操作系统都已对这一漏洞进行了修补,对可发送的数据包大小进行了限制。

在 Windows xp sp2 操作系统中输入这样的命令:

Ping - 1 65535 192.168.1.140

系统返回这样的信息:

 Bad value for option - 1, valid range is from 0 to 65500

Ping Of Death 攻击的攻击特征、检测方法和反攻击方法总结如下。

攻击特征:该攻击数据包大于 65535 B。由于部分操作系统接收到长度大于 65535 B 的数据包时,就会造成内存溢出、系统崩溃、重启、内核失败等后果,从而达到攻击的目的。

检测方法:判断数据包的大小是否大于 65535 B。

反攻击方法:使用新的补丁程序,当收到大于 65535 B 的数据包时,丢弃该数据包,并进行系统审计。

2. 泪滴

泪滴(Teardrop)也称为分片攻击,它是一种典型的利用 TCP/IP 协议的问题进行拒绝服务攻击的方式,因为第一个实现这种攻击的程序名称为 Teardrop,所以这种攻击也称为"泪滴"。

两台计算机在进行通信时,如果传输的数据量较大,无法在一个数据报文中完成传输,就会将数据拆分成多个分片,传送到目的计算机后再到堆栈中进行重组,这一过程称为"分片"。

为了能在到达目标主机后进行数据重组,IP 包的 TCP 首部中包含的信息(分片识别号、偏移量、数据长度、标志位)说明该分段是原数据的哪一段,这样目标主机在收到数据后,就能根据首部中的信息将各分片重新组合,还原为数据。

IP 报文分片如图 7-13 所示,从客户机向服务器发送一个数据报文无法发送完成的数据,这些数据会被分片发送。报文 1、2、3 是 TCP 连接的三次握手过程,接着 4、5、6 客户机向服务器发送三个数据报文,这三个数据报文首部信息中有每个报文的分片信息。

这就是报文重组的信息,如下:

PSH 1:1025(1024) ack 1, win 4096

PSH 1025:2049(1024) ack 1, win 4096

PSH 2049:3073(1024) ack 1, win 4096

在 4、5、6 这三个报文中,第 4 个发送的数据报文中是原数据的第 1~1025 B 内容,第 5 个发送的报文包含的是第 1025~2048 B,第 6 个数据报文是第 2049~3073 B,接着后面是继续发送的分片和服务器的确认。当这些分片数据被发送到目标主机后,目标主机就能够根据报文中的信息将分片重组,还原出数据。

如果入侵者伪造数据报文,向服务器发送含有重叠偏移信息的分段包到目标主机,例如,如下所列的分片信息:

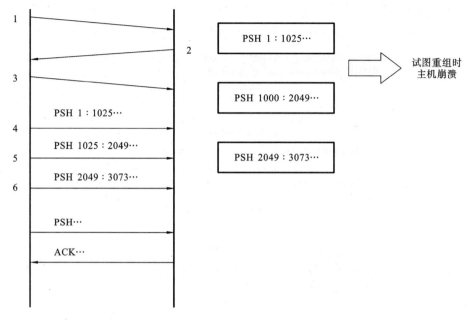

图 7-13　IP 报文分片

PSH　1：1025(1024)　ack1，win4096

PSH　1000：2049(1024)　ack1，win4096

PSH　2049：3073(1024)　ack1，win4096

这样的信息被目的主机收到后,在堆栈中重组时,由于畸形分片的存在,会导致重组出错,这个错误不仅会影响到重组的数据,由于协议重组算法,还会导致内存错误,引起协议栈的崩溃。

泪滴攻击的攻击特征、检测方法和反攻击方法总结如下。

攻击特征：Teardrop 工作原理是向被攻击者发送多个分片的 IP 包,某些操作系统收到含有重叠偏移的伪造分片数据包时会出现系统崩溃、重启等现象。

检测方法：对接收到的分片数据包进行分析,计算数据包的片偏移量(Offset)是否有误。

反攻击方法：添加系统补丁程序,丢弃收到的病态分片数据包,并对这种攻击进行审计。

3. UDP 洪水

UDP 洪水(UDP flood)主要是利用主机能自动进行回复的服务(如使用 UDP 协议的 Chargen 服务和 Echo 服务)来进行攻击。

很多提供 WWW 和 Mail 等服务的设备通常使用 Unix 的服务器,它们默认打开一些被黑客恶意利用的 UDP 服务。例如,Echo 服务会显示接收到的每一个数据包,而原本作为测试功能的 Chargen 服务会在收到每一个数据包时随机反馈一些字符。

当向 Echo 服务的端口发送一个数据时,Echo 服务会将同样的数据返回给发送方,而 Chargen 服务会随机返回字符;当两个或两个以上系统存在这样的服务时,攻击者利用其中一台主机向另一台主机的 Echo 或者 Chargen 服务端口发送数据,Echo 和 Chargen 服务会自动进行回复,这样开启 Echo 和 Chargen 服务的主机就会相互回复数据。由于这种做法使一方的输出成为另一方的输入,两台主机间会形成大量的 UDP 数据包。当多个系统之间互相产生 UDP 数据包时,最终将导致整个网络瘫痪。UDP Flood 如图 7-14 所示。

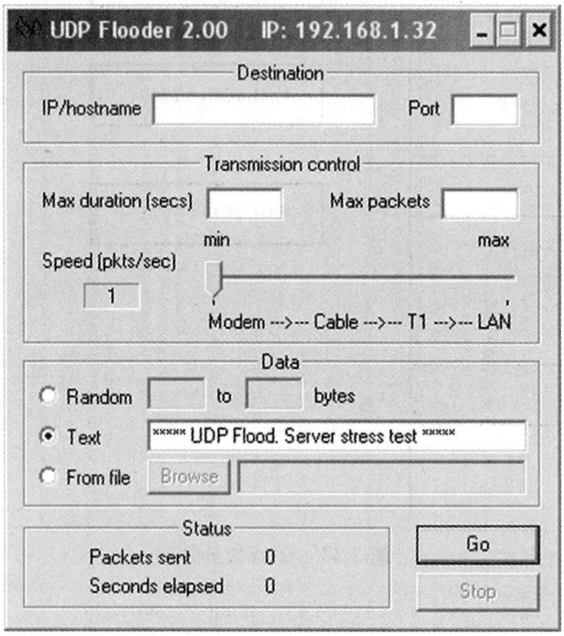

图 **7-14**　UDP Flood

IP/hostname 和 port:输入目标主机的 IP 地址和端口号。

Max duration:设定最长的攻击时间。

Speed:设置 UDP 包发送速度。

Data:指定发送的 UDP 数据包中包含的内容。

对局域网网内的一台计算机 192.168.1.34 发起 UDP Flood 攻击,发包速率为 250 pps。在被攻击的计算机 192.168.1.34 上打开 Sniffer 工具,可以捕捉由攻击者计算机发到本机的 UDP 数据包,看到内容为“×××××× UDP Flood. Server stress test ××××××”的大量 UDP 数据包,如图 7-15 所示,如果加大发包速率和增加攻击机的数量,则目标主机的处理能力将会明显下降。

4. SYN Flood

SYN Flood 是当前最流行的拒绝服务攻击方式之一,这是一种利用 TCP 协议缺陷,发送大量伪造的 TCP 连接请求,使被攻击方资源耗尽(CPU 满负荷或内存不足)的攻击方式。

SYN Flood 是利用 TCP 连接的三次握手过程的特性实现的。通常一次 TCP 连接的建立包括以下三次握手过程。

(1) 客户端发送 SYN 包给服务器。

(2) 服务器分配一定的资源并返回 SYN+ACK 包,等待连接建立的最后的 ACK 包。

(3) 最后客户端发送 ACK 包。这样两者之间的连接建立起来,并可以通过连接传送

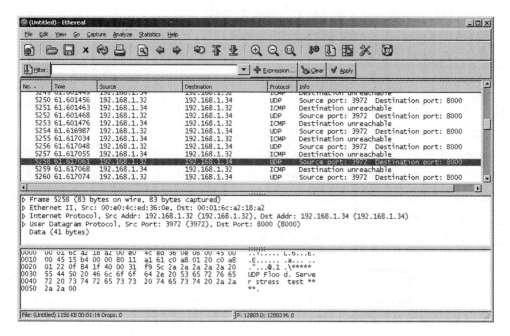

图 7-15　UDP Flood 捕获数据

数据。

SYN Flood 攻击就是疯狂地发送 SYN 包,而不返回
ACK 包,当服务器未收到客户端的 ACK 包时,规范标准
规定必须重发 SYN+ACK 包,一直到超时才将此条目从
未连接队列中删除。SYN Flood 攻击消耗 CPU 和内存
资源,导致系统资源占用过多,没有能力响应其他操作,或
者不能响应正常的网络请求,如图 7-16 所示。

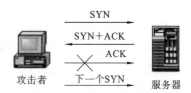

图 7-16　SYN Flood 攻击原理

由于 TCP/IP 相信数据包的源 IP 地址,攻击者还可以伪造源 IP 地址,如图 7-17 所示,
给追查造成很大的困难。SYN Flood 攻击除了能影响主机外,还危害路由器、防火墙等网
络系统。事实上,SYN Flood 攻击并不管目标是什么系统,只要这些系统打开 TCP 服务就
可以实施。

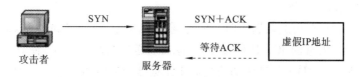

图 7-17　伪造源 IP 地址

SYN Flood 攻击实现起来非常简单,网络上有大量现成的 SYN Flood 攻击工具,如
xdos、Pdos、SYN-Killer 等。以 xdos 为例,选择随机的源 IP 地址和源端口,并填写目标机器
IP 地址和 TCP 端口,运行后就会发现目标系统运行缓慢,甚至死机。UDP Flood 攻击、IC-
MP Flood 攻击的原理与 SYN Flood 攻击类似。关于 SYN Flood 攻击的防范,目前许多防

火墙和路由器都可以做到。首先关闭不必要的 TCP/IP 服务,对防火墙进行配置,过滤来自同一主机的后续连接,然后根据实际的情况来判断。

5. Land 攻击

Land 攻击是 Internet 上最常见的拒绝服务攻击类型,它是由著名黑客组织 Rootshell 发明的。Land 攻击原理很简单,向目标机发送大量的源地址和目标地址相同的包,造成目标机解析 Land 包时占用大量的系统资源,从而使网络功能完全瘫痪。

Land 攻击也是利用 TCP 的三次握手过程的缺陷进行攻击的。Land 攻击示意图如图 7-18 所示。Land 攻击是攻击者向目标主机发送一个特殊的 SYN 包,包中的源地址和目标地址都是目标主机的地址。目标主机收到这样的连接请求时会向自己发送 SYN/ACK 数据包,导致目标主机向自己发回 ACK 数据包并创建一个连接。大量的这样的数据包将使目标主机建立很多无效的连接,系统资源被大量的占用。

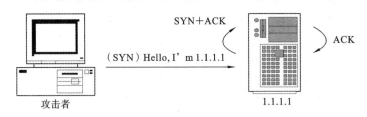

SYN+ACK
ACK
(SYN) Hello, I'm 1.1.1.1
攻击者
1.1.1.1

图 7-18　Land 攻击示意图

Land 攻击可简要概括如下。

攻击特征:用于 Land 攻击的数据包中的源地址和目标地址是相同的,操作系统接收到这类数据包时,不知道该如何处理堆栈中的这种情况,或者循环发送和接收该数据包,消耗大量的系统资源,从而有可能造成系统崩溃或死机等现象。

检测方法:判断网络数据包的源/目标地址是否相同。

反攻击方法:适当配置防火墙设备或设置路由器的过滤规则可以防止这种攻击行为,并对这种攻击进行审计。

6. Smurf 攻击

Smurf 攻击是利用 IP 欺骗和 ICMP 回应包引起目标主机网络阻塞,实现 DoS 攻击。Smurf 攻击原理示意图如图 7-19 所示。

Smurf 攻击原理:在构造数据包时将源地址设置为被攻击主机的地址,而将目的地址设置为广播地址,于是大量的 ICMP Echo 回应包被发送给被攻击主机,使其因网络阻塞而无法提供服务,比 Ping of Death 洪水的流量高出 1 或 2 个数量级。

攻击者的主机发送一个数据包,目标主机就收到三个回复数据包。如果目标网络是一个很大的以太网,有 200 台主机,那么在这种情况下,入侵者每发送一个 ICMP 数据包,目标主机就会收到 200 个数据包,因此目标主机很快就会被大量的回复信息吞没,无法处理其他任何网络传输。Smurf 攻击如图 7-20 所示。这种攻击不仅影响目标主机,还能影响目标主机的整个网络系统。

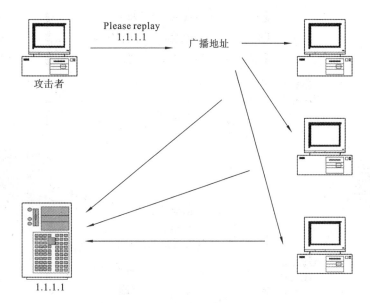

图 7-19　Smurf 攻击原理示意图

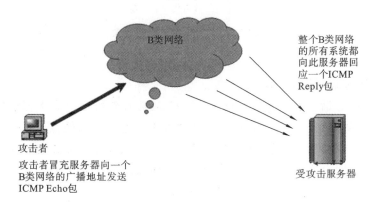

图 7-20　Smurf 攻击

7.5.4　DDoS 攻击的检测与防范

DDoS 攻击时的现象如图 7-21 所示,特征如下。

(1) 大量的 DNS PTR 查询请求。

根据分析,攻击者在进行 DDoS 攻击前总要解析目标的主机名。BIND 域名服务器能够记录这些请求。由于每台攻击服务器在进行一个攻击前会发出 PTR 反向查询请求,也就是说在 DDoS 攻击前域名服务器会接收到大量的反向解析目标 IP 主机名的 PTR 查询请求。

(2) 超出网络正常工作时的极限通信流量。

DDoS 攻击一个站点时,会出现明显超出该网络正常工作时的极限通信流量的现象。现在的技术能够分别对不同的源地址计算出对应的极限值。当明显超出极限值时就表明存在 DDoS 攻击的通信。因此可以在主干路路由器端建立 ACL 访问控制规则以监测和过滤

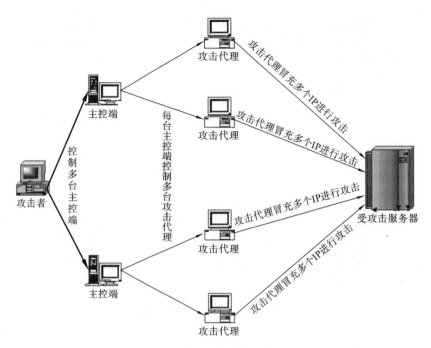

图 7-21 DDoS 攻击时的现象

这些通信。

(3) 特大型的 ICMP 和 UDP 数据包。

正常的 UDP 会话一般都使用小的 UDP 包,通常有效数据内容不超过 10 B。正常的 ICMP 消息也不会超过 128 B。那些明显大得多的数据包很有可能就是控制信息通信用的,主要含有加密后的目标地址和一些命令选项。一旦捕获到这些数据包,DDoS 服务器的位置就无所遁形了,因为控制信息通信数据包的目标地址是没有伪造的。

(4) 不属于正常连接通信的 TCP 和 UDP 数据包。

隐蔽的 DDoS 工具随机使用多种通信协议,通过无连接通道发送数据。优秀的防火墙和路由规则能够发现这些数据包。另外,那些连接到高于 1024 B 而且不属于常用网络服务的目标端口的数据包也是非常值得怀疑的。

(5) 数据段内容只包含文字和数字字符(如没有空格、标点和控制字符)的数据包。这往往是数据经过 BASE64 编码后只含有 BASE64 字符集字符的特征。TFN2K 发送的控制信息数据包就是这种类型的数据包。TFN2K(及其变种)的特征模式是在数据段中有一串 A 字符(AAA…),这是调整数据段大小和加密算法后的结果。如果没有使用 BASE64 编码,对于使用了加密算法的数据包,这个连续的字符就是"\0"。

到目前为止,抵御 DDoS 攻击还是比较困难的。这种攻击的特点是它利用了 TCP/IP 协议的漏洞,除非不用 TCP/IP,才有可能完全抵御 DDoS 攻击。一位资深的安全专家给了个形象的比喻:DDoS 攻击就好像有 1000 个人同时给你家里打电话,这时候你的朋友还打得进来吗?不过即使它难于防范,也不代表就应该逆来顺受,实际上防范 DDoS 攻击并不是绝对不可行的事情。防范 DDoS 攻击主要可以从以下几方面入手。

（1）优化路由和网络结构。

（2）优化对外开放访问的主机。

（3）确保主机不被入侵和主机的安全。

（4）发现正在实施攻击时，必须立刻关闭系统并进行调试。

7.5.5　DoS 攻击的防范

由于 DoS 攻击主要利用网络协议的特征和漏洞进行攻击，所以在防范 DoS 攻击时也要与之对应，分别提出相应的解决方案。防范 DoS 攻击可以采用以下的技术手段。

（1）Syn-Cookie(主机)/Syn-Gate(网关)。

在服务器和外部网络之间部署代理服务器，通过代理服务器发送 Syn/Ack 报文，在收到客户端的 Syn 包后，防火墙代替服务器向客户端发送 Syn/Ack 包，如果客户端在一段时间内没有应答或中间的网络设备发回了 ICMP 错误消息，防火墙则丢弃此状态信息；如果客户端的 Ack 到达，防火墙代替客户端向服务器发送 Syn 包，并完成后续的握手，则最终建立客户端到服务器的连接。通过这种 Syn-Cookie 技术，保证每个 Syn 包源的真实有效性，确保服务器不被虚假请求浪费资源，从而彻底防范对服务器的 Syn-Flood 攻击。

（2）应用负载均衡技术。

负载均衡技术基于现有网络结构，提供了一种扩展服务器带宽和增加服务器吞吐量的廉价、有效的方法，增强了网络数据处理能力。负载均衡的应用，能够有效地解决网络拥塞问题，并就近提供服务，同时，还能提高服务器的响应速度，提高服务器及其他资源的利用效率，从而为用户提供更好的访问质量。负载均衡技术不是专门用来解决 DoS 问题，但它在应对拒绝服务攻击方面却起到了重大的作用。

（3）包过滤及路由设置。

应用包过滤技术过滤对外开放的端口，是防范假冒地址攻击，使得外部机器无法假冒内部机器的地址来对内部机器发动攻击的有效方法。

（4）运行尽可能少的服务。

运行尽可能少的服务可以减少被成功攻击的机会。如果一台计算机开了 20 个端口，这就使得攻击者可以在较大的范围内尝试对每个端口进行不同的攻击。相反，如果系统只开了很少的端口，这就限制了攻击者攻击站点的类型，而且当运行的服务和开放的端口都很少时，管理员可以很容易地进行安全设置。

（5）防患于未然。

由于现有的技术还没有一项针对 DoS 攻击的非常有效的解决办法，所以防范 DoS 攻击的最佳方法就是防患于未然。也就是说，首先要保证一般的外围主机和服务器的安全，使攻击者无法获得大量的无关主机，从而无法发动有效攻击。一旦内部或临近网络的主机被黑客侵入，那么其他主机被侵入的危险将会很大，而且如果网络内部或邻近的主机被用来对本机进行 DoS 攻击，攻击效果会更加明显，因此，必须保证外围主机和网络的安全，尤其是那些拥有高带宽和高性能服务器的网络。保护这些主机最好的办法就是及时了解有关本操作系统的安全漏洞以及相应的安全措施，及时安装补丁程序并注意定期升级系统软件，以免给黑客可乘之机。

7.6　ARP 欺骗攻击

ARP(Address Resolution Protocol)是地址解析协议,是一种将 IP 地址转化成物理地址的协议。从 IP 地址到物理地址的映射有两种方式:表格方式和非表格方式。ARP 具体说来就是将网络层(相当于 OSI 的第三层)地址解析为数据链路层(相当于 OSI 的第二层)的物理地址(注:此处物理地址并不一定指 MAC 地址)。

某机器 A 要向主机 B 发送报文,会查询本地的 ARP 缓存表,找到 B 的 IP 地址对应的 MAC 地址后,就会进行数据传输。如果未找到,则 A 广播一个 ARP 请求报文(携带主机 A 的 IP 地址为 Ia、物理地址为 Pa),请求 IP 地址为 Ib 的主机 B 回答 MAC 地址。网上所有主机包括 B 都收到 ARP 请求,但只有主机 B 识别自己的 IP 地址,于是向 A 发回一个 ARP 响应报文,其中就包含有 B 的 MAC 地址。A 接收到 B 的应答后,就会更新本地的 ARP 缓存。接着使用这个 MAC 地址发送数据(由网卡附加 MAC 地址)。因此,本地高速缓存的这个 ARP 表是本地网络流通的基础,而且这个缓存是动态的。

7.6.1　ARP 欺骗攻击原理

从 ARP 协议的工作过程可以看出,ARP 协议数据发送机制有一个致命的缺陷,即它是建立在对局域网中主机全部信任的基础上的,也就是说它的假设前提是:无论局域网中哪台主机发送的 ARP 数据包都是正确的。ARP 攻击就是通过伪造 IP 地址和 MAC 地址实现 ARP 欺骗,能够在网络中产生大量的 ARP 通信量使网络阻塞,攻击者只要持续不断地发出伪造的 ARP 响应包就能更改目标主机 ARP 缓存中的 IP-MAC 条目,造成网络中断或中间人攻击。

局域网中并非所有的主机都安分守己,往往有非法者的存在,如在上述数据发送中,当主机 A 向全网询问"IP 地址为 192.168.0.4 的主机的硬件地址是多少"后,主机 B 也回应了自己正确的 MAC 地址。但是此时,应该沉默的主机 X 也回话了:"我的 IP 地址是 192.168.0.4,我的硬件地址是 MAC_X。"注意,此时它竟然冒充自己是主机 B 的 IP 地址,而 MAC 地址竟然写成自己的。由于主机 X 不停地发送这样的应答数据包,本来主机 A 的 ARP 缓存表中已经保存了正确的记录:192.168.0.4—MAC_B,但是由于主机 X 不停地应答,这时主机 A 并不知道主机 X 发送的数据包是伪造的,导致主机 A 又重新动态更新自身的 ARP 缓存表,这回记录成:192.168.0.4—MAC_X。很显然,这是一个错误的记录(也称 ARP 缓存表中毒),这样就导致以后凡是主机 A 要发送给主机 B,也就是 IP 地址为 192.168.0.4 这台主机的数据,都会发送给 MAC 地址为 MAC_X 的主机,这样主机 X 就劫持了由主机 A 发送给主机 B 的数据。这就是 ARP 欺骗的过程。

如果 X 这台主机不冒充主机 B,而是冒充网关,那后果会怎么样呢? 如果主机 X 向全网不停地发送 ARP 欺骗广播,大声说:"我的 IP 地址是 192.168.0.4,我的硬件地址是 MAC_X。"这时局域网中的其他主机并没有察觉到什么,因为局域网通信的前提条件是信任任何主机发送的 ARP 广播包。这样局域网中的其他主机都会更新自身的 ARP 缓存表,记录下"192.168.0.4—MAC_X"这样的记录,这样,当它们发送给网关,也就是 IP 地址为

192.168.0.4 这台主机的数据时,结果都会发送到 MAC_X 这台计算机中。这样,主机 X 就会监听整个局域网发送给互联网的数据包。

7.6.2　常见 ARP 欺骗种类

ARP 欺骗通常分为两种:一种是对路由器 ARP 的欺骗;另一种是对内网 PC 的网关欺骗。

第一种 ARP 欺骗是截获网关数据。它通知路由器一系列错误的内网 MAC 地址,并按照一定的频率不断进行,使真实的地址信息无法通过更新保存在路由器中,结果路由器的所有数据只能发送给错误的 MAC 地址,造成正常 PC 无法收到信息。

第二种 ARP 欺骗是伪造网关。它的原理是建立假网关,让被它欺骗的 PC 向假网关发数据,而不是通过正常的路由器途径上网。在 PC 看来,就是上不了网了,网络掉线了。

一般来说,ARP 欺骗攻击的后果非常严重,大多数情况下会造成大面积掉线。有些网络管理员对此不甚了解,出现故障时,认为 PC 没有问题,交换机没掉线的“本事”,电信也不承认宽带故障。而且如果第一种 ARP 欺骗发生时,只要重启路由器,网络就能全面恢复,那问题一定是在路由器了。为此,宽带路由器背了不少“黑锅”。

另外,为对抗假冒网关的 ARP 欺骗,路由器设计了网关的 ARP 广播机制,它以一个可选定的频次,向内网宣布正确的网关地址,维护网关的正当权益。在暂时无法及时清除 ARP 病毒、网络管理员还没作 PC 上的 IP-MAC 绑定时,它能在一定程度上维持网络的运行,避免灾难性的后果,赢取系统修复的时间。这就是 ARP 主动防范机制。

不过,如果不在 PC 上绑定 IP-MAC,虽然有主动防范机制,但网络依然在带病运行,因为这种 ARP 是内网的事情,是不通过路由器的。让路由器插手只能对抗,不能根绝。ARP 欺骗攻击太严重时,就会发生时断时续的故障,那是主动防范机制在与 ARP 欺骗进行拉锯式的斗争。

7.6.3　常见的 ARP 欺骗方式

1. 中间人欺骗

在 ARP 欺骗中,中间人欺骗是最主要也是最危险的欺骗方式。常见的情况是攻击者将自己的主机插入网关与目标主机通信路径之间,成为两者通信的中继,为了转发两者的数据包,攻击主机要启动路由转发功能,中间人欺骗如图 7-22 所示。

其中,B 为任意一台主机或整个网段。① 为 A 向网关发送 ARP 请求(应答),网关将 B 的 IP 地址映射为 A 的 MAC 地址。② 为 A 向 B 发送 ARP 请求(应答),B 将网关的 IP 地址映射为 A 的 MAC 地址。③ 为网关发往 B 的报文,要经 A 转发。④ 为 B 发往网关的报文,要经 A 转发。

如果攻击者在达到了中间人攻击的情况下,使用网络嗅探等方式进行监听,能够成功截取任意一段流经攻击者主机

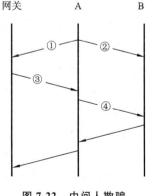

图 7-22　中间人欺骗

的未加密报文,如 Email、Telnet、FTP、HTTP 等内容,从中可分析出重要数据,如密码口令等。通过采用会话劫持的方法,攻击者还可以冒充被攻击者登录远程主机或服务器,实现网页内容动态挂载木马等操作。

2. IP 地址冲突

一般而言,出现 IP 地址冲突应该发生在某主机开机后检测本网内是否有使用与本机相同的 IP 地址的检测阶段,这些使用相同 IP 地址的主机会提示 IP 地址冲突,导致这些相同 IP 地址的主机不能正常地访问网络。攻击者利用上文提及的免费 ARP 及其应答报文的原理,向被攻击者的主机发送修改了的请求或应答报文,此报文中可能使用任意非攻击者主机的 MAC 地址用以隐藏攻击者的真实地址。当被攻击主机接收到此报文后,随即产生 IP 地址冲突错误。

3. 一般主机欺骗

对一般主机的欺骗大多是为了限制其上网的流量,为攻击者争取更多的网络资源。攻击者向被攻击主机发送伪造的网关 IP 地址和 MAC 地址的映射报文,使被攻击主机缓存的网关映射信息改变为错误的映射关系,其 MAC 地址往往指向网内一个不存在的主机。这就使得被攻击主机发送的数据无法到达网关,造成被攻击主机无法上网的现象。

7.6.4 常用的防护方法

目前对 ARP 攻击防范,常用的方法是绑定 IP 和 MAC、使用 ARP 防护软件,也出现了具有 ARP 防护功能的路由器。

1. 静态绑定

最常用的防护方法就是作 IP 和 MAC 静态绑定,在网内把主机和网关都作 IP 和 MAC 绑定。欺骗是通过 ARP 动态实时的规则欺骗内网机器,所以把 ARP 全部设置为静态以解决对内网 PC 的欺骗,同时在网关也要进行 IP 和 MAC 的静态绑定,这样双向绑定才比较保险。

2. 使用 ARP 防护软件

目前关于 ARP 的防护软件比较多,比较常用的 ARP 工具主要有 ARP 工具、Antiarp等。它们除了检测出 ARP 攻击外,还以一定的频率向网络广播正确的 ARP 信息。

3. 具有 ARP 防护功能的路由器

具有 ARP 防护功能的路由器的原理就是定期地发送自己正确的 ARP 信息。但是路由器的这种功能对于真正意义上的攻击是不能解决的。ARP 最常见的特征就是掉线,一般情况下不需要处理,一定时间内可以恢复正常上网,因为 ARP 欺骗是有老化时间的,过了老化时间就会自动地恢复正常。现在大多数路由器都会在很短的时间内不停广播自己正确的 ARP 信息,使主机受骗。但是如果出现攻击性 ARP 欺骗(其实就是时间很短、量很大的ARP 欺骗,一秒有个几百上千个),它不断地发起 ARP 欺骗包来阻止内网机器上网,即使路由器不断广播正确的包也会被它大量的错误信息淹没。

7.7　SQL 注入

7.7.1　SQL 注入概述

SQL 注入的出现是 Web 安全史上的一个里程碑,它最早出现大概是在 1999 年,并很快就成为 Web 安全的头号大敌。黑客们发现通过 SQL 注入攻击,可以获取很多重要的、敏感的数据,甚至能够通过数据库获取系统访问权限,这种效果并不比直接攻击系统软件差,Web 攻击一下子就流行起来。SQL 注入攻击至今仍然是 Web 安全领域中一个重要的组成部分。

SQL 注入攻击是黑客对数据库进行攻击的常用手段之一。随着浏览器/服务器(Browser/Server,B/S)模式应用开发的发展,使用这种模式编写应用程序的程序员越来越多,但是相当大一部分程序员在编写代码的时候,没有对用户输入数据的合法性进行判断,使应用程序存在安全隐患。用户可以提交一段数据库查询代码,根据程序返回的结果,获得某些他想得知的数据,这就是所谓的 SQL Injection,即 SQL 注入。

在互联网中,数据库驱动的 Web 应用非常普遍,通常数据库驱动的 Web 应用包含三层:表示层、逻辑层和存储层。在图 7-23 中,用户利用浏览器访问 http://www.victim.com 这个网站。位于逻辑层的 Web 服务器从文件系统中加载脚本并将其传递给脚本引擎,脚本引擎负责解析并执行脚本。脚本使用数据库连接器打开存储层连接并对数据库执行 SQL 语句。数据库将数据返回给数据库连接器,后者将其传递给逻辑层的脚本引擎。逻辑层在将 Web 页面以 HTML 格式返回给表示层的用户浏览器之前,先执行相关的应用或业务逻辑。用户的 Web 浏览器呈现 HTML 并借助代码的图形化表示展现给用户。所有操作都在数秒内完成,并且对用户是透明的。

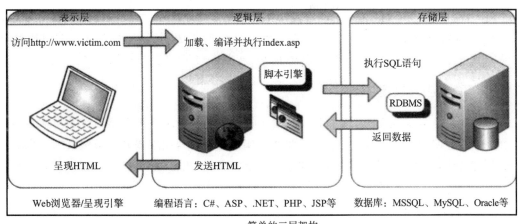

图 7-23　Web 应用工作原理

我们再来看一下 Web 应用各方之间的信息流,如图 7-24 所示。用户向 Web 服务器发起请求,Web 服务器检索用户数据,创建包含用户输入的 SQL 语句,然后向数据库服务器发送查询,数据库服务器执行 SQL 查询并将结果返回给 Web 服务器。需要注意的是,数据库服务器并不知道应用逻辑,它只是执行查询并返回结果,Web 服务器根据数据库响应动态地创建 HTML 页面。

不难发现,Web 服务器和数据库服务器是相互独立的实体。Web 服务器只负责创建 SQL 查询,解析结果,将结果显示给用户。数据库服务器接收查询并向 Web 服务器返回结果。对于利用 SQL 注入攻击来说,这一点非常重要,因为我们可以操纵 SQL 语句来让数据库服务器返回任意数据,而 Web 服务器却无法验证数据是否合法。

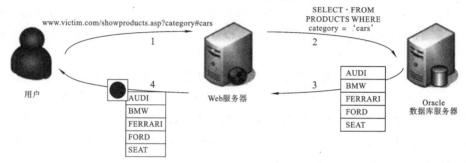

图 7-24　三层架构中的信息流

注入攻击的根源在于用户数据与程序代码没有分离,使得攻击者有机会将程序代码当作用户输入数据提交给 Web 应用程序。SQL 注入作为注入攻击的一种,Web 应用程序动态生成 SQL 命令时没有对用户输入的数据进行验证过滤,使得用户输入的 SQL 语句得以执行。也就是说,Web 应用程序开发人员在编写代码时,对用户输入数据的合法性没有进行判断,导致在客户端可以提交在数据库服务器上执行的 SQL 语句。SQL 注入本质上是代码注入的一种。

SQL 注入是从正常的 WWW 端口访问,而且表面看起来跟一般的 Web 页面访问没什么区别,所以目前市面的防火墙都不会对 SQL 注入发出警报,如果管理员没查看 IIS 日志的习惯,可能被入侵很长时间都不会发觉。SQL 注入的手法相当灵活,在注入的时候会碰到很多意外的情况,需要构造巧妙的 SQL 语句,从而成功获取想要的数据。

7.7.2　SQL 注入攻击原理

攻击者通过 Web 应用程序利用 SQL 语句将非法的数据或字符串插入到服务器端数据库中,获取数据库的管理用户权限,然后将数据库的管理用户权限提升至操作系统的管理用户权限,控制服务器操作系统,获取重要信息及机密文件,攻击原理流程图如图 7-25 所示。

SQL 注入攻击的一般步骤如下。

1. 寻找注入点方法

(1) 在带有参数的动态网页中添加单引号等字符到提交请求的末尾,根据服务器返回的信息判断是否存在注入漏洞。

例如,"http://www.xxx.com/xx.asp? id=x",如果服务器返回错误提示"Microsoft JET Database Engine 错误'80040e14'字符串的语法错误在查询表达式 id=x'中",则存在

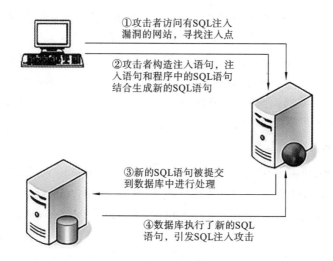

图 7-25　SQL 注入攻击原理流程图

注入漏洞。

（2）经典 1＝1、1＝2 测试法。

将"and 1＝1""and 1＝2"分别添加到查询请求的末尾，即"http：//www. xxx. com/xx. asp？ id＝x and 1＝1""http：//www. xxx. com/xx. asp？ id＝x and 1＝2"，如果前者显示的页面与原来一样，而后者显示的与原来不一样，则说明存在注入漏洞。

2. 判断数据库类型

对不同的关系数据库，注入攻击的方式不同，用 Asp 搭建的网站常用的关系数据库有以下两种：Access ，SQL Server。

（1）在查询请求末尾处添加"and use＞0"，根据返回的错误信息判断。

"http：//www. xxx. com/xx. asp？ id＝x and use＞0"，若存在关键字"Microsoft JET Database Engine"，则数据库类型为 Access；若存在关键字"Microsoft ODBC SQL Server Driver SQL Server"，则数据库类型为 SQL Server。

（2）从 Access 和 SQL Server 的区别判断。

数据库都有自己的系统表，如存放数据库中所有对象的表，Access 是在系统[msysob-jects]中，但在 Web 环境下读该表会提示"没有权限"，SQL Server 是在表[sysobjects]中，在 Web 环境下可以正常读取。可以使用以下注入语句进行判断："http：//www. xxx. com/xx. asp？ id＝x and（select count（＊）from msysobjects）＞0""http：//www. xx. com/xx. asp ？ id＝x and（select count（＊）from sysobjects）＞0"。

3. 猜解数据库表名,列名

（1）猜解表名。

在注入点后加上"and exists（select count（＊）from 表名）"，若页面正常显示，则猜解的表名存在；若结果返回错误，则表名不存在。如此循环，直至猜到表名为止。

（2）猜解列名。

在注入点后加上"and exists（select count（列名）from 表名）"，若页面正常显示，则该列名存在;若返回错误信息,则该列名不存在。依次循环猜解,直至猜到列名为止。

(3) 猜解列的长度。

猜解语句为"and (select top 1 len(列名) from 表名)>x",其中 x 是数字,需要变换的 x 就是列的长度值。http://www.xxx.com/xx.asp? id=x and (select top 1 len(列名) from 表名)>1、>2、>3、>4 都返回正常,猜到>5 时就出现了错误提示,说明列的长度是 5。变换 top 后的数字就可以猜解这个列的第 N 行长度。

4. 猜解列的内容

猜解用户名和密码需要用到 asc 和 mid 这两个函数。用 mid(列名,N,1)函数截取第 N 位字符,再用 asc(mid(列名,N,1))函数得到第 N 位字符的 ASCII 码。

猜解语句为"And (select top 1 asc(mid(列名,列数 N,1)) from 表名)>x",x 为 ASCIl 码。

例如,猜解列的第一个数字的 ASCII 码值"http://www.xxxx.com./xxx.asp? id=x and(select top 1 asc(mid(列名,1,1)) from 表名)>50",返回正常;继续提交>100,返回错误,提交>80,返回正常;一直提交到>96,返回正常,提交>97,返回错误。这样得到了列名的第一行纪录中的第一个字母的 ASCII 码为 97,转换工具就可以得到第一个字母为 a。

5. 提升权限,进一步攻击

进入数据库后台,看能否上传木马得到管理员权限。这是对 Access 数据库的注入。对于 SQL Server 的注入有些不同,它的注入不仅可以直接爆出表名和库名,还能直接执行一些命令,如修改数据库、直接获得管理员权限。

7.7.3 SQL 注入攻击检测方法与防范

1. SQL 注入攻击检测方法

SQL 注入攻击检测分为入侵前的检测和入侵后的检测,入侵前的检测可以使用手工方式,也可以使用 SQL 注入工具软件。检测的目的是预防 SQL 注入攻击,而 SQL 注入攻击后的检测主要是针对日志的检测,SQL 注入攻击成功后,会在 IIS 日志和数据库中留下"痕迹"。

(1) 数据库检查。

使用 HDSI、NBSI 和 Domain 等 SQL 注入攻击软件进行 SQL 注入攻击后,都会在数据库中生成一些临时表。通过查看数据库中最近新建表的结构和内容,可以判断是否曾经发生过 SQL 注入攻击。

(2) IIS 日志检查。

如果在 Web 服务器中启用了日志记录,则 IIS 日志会记录访问者的 IP 地址、访问文件等信息,SQL 注入攻击往往会大量访问某一个页面文件(存在 SQL 注入点的动态网页),日志文件会急剧增加,通过查看日志文件的大小以及日志文件中的内容,也可以判断是否发生过 SQL 注入攻击。

(3) 其他相关信息判断。

SQL 注入攻击成功后,入侵者往往会添加用户、开放 3389 远程终端服务以及安装木马后门等,可以通过查看系统管理员账号、远程终端服务器开启情况、系统最近日期产生的一些文件等信息来判断是否发生过入侵。

2. 一般的 SQL 注入攻击防范方法

SQL 注入攻击防范方法目前已经有很多,一般有以下几种。

(1) 在服务端正式处理之前对提交数据的合法性进行检查。

(2) 封装客户端提交信息。

(3) 替换或删除敏感字符/字符串。

(4) 屏蔽出错信息。

(5) 不使用字串连接建立 SQL 查询,而使用 SQL 变量,因为变量是不可以执行的脚本。

(6) 目录最小化权限设置,给静态网页目录和动态网页目录分别设置不同权限,尽量不设置写目录权限。

(7) 修改或者去掉 Web 服务器上默认的一些危险命令,如 ftp、cmd、wscript 等,需要时再复制到相应目录。

(8) 数据敏感信息非常规加密,采用在程序中对口令等敏感信息进行加密的方式。

7.8　其他 Web 攻击类型

7.8.1　XSS 攻击

XSS 攻击是跨站脚本攻击(Cross Site Scripting),为不与层叠样式表(Cascading Style Sheets, CSS)的缩写混淆,故将跨站脚本攻击缩写为 XSS。跨站脚本攻击是 Web 程序中常见的漏洞,XSS 属于被动式且用于客户端的攻击方式,所以容易被忽略其危害性。其原理是攻击者在网页中嵌入恶意代码(如 Java Script),当其他用户浏览该网站时,这段代码会自动执行,从而达到攻击的目的。这些代码包括 HTML 代码和客户端脚本。对于跨站脚本攻击,黑客界的共识是:跨站脚本攻击是新型的"缓冲区溢出攻击",而 Java Script 是新型的"Shell Code"。XSS 并不限于可见的页面输入,还有可能是隐藏表单域、get 请求参数等。

XSS 攻击可以盗取用户 Cookie、破坏页面结构、导航到恶意网站、获取浏览器信息、携带木马等。

XSS 漏洞按照攻击利用手法的不同,有以下三种类型。

第一种是 DOM Based XSS: DOM Based XSS 是一种基于网页 DOM 结构的攻击,该攻击特点是中招的人是少数人。第二种是 Stored XSS: Stored XSS 是存储式 XSS 漏洞,由于其攻击代码已经存储到服务器上或者数据库中,如发布一篇文章包含恶意代码,其他用户浏览时将执行恶意脚本,所以受害者是很多人。第三种是攻击事例。2011 年新浪微博的 XSS 攻击就是存储式 XSS 漏洞攻击,主要是通过未过滤处理的 URL 中的参数来加载攻击者已写好的脚本,并且使用短链接服务将 URL 伪装,然后通过诱人的话题欺骗用户访问该链接后在浏览器运行,达到攻击的目的。

7.8.2　木马植入与防护

一般的木马程序都包括客户端和服务器端两个程序,其中客户端是用于攻击者远程控制植入木马的机器,服务器端程序即是木马程序。攻击者通过木马攻击系统,第一步是把木马的服务器端程序植入计算机里面。

目前木马入侵的主要途径是先通过一定的方法把木马执行文件植入被攻击者的计算机系统,利用的途径有邮件附件、下载软件等,然后通过一定的提示故意误导被攻击者打开执行文件,如故意谎称这个木马执行文件是你朋友送给你的贺卡,可能你打开这个文件后,确实有贺卡的画面出现,但这时木马可能已经悄悄在你的后台运行了。一般的木马执行文件非常小,大部分都是几千字节到几十千字节,如果把木马捆绑到其他正常文件上,很难被发现,所以有一些网站提供的软件下载往往是捆绑了木马文件的,执行这些下载文件的同时也运行了木马。

木马也可以通过 Script、ActiveX 及 Asp. CGI 交互脚本的方式植入,因为微软的浏览器在执行 Script 脚本时存在一些漏洞。攻击者可以利用这些漏洞传播病毒和木马,甚至直接对浏览者的计算机进行文件操作等控制。如果攻击者有办法把木马执行文件下载到攻击主机的一个可执行 WWW 目录夹里面,就可以通过编制 CGI 程序在攻击主机上执行木马目录。此外,木马还可以利用系统的一些漏洞进行植入,如微软著名的 US 服务器溢出漏洞,通过一个 IISHACK 攻击程序即可使 IIS 服务器崩溃,并且同时攻击服务器,执行远程的木马执行文件。

当服务端程序在被感染的机器上成功运行以后,攻击者就可以使客户端与服务器端建立连接,并进一步控制被感染的机器。在客户端和服务器端通信协议的选择上,绝大多数木马使用的是 TCP/IP 协议,但是也有一些木马由于特殊的原因,使用 UDP 协议进行通信。当服务器端在被感染的机器上运行以后,它尽量把自己隐藏在计算机的某个角落里面,以防被用户发现;同时监听某个特定的端口,等待客户端与其取得连接;另外为了下次重启计算机时仍然能正常工作,木马程序一般会通过修改注册表或者其他的方法让自己成为自启动程序。

7.8.3　DNS 欺骗攻击与防范

1. DNS 欺骗原理

Client 的 DNS 查询请求和 DNS Server 的应答数据包是依靠 DNS 报文的 ID 标识来相互对应的。在进行域名解析时,Client 首先用特定的 ID 号向 DNS Server 发送域名解析数据包,这个 ID 是随机产生的。DNS Server 找到结果后使用此 ID 给 Client 发送应答数据包。Client 接收到应答数据包后,将接收到的 ID 与请求包的 ID 对比,如果相同则说明接收到的应答数据包是自己所需要的,如果不同就丢弃此应答数据包。

根据攻击者的查询和应答原理,可使用以下不同方法实现攻击。

(1) 因为 DNS Message 仅使用一个简单的认证码来实施真实性验证,认证码是由 Client 程序产生并由 DNS Server 返回结果的,客户机只是使用这个认证码来辨别应答与申请查询是否匹配,这就使得针对 ID 认证码的攻击威胁成为可能。

(2) 在 DNS Request Message 中可以增加信息,这些信息可以与客户机所申请查询的内容没有必然联系,因此攻击者能在 Request Message 中根据自己的目的增加某些虚假的信息,如增加其他 Domain Server 的 Domain Name 及其 IP Address。此时 Client 在受到攻击的 Domain Server 上的查询申请均被转向此前攻击者在 Request Message 中增加的虚假 Domain Server,由此 DNS 欺骗得以产生并对网络构成威胁。

(3) 当 DNS Server 接收到 Domain Name 和 IP Address 相互映射的数据时,就将其保存在本地的 Cache 中。若再有 Client 请求查询此 Domain Name 对应的 IP Address, Domain Server 就会从 Cache 中将映射信息回复给 Client,而无须在 Database 中再次查询。如果黑客将 DNS Request Message 的存在周期设定较长时间,就可进行长期欺骗。

2. DNS 欺骗攻击的方式

DNS 欺骗攻击的方式有内应攻击和序列号攻击两种。

内应攻击即黑客在掌控一台 DNS Server 后,对其 Domain Database 内容进行更改,将虚假 IP Address 指定给特定的 Domain Name,当 Client 请求查询这个特定域名的 IP 时,得到伪造的 IP。

序列号攻击是指伪装的 DNS Server 在真实的 DNS Server 之前向客户端发送应答数据报文,该报文中含有的序列号 ID 与客户端向真实的 DNS Server 发出请求数据包中含有的 ID 相同,因此客户端会接收该虚假报文,而丢弃晚到的真实报文,这样 DNS ID 序列号欺骗成功。客户机得到的虚假报文中提供的域名 IP 是攻击者设定的 IP,这个 IP 把客户带到攻击者指定的站点。

3. DNS 序列号欺骗攻击原理

DNS 序列号(ID)欺骗以侦测 ID 和 Port 为基础。在 Switch 构建的网络中,攻击方向目标实施 ARP 欺骗。当 Client、攻击者和 DNS Server 同在一个网络时,攻击流程如下。

(1) 攻击方向目标反复发送伪造的 ARP Request Message,修改目标机的 ARP 缓存内容,同时依靠 IP 续传使 Data 经过攻击方再流向目的地;攻击方用 Sniffer 软件侦测 DNS 请求包,获取 ID 序列号和 Potr。

(2) 攻击方一旦获得 ID 和 Potr,即刻向客户机发送虚假的 DNS Request Message, Client 接收后验证 ID 和 Potr 正确,认为接收了合法的 DNS 应答,而 Client 得到的 IP 可能被转向攻击方诱导的非法站点,从而使 Client 信息安全受到威胁。

(3) Client 再接收 DNS Server 的 Request Message,因落后于虚假的 DNS 响应,故被 Client 丢弃。当 Client 访问攻击者指向的虚假 IP 时,一次 DNS ID 欺骗随即完成。

4. DNS 欺骗防范思路

在侦测到网络中可能有 DNS 欺骗攻击后,防范措施如下。

(1) 在客户端直接使用 IP Address 访问重要的站点,从而避免 DNS 欺骗。

(2) 对 DNS Server 和 Client 的数据流进行加密,Server 端可以使用 SSH 加密协议, Client 端使用 PGP 软件实施数据加密。

对于常见的 ID 序列号欺骗攻击,采用专业软件在网络中进行监听检查,在较短时间内,客户端如果接收到两个以上的应答数据包,则说明可能存在 DNS 欺骗攻击,将后到的合法包发送到 DNS Server 并对 DNS 数据进行修改,这样下次查询就会得到正确结果。

习　题　7

一、选择题。

1. 入侵者利用 IP 地址进行攻击的方法有（　　）。

A. IP 欺骗　　　　　B. 解密　　　　　C. 窃取口令　　　　D. 发送病毒

2. 防止用户被冒名欺骗的方法是（　　）。

A. 对信息源发送方进行身份验证

B. 进行数据加密

C. 对访问网络的流量进行过滤和保护

D. 采用防火墙

3. 攻击者用传输数据冲击网络接口,使服务器过于繁忙而不能应答请求的攻击方式是（　　）。

A. 拒绝服务攻击　　　　　　　　　B. 地址欺骗攻击

C. 会话劫持　　　　　　　　　　　D. 信号包探测程序攻击

4. 在黑客攻击技术中,（　　）黑客是获得主机信息的一种最佳途径。

A. 网络监听　　　B. 缓冲区溢出　　　C. 端口扫描　　　D. 口令破解

5. ARP 欺骗的实质是（　　）。

A. 提供虚拟的 MAC 与 IP 地址的组合　　B. 让其他计算机知道自己的存在

C. 窃取用户在网络中传输的数据　　　　D. 扰乱网络的正常运行

6. 死亡之 Ping 属于（　　）。

A. 冒充攻击　　　B. 拒绝服务攻击　　　C. 重放攻击　　　D. 篡改攻击

7. 对利用软件缺陷进行的网络攻击,最有效的防范方法是（　　）。

A. 及时更新补丁程序　　　　　　　B. 安装防病毒软件并及时更新病毒库

C. 安装防火墙　　　　　　　　　　D. 安装漏洞扫描软件

8. 向有限的空间输入超长的字符串是（　　）攻击手段。

A. 缓冲区溢出　　　B. 网络监听　　　C. 端口扫描　　　D. IP 欺骗

二、简答题。

1. 中间人攻击的思想是什么?

2. 简述拒绝服务攻击的原理和种类。

3. 为什么会产生 SQL 注入?

4. 通过 SQL 注入,攻击者可以对服务器进行哪些操作?

5. 简述 ARP 欺骗的实现原理及主要防范方法。

6. 简述端口扫描的原理。

7. 简述出现 DDoS 攻击时可能发生的现象。

第 8 章   入侵检测技术

传统的信息安全方法采用严格的访问控制和数据加密策略来防护,但在复杂系统中,这些策略是不充分的。它们是系统安全不可或缺的部分,但不能完全保证系统的安全。

入侵检测技术是动态安全技术的最核心技术之一,它是防火墙的合理补充,被认为是防火墙的第二道安全防线,如图 8-1 所示。形象地说,它就是网络摄像机,能够捕获并记录网络上的所有数据,同时它也是智能摄像机,能够分析网络数据并提炼出可疑的、异常的网络数据,它还是 X 光摄像机,能够穿透一些巧妙的伪装,抓住实际的内容。它不只是摄像机,还是包括保安员的摄像机,能够对入侵行为自动地进行反击:阻断连接、关闭道路(与防火墙联动)。

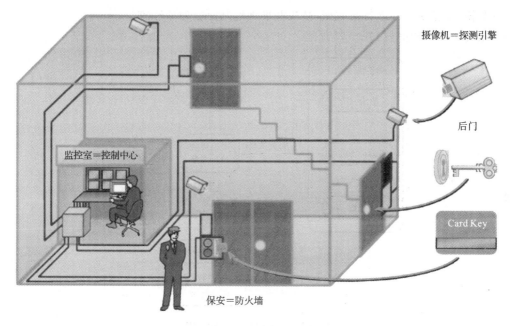

图 8-1   入侵检测技术

8.1   入侵检测概述

8.1.1   入侵检测的基本概念

入侵检测(Intrusion Detection)对计算机网络或计算机系统中的若干关键点收集信息并对其进行分析,从中发现网络或系统中是否有违反安全策略的行为和被攻击的迹象,并在不影响网络性能的情况下,对网络进行检测,提供对内部攻击、外部攻击和误操作的实时保护。入侵检测系统(Intrusion Detection System,IDS)就是执行入侵检测任务的硬件或软件产品。IDS 通过实时的分析,检查特定的攻击模式、系统配置、系统漏洞、存在缺陷的程序版本以及系统或用户的行为模式,监控与安全有关的活动。入侵检测系统的基本构成(CIDF模型)如图 8-2 所示。

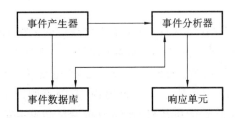

图 8-2 入侵检测系统的基本构成(CIDF 模型)

入侵检测是保证系统资源机密性、完整性和可用性的一种安全技术。

一个基本的入侵检测系统需要解决两个问题:一是如何充分并可靠地提取描述行为特征的数据;二是如何根据特征数据,高效并准确地判定行为的性质。

入侵检测原理框图如图 8-3 所示。

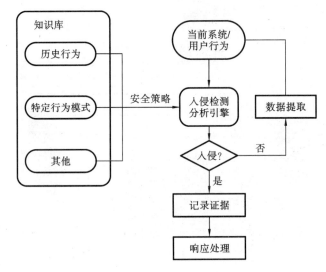

图 8-3 入侵检测原理框图

8.1.2 IDS 基本结构

入侵检测是监测计算机网络和系统,以发现违反安全策略事件的过程。简单地说,入侵检测系统基本结构包括三个功能部件:事件生成器、事件分析器和响应单元,如图 8-4 所示。

1. 信息收集

入侵检测的第一步是信息收集,收集内容包括系统、网络、数据及用户活动的状态和行为。

信息收集的原则:需要在计算机网络系统中的若干不同关键点(不同网段和不同主机)

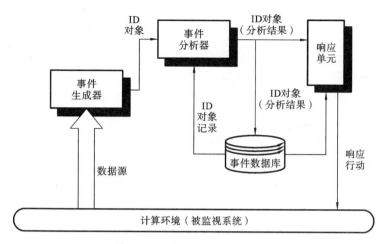

图 8-4　入侵检测系统基本结构

收集信息,尽可能扩大检测范围(从一个来源的信息有可能看不出疑点)。

入侵检测很大程度上依赖于收集信息的可靠性和正确性。要保证用来检测网络系统的软件的完整性,特别是入侵检测系统软件本身应具有相当强的坚固性,防止被篡改而收集到错误的信息。

2. 信息分析

信息分析主要分为以下三个步骤。

(1)模式匹配。

模式匹配就是将收集到的信息与已知的网络入侵和系统误用模式数据库进行比较,从而发现违背安全策略的行为。一般来讲,一种进攻模式可以用一个过程(如执行一条指令)或一个输出(如获得权限)来表示。该过程可以很简单(如通过字符串匹配以寻找一个简单的条目或指令),也可以很复杂(如利用正规的数学表达式来表示安全状态的变化)。

(2)统计分析。

统计分析首先给系统对象(如用户、文件、目录和设备等)创建一个统计描述,统计正常使用时的一些测量属性(如访问次数、操作失败次数和延时等)。测量属性的平均值将被用来与网络、系统的行为进行比较,任何观察值在正常值范围之外,就认为有入侵发生。

(3)完整性分析(往往用于事后分析)。

完整性分析主要关注某个文件或对象是否被更改,这经常包括文件和目录的内容及属性,它在发现被更改、被安装木马的应用程序方面特别有效。

8.2　入侵检测系统分类

入侵检测系统要对所监控的网络或主机的当前状态作出判断,需要以原始数据中包含的信息为基础。按照原始数据的来源,可以将入侵检测系统分为基于主机的入侵检测系统、基于网络的入侵检测系统和分布式入侵检测系统等类型。

8.2.1　基于主机的入侵检测系统

基于主机的入侵检测系统主要用于保护运行关键应用的服务器,主要分析主机内部活动,占用一定的系统资源,它通过监视与分析主机的审计记录和日志文件来检测入侵,日志中包含发生在系统上的不寻常活动的证据,这些证据可以指出有人正在入侵或已成功入侵系统。通过查看日志文件,能够发现入侵或入侵企图,并启动相应的应急措施。能否及时采集到审计记录是这些系统的难点之一,所以有的入侵者会将主机审计子系统作为攻击目标以避开入侵检测系统。

基于主机的入侵检测系统如图 8-5 所示。

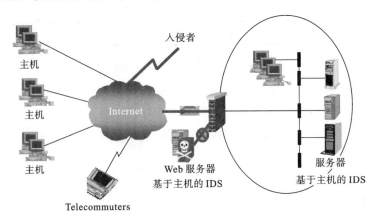

图 8-5　基于主机的入侵检测系统

8.2.2　基于网络的入侵检测系统

基于网络的入侵检测系统主要用于实时监控网络关键路径信息,它能够监听网络上的所有分组,并采集数据以分析可疑现象。

基于网络的入侵检测系统使用原始网络包作为数据源,通常利用一个运行在混杂模式下的网络适配器来实时监视并分析通过网络的所有通信业务,分析可疑现象。这类系统不需要主机提供严格的审计,因而对主机资源消耗少,并且由于网络协议是标准的,它可以提供对网络通用的保护,而无须顾及异构主机的不同架构。基于网络的入侵检测系统可以提供许多基于主机的入侵检测系统无法提供的功能。许多用户在最初使用入侵检测系统时,都配置了基于网络的入侵检测系统。

基于网络的入侵检测系统如图 8-6 所示,由遍及网络的传感器组成,传感器会向中央控制台报告。传感器通常是独立的检测引擎,能获得网络分组、找寻误用模式,然后告警。

8.2.3　分布式入侵检测系统

从以上对基于主机的入侵检测系统和基于网络的入侵检测系统的分析可以看出:两者各自都有着独到的优势,而且在某些方面是很好的互补。如果采用两者结合的入侵检测系统,那么这种入侵检测系统是汲取了各自的长处,又弥补了各自不足的一种优化设计方案。

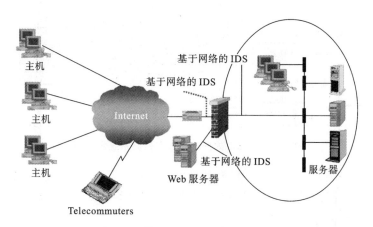

图 8-6　基于网络的入侵检测系统

通常这样的系统一般为分布式结构，由多个部件组成，它能同时分析来自主机系统的审计数据及来自网络的数据通信流量信息。

分布式入侵检测系统是今后人们研究的重点，它是一种相对完善的体系结构，为日趋复杂的网络环境下的安全策略的实现提供了最佳的解决方案。

分布式入侵检测系统是指具有分布式布置、分布式检测和分布式管理能力的 IDS 系统。它的目标是既能检测网络入侵行为，又能检测主机的入侵行为。整个系统包括三大部分：位于每台监控主机上的入侵传感器、局域网上的局域网管理器、中央数据处理单元。早期的分布式入侵检测系统示意图如图 8-7 所示。

早期分布式入侵检测系统的检测过程：主机上的入侵传感器和局域网管理器分别从主机和局域网上采集有用数据，然后将数据送至中央数据处理单元进行全局入侵检测。

早期的分布式入侵检测体系结构侧重于网络用户识别问题的解决，也就是通过追踪用户在网络上的活动情况，计算用户操作的相关性，来判断是否有入侵行为发生。该体系结构运用范围小、模型过于简单，无法检测复杂的入侵行为，需进一步完善系统体系结构和检测模型。

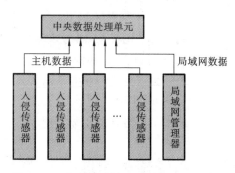

图 8-7　早期的分布式入侵检测系统示意图

改进思想：将各个传感器搜集到的数据放入数据库，利用数据挖掘的方法提取有效信息，自适应地建立检测模型。改进模型的主要构件：传感器（Sensor）、检测器（Detector）、数据仓库（Data Warehouse）和自适应模型产生器（Adaptive Model Generator）。改进后的分布式入侵检测系统示意图如图 8-8 所示。

传感器：接收来自主机或者网络的原始数据，从中提取事件，并按照预定的格式将数据发送给检测器和数据仓库。

检测器：接收来自传感器的数据，并将其与已有的入侵模型进行匹配，判断是否有入侵行为发生。

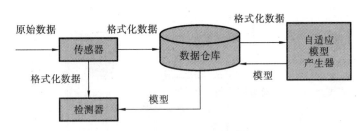

图 8-8 改进后的分布式入侵检测系统示意图

数据仓库:存放格式化的数据和已有的模型。

自适应模型产生器:从数据仓库中获取数据,按照这些数据自适应地建立或调整检测模型,并将模型存放到数据仓库中。

与早期的系统相比,改进后的分布式入侵检测系统有以下优点。

(1)系统各模块间的通信采用统一的数据格式,使原始数据的获取具有很大的灵活性。原始数据可来自主机,也可来自网络。主机 OS 可以是 Unix 系列,也可以是 Windows 系列。

(2)模型的建立由独立的模块完成,且该模型具有自适应性。建立模型的操作从检测中分离出来,可使系统结构清晰、算法使用灵活。

(3)自适应的方法在检测新的入侵方式上有比较大的优势,可以达到很好的检测性能。

综上所述,分布式 IDS 的优势:对大型网络的安全是有帮助的,它能够将 HIDS 和 NIDS 的系统结构结合起来,检测所用到的数据源丰富,可克服前两者的弱点。

分布式 IDS 的局限性如下。

(1)可扩展性比较差,因为系统所有的格式化数据都存放在数据仓库中,并由单独的模型产生器读取数据、建立和修改模型。

(2)统一数据格式的建立还需要进一步的研究,才能使系统具有更广泛的应用范围,更好的兼容性和可扩展性。

(3)增加了网络管理的复杂度。

8.3 入侵检测原理

入侵检测系统是根据入侵行为与正常访问行为的差别来识别入侵行为的。根据识别所采用的原理不同,将入侵检测分为异常检测、误用检测和特征检测三种。

8.3.1 异常检测

进行异常检测的前提是人为入侵时异常活动的子集。异常检测系统通过运行在系统或应用层的监控程序监控用户的行为,通过将当前主题的活动情况和用户轮廓进行比较。用户轮廓通常定义为各种行为参数及其阈值的集合,用于描述正常行为的范围。当用户活动与正常行为有重大偏离时即被认为是入侵。如果系统错误地将异常行为定义为入侵,则称为错报;如果系统未能检测出真正的入侵行为,则称为漏报。异常检测模型如图 8-9 所示。

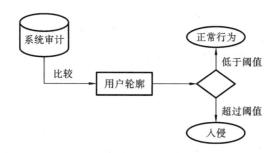

图 8-9　异常检测模型

异常监测系统的效率取决于用户轮廓的完备性和监控的频率。

异常检测是指能够根据异常行为和使用计算机资源的情况检测入侵。异常检测试图用定量的方式描述可以接收的行为特征,以区分非正常的、潜在的入侵行为,所以异常检测又称为基于行为的入侵检测。该技术首先假设网络攻击行为是不常见的或者是异常的,区别于所有正常行为。如果能够为用户和系统的所有正常行为总结活动规律并建立行为模型,那么入侵检测系统可以将当前捕获到的网络行为与行为模型对比,若入侵行为偏离了正常的行为轨迹,就可以被检测出来。

例如,系统把用户早 6 点到晚 8 点登录公司服务器定义为正常行为,若发现用户在晚 8 点到早 6 点之间登录公司服务器,则把该行为标识为异常行为。异常检测试图用定量方式描述常规的或可接收的行为,从而区别非常规的、潜在的攻击行为。

从异常检测的实现机理来看,异常检测所面临的关键问题有特征量的选择、阈值的选定、比较频率的选取。从异常检测的原理可以看出,该方法的技术难点在于"正常"行为特征轮廓的确定、特征量的选取、特征轮廓的更新。由于这几个因素的制约,异常检测的误报率会很高,但对于未知的入侵行为的检测非常有效,同时它也是检测冒充合法用户的入侵行为的有效方法。

异常检测主要包括以下几种方法。

1. 用户行为概率统计模型

这种方法是产品化的入侵检测系统中常用的方法,它是基于对用户历史行为建模及在早期的证据或模型的基础上审计系统的被检测用户对系统的使用情况,然后根据系统内部保存的用户行为概率统计模型进行检测,并将那些与正常活动之间存在较大统计偏差的活动标识为异常活动。它能够学习主体的日常行为,根据每个用户以前的历史行为,生成每个用户的历史行为记录库,当用户行为与历史行为不一致时,就会被视为异常。

在统计方法中,用户行为概率统计模型需要解决以下四个问题。

（1）选取有效的统计数据测量点,生成能够反映主体特征的会话向量。

（2）根据主体活动产生的审计记录,不断更新当前主体活动的会话向量。

（3）采用统计方法分析数据,判断当前活动是否符合主体的历史行为特征。

（4）随着时间变化,学习主体的行为特征,更新历史记录。

2. 预测模式生成

它基于如下假设:审计事件的序列不是随机的,而是符合可识别的模式的。与纯粹的统计方法相比,它增加了对事件顺序与相互关系的分析,从而能检测出统计方法所不能检测的异常事件。这一方法根据已有事件的集合按时间顺序归纳出一系列规则,在归纳过程中,随着新事件的加入,它可以不断改变集合规则,最终得到的规则能够准确地预测下一步要发生的事件。

3. 神经网络

通过训练神经网络,使其能够在给定前 n 个动作或命令的前提下预测出用户下一动作或命令。神经网络经过用户常用的命令集的训练,经过一段时间后,便可根据网络中已存在的用户特征文件来匹配真实的命令。任何不匹配的预测事件或命令都将被视为异常行为而被检测出来。

该方法的好处:能够很好地处理噪声数据,并不依赖于对所处理数据的统计假设;不用考虑如何选择特征向量问题,容易适应新的用户群;能更好地表达变量间的非线性关系,并且能自动学习和更新。

该方法的缺点:命令窗口的选择不当容易造成误报和漏报;网络的拓扑结构不易确定;入侵者能够训练该网络来适应入侵。

8.3.2 误用检测

误用检测(Misuse Detection)也称基于知识的检测,它是指运用已知攻击方法,根据已定义好的入侵模式,通过判断这些入侵模式是否出现来检测。它通过分析入侵过程的特征、条件、排列以及事件间的关系来描述入侵行为的迹象。误用检测技术要定义违背安全策略事件的特征,判别所搜集到的数据特征是否在所搜集到的入侵模式库中出现。这种方法与大部分杀毒软件采用的特征码匹配原理类似,误用检测技术原理如图 8-10 所示。

误用检测技术的前提是假设所有的网络攻击行为和方法都具有一定的模式或特征,它把以往发现的所有网络攻击的特征总结出来并建立一个入侵信息

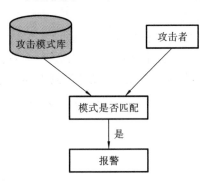

图 8-10 误用检测技术原理

库,将当前捕获到的网络行为特征与入侵信息库中的特征信息比较,如果匹配,则当前行为就被认定为入侵行为。

该技术主要包括以下方法。

1. 专家系统

用专家系统对入侵进行检测,经常针对有特征的入侵行为。该技术根据安全专家对可疑行为的分析经验形成一套推理规则,然后在此基础上建立相应的专家系统,由此专家系统自动对所涉及的入侵行为进行分析。规则即是知识,专家系统的建立依赖于知识库的完备性,知识库的完备性又取决于审计记录的完备性与实时性,因此,该方法能够随着经验的积累而利用其自学习能力进行规则的扩充和修正。

在实施过程中,专家系统是将有关入侵的知识转化为 if…then 结构的规则,即将构成入

侵要求的条件转化为 if 部分,将发现入侵后采取的相应措施转化成 then 部分。当其中某个或某部分条件满足时,系统就判断入侵行为发生。

专家系统面临的问题如下。

(1) 全面性问题:难以科学地从各个入侵手段中抽象出全面的规则化知识。

(2) 效率问题:需要处理的数据量大。

(3) 在大型系统上,如何获得实时、连续的审计数据。

2. 模型推理

入侵者在攻击一个系统时往往采用一定的行为序列,如猜测口令的行为序列。这种行为序列构成了具有一定行为特征的模型。模型推理技术根据入侵者在进行入侵时所执行的某些行为程序的特征,建立一种入侵行为模型,并根据这种模型所代表的入侵意图的行为特征来判断用户执行的操作是否属于入侵行为。该方法是建立在对当前已知的入侵行为程序的基础之上的,对未知的入侵方法所执行的行为程序的模型识别需要进一步的学习和扩展。与专家系统通常放弃处理那些不确定的中间结论的缺点相比,这一方法的优点在于它基于完善的不确定性推理的数学理论,也就是对不确定性的推理有合理的数据理论基础,同时决策器使得攻击脚本可以与审计记录的上下文无关。该检测方法减少了需要处理的数据量。

3. 状态转换分析

状态转换分析即将状态转换图应用于入侵检测行为的分析。该方法将入侵过程看作一个行为序列,这个行为序列导致系统从初始状态转入被入侵状态。该方法首先针对每一种入侵方法确定系统的初始状态和被入侵状态,以及导致状态转换的条件,即导致系统进入被入侵状态必须执行的操作(特征事件);然后用状态转换图来表示每一个状态和特征事件。当分析审计事件时,若根据对应的条件,布尔表达式系统从安全状态转移为不安全状态,则把该事件标记为入侵事件。系统通过对事件序列进行分析来判断入侵是否发生。

该方法的特点:只针对事件序列分析,但不善于分析过分复杂的事件,且不能检测与系统状态无关的入侵。

4. 模式匹配

模式匹配将已知的入侵特征编码成与审计记录相符合的模式,并通过将新的审计事件与已知入侵模式比较来判断是否发生了入侵。当新的审计事件产生时,该方法将寻找与它相匹配的已知入侵模式,如果找到,则意味着发生了入侵。

5. 键盘监控

键盘监控假设入侵对应特定的击键序列模式,通过监测用户击键模式,并将这一模式与入侵模式进行匹配来检测入侵。其缺点:在没有操作系统支持的情况下,缺少捕获用户击键的可靠方法,无数击键方式表示同一种攻击;用户注册的 Shell 提供了简写命令序列工具,可产生别名,类似宏定义。因为键盘监控仅仅分析击键,所以不能检测到恶意程序只执行结果的自动攻击。

8.3.3　特征检测

特征检测又称滥用检测,这一检测假设所有入侵行为和手段都能够表达为一种模式或特征,因而所有已知的入侵方法都可以用匹配的方法发现,但对新的入侵方法无能为力。它的基本前提是假定所有可能的入侵行为都能被识别和表示,难点在于如何设计模式库既能够表达"入侵"现象又不会将正常的活动包含进来。

特征检测关注的是系统本身的行为,它定义系统行为轮廓,并将系统行为与轮廓进行比较,对未指明为正常行为的事件定义为入侵。

此方法的错报与行为特征定义的准确度有关,当系统不能囊括所有的状态时就会产生漏报。此方法的优点:可以通过提高行为特征定义的准确度和覆盖范围,大幅度降低漏报和错报率。

特征检测的主要局限性表现在以下方面。

(1) 不能检测未知的入侵行为。

(2) 与系统的相关性很强,即检测系统知识库中的入侵攻击与系统的运行环境有关。对于不同的操作系统,由于其实现机制不同,对其攻击的方法也不尽相同,因而很难定义出统一的模式库。

(3) 对于系统内部攻击者的越权行为,由于他们没有利用系统的缺陷,因而很难检测出来。

入侵检测的几种常用技术在实现机理、处理机制上存在明显的不同,并且各自都有着自身无法逾越的障碍,使得各自都有着某种不足。但是采用两种技术混合的方案,将是一种理想的选择,这样可以做到优势互补。

8.4 入侵检测的特征分析和协议分析

8.4.1 特征分析

1. 特征的基本概念

IDS 中的特征是指用于识别攻击行为的数据模板,常因系统而异。不同的 IDS 系统具有的特征功能也有所差异。例如,有些网络 IDS 只允许少量地定制存在的特征数据或编写需要的特征数据,另外一些则允许在很宽的范围内定制或编写特征数据,甚至可以是任意一个特征;一些 IDS 只能检查确定的报头或负载数值,另外一些则可以获取任何信息包的任何位置的数据。典型的入侵识别方法如下。

(1) 来自保留 IP 地址的连接企图:可通过检查 IP 报头的来源地址识别。

(2) 带有非法 TCP 标志的数据部:可通过参照 TCP 协议状态转换来识别。

(3) 含有特殊病毒信息的 Email:可通过比较 Email 的主题信息或搜索特定附件来识别。

(4) DNS 缓冲区溢出企图:可通过解析 DNS 域以及检查每个域的长度来识别。

(5) 针对 POP3 服务器的 DoS 攻击:通过跟踪记录每个命令的使用频率,并与设定的阈值进行比较而发出报警信息。

(6) 对 FTP 服务器文件的访问攻击:通过创建具备状态跟踪的特征样板以及监视成功登录的 FTP 对话,及时发现未经验证的使用命令等入侵企图。

2. 报头值特征

报头值的结构比较简单,并且可以很清楚地识别出异常报头信息,因此,特征数据首先选择报头值。异常报头值的来源大致有以下几种。

(1) 大多数操作系统的应用软件都是在假定 RFC 被严格遵守的情况下编写的,没有添加针对异常数据的错误处理程序,所以许多包含报头值的漏洞都会故意违反 RFC 的标准定义。

(2) 许多包含错误代码的不完善软件也会产生违反 RFC 定义的报头值数据。

(3) 并非所有的操作系统和应用程序都能全面拥护 RFC 定义,会存在一些方面与 RFC 定义不协调。

(4) 随着时间的推移,新的定义可能不被包含于现有 RFC 中。

以上几种情况,严格基于 RFC 的 IDS 特征数据就有可能产生漏报或误报效果。对此,RFC 也随着新出现的信息而不断更新。

此外,合法但可疑的报头值也同样要重视。例如,如果检测到存在端口 31337 或 27374 的连接,就可以初步确定有特洛伊木马在活动,再附加上其他更详细的探测信息,就能够进一步地判断真假。

3. 确定报头值特征

为了更好地理解如何发现基F报头值的特殊数据报,下面通过分析一个实例的整个过程来进行详细阐述。

Synscn 是一个流行的用于扫描和探测系统的工具,其执行过程很具典型性,它发出的信息包具有多种特征,如不同的源 IP、源端口、目标端口、服务类型、IPID,设置 SYN 和 FIN 标志位、不同的序列号集合、不同的确认号码集合、TCP 窗口尺寸。可以对以上这些特征进行筛选,查看比较合适的特征数据。以下是特征数据的候选对象。

(1) 只具有 SYN 和 FIN 标志集的数据包,这是公认的恶意行为迹象。

(2) 没有设置 ACK 标志,却具有不同确认号的数据包,而正常情况应该是 0。

(3) 源端口和目标端口都被设置为 21 的数据包,经常与 FTP 服务器关联。

(4) TCP 窗口尺寸为 1028,IPID 所有的数据包为 39426。根据 IPRFC 的定义,这两类数值应有所变化,因此,如果这两类数值持续不变就表明可疑。

从以上四个候选对象中,可以单独选出一项作为基于报头的特征数据,也可以选出多项组合作为特征数据。选择一项数据作为特征有很大的局限性,选择以上四项数据联合作为特征也不现实(尽管能够精确地提供行为信息,但是缺乏效率)。实际上,特征定义就是要在效率和精确度间取得折中。大多数情况下,简单特征比复杂特征更倾向于误报,因为前者很普遍。复杂特征比简单特征更倾向于漏报,因为前者太过全面,攻击的某个特征会随着时间的推进而变化,应由实际情况决定。例如,想判断攻击可能采用的工具是什么,那么除了 SYN 和 FIN 标志以外,还需要知道什么其他属性?虽然源端口与目的端口同样可疑,但是许多工具都使用到它,而且一些正常通信也有此现象,因此不适宜选为特征。虽然 TCP 窗口尺寸为 1028 可疑,但也会自然地发生。IPID 为 39426 也一样。没有 ACK 标志的 ACK 数值很明显是非法的,因此非常适于选为特征数据。

下面真正创建一个特征,用于寻找并确定 Synscan 发出的每个 TCP 信息包中的以下属性。

(1) 只设置了 SYN 和 FIN 标志。

(2) IP 鉴定号码为 39426。

(3) TCP 窗口尺寸为 1028。

第一个项目太普遍,第二个和第三个项目联合出现在同一数据包的情况不多,因此,将这三个项目组合起来就可以定义一个详细的特征了。再加上其他 Synscan 属性不会显著提高特征的精确度,只能增加资源的耗费。至此,特征就创建完成了。

4. 特征的广谱性

以上创建的特征可以满足对普通 Synscan 软件的探测,但 Synscan 可能存在多个变种,上述建立的特征很难适用于这些变种的工具,需要结合特殊特征和通用特征。

一个变种 Synscan 所发出的数据信息特征如下。

(1) 只设置了 SYN 标志,这纯属正常的 ICP 数据包特征。

(2) TCP 窗口尺寸为 40 而不是 1028。40 的窗口尺寸是初始 SYN 信息包中很罕见的小窗口尺寸,比正常的数值 1028 少见得多。

(3) 端口数值为 53,而不是 21。

以上三种特征与普通 Synscan 产生的数据有很多相似,因此可以初步推断产生它的工具是 Synscan 的不同版本,或者是其他基于 Synscan 代码的工具。显然,前面定义的特征已经不能将这个变种识别出来。这时,可以结合普通异常行为的通用特征和一些专用的特征进行检测。通用特征可以创建如下。

(1) 没有设置确认标志,但是确认数值却是非 0 的 TCP 数据包。

(2) 只设置了 SYN 和 FIN 标志的 TCP 数据包。

(3) 初始 TCP 窗口尺寸低于正常数值的 TCP 数据包。

使用以上的通用特征,上面提到过的两种异常数据包都可以有效地识别出来。如果需要更加精确的探测,可在这些通用特征的基础上添加一些个性数据。

从上面讨论的例子中,看到了可用于创建 IDS 特征的多种报头信息。通常,最有可能用于生成报头相关特征的元素为以下几种。

(1) IP 地址:保留 IP 地址、非路由地址、广播地址。

(2) 端口号:特别是木马端口号。

(3) 异常信息包片段:特殊 TCP 标志组合值。

(4) 不应该经常出现的 ICMP 字节或代码。

知道了如何使用基于报头的特征数据,接下来要确定的是检查何种信息包。确定的标准依然是根据实际需求而定。因为 ICMP 和 UDP 信息包是无状态的,所以大多数情况下,需要对它们的每个包都进行检查。而 TCP 信息包是有连接状态的,因此有时候可以只检查连接中的第一个信息包。其他特征(如 TCP 标志)会在对话过程的不同数据包中有所不同,如果要查找特殊的标志组合值,就需要对每一个数据包进行检查。检查的数量越多,消耗的资源和时间也就越多。

另外,关注 TCP、UDP 或者 ICMP 的报头信息要比关注 DNS 报头信息更方便,因为

TCP、UDP 以及 ICMP 的报头信息和载荷信息都位于 IP 数据包的载荷部分。要获取 TCP 报头数值,首先要解析 IP 报头,然后就可以判断出这个载荷采用的是 TCP。而要获取 DNS 的信息,就必须更深入才能看到其真面目,而且解析此类协议还需要更多、更复杂的编程代码。实际上,这个解析操作也正是区分不同协议的关键所在,评价 IDS 系统的好坏也体现在是否能够很好地分析更多的协议。

8.4.2 协议分析

以上 IP、TCP、UDP 和 ICMP 报头中的值作为入侵检测的特征。下面来看看如何通过检查 TCP 和 UPD 包的内容来提取特征。首先必须清楚某些协议(如 DNS)是建立在 TCP 或 UDP 包的载荷中,且都在 IP 协议之上,所以必须先对 IP 头进行解码,看负载是否包含 TCP、UDP 或其他协议。如果负载是 TCP 协议,那么就需要在得到 TCP 负载之前通过 IP 协议的负载来处理 TCP 报头的一些信息。

入侵监测系统通常关注 IP、TCP、UDP 和 ICMP 特征,所以它们一般都能够解码部分或全部这些协议的头部。然而,只有一些更高级的入侵监测系统才能进行协议分析。这些系统的探针能进行全部协议的解码,如 DNS、HTTP、SMTP 和其他一些广泛应用的协议。由于解码众多协议的复杂性,协议分析需要更先进的 IDS 功能,而不能只进行简单的内容查找。执行内容查找的探针只是简单地在包中查找特定的串或字节流序列,并不真正知道它正在检查的是什么协议,所以它只能识别一些明显的或简单特征的恶意行为。

协议分析表明入侵检测系统的探头能真正理解各层协议是如何工作的,而且能通过分析协议的通信情况来寻找可疑或异常的行为。对于每个协议,分析不仅仅建立在协议标准的基础上(如 RFC),而且建立在实际的实现上,因为事实上许多协议的实现与标准并不相同,所以特征应能反映现实状况。协议分析技术观察包括某协议的所有通信并对其进行验证,当不符合预期规则时进行报警。协议分析使得网络入侵监测系统的探头可以检测已知和未知的攻击方法。

以涉及 FTP 协议的众多弱点和漏洞为例。Internet 上与 FTP 相关的漏洞至少有上百个,关于攻击这类漏洞的程序和代码更是数不胜数,而且这些程序之间的差异也很大,确立一个建立在攻击程序基础上的特征集合显然是不可能的。另外,时效性不能得到保证,在已知漏洞的基础上确定特征,意味着该入侵监测系统不能在新漏洞被公开之前对其进行报警,而在大多数情况下,在漏洞第一次被利用到入侵监测系统能检测这种入侵行为之间会有相当长一段时间的延迟。

1. FTP 的协议解码

下面以 FTP 协议分析为例,讨论协议分析技术如何进行入侵检测。

一个典型的关于 FTP 命令 MKD 的缓冲区溢出漏洞,可以通过发送包含 Shellcode 的代码加以利用。标准的包内容查找的特征包含 Shellcode 的序列(通常是 10~20 B),而且必须同 FTP 包中的数据完全匹配。协议分析允许检测到 MKD 命令的参数并确认它的长度和其是否包含二进制数据,通过检查不仅可以发现已知的那些漏洞,还可以发现各种不同的尝试性攻击。

FTP 命令"SITE EXEC"在 FTP 服务器上执行命令,它被用于许多攻击中。"SITE"是事实上的 FTP 命令,而"EXEC"是参数。包内容查找在包中寻找"SITE EXEC",试图找到一个与大小写无关的匹配。入侵者在"SITE"和"EXEC"之间加入一些空格就可以避免被检测到,而许多 FTP 服务器忽略多余的空格。显然,只通过内容查找并不能查到后一个命令。一个协议分析的特征理解为如何分解"SITEEXEC"或其他变种,所以仍然可以准确地检测到该攻击。

以上只是一个有限的协议分析,在基于状态的协议分析中,可以检查一个会话的所有通信过程,如整个 FTP 会话,包括初始的 TCP 连接、FTP 认证、FTP 命令和应答、FTP 数据连接的使用、TCP 连接的断开等,以获得更为精确的检测能力。

2. HTTP 的协议解码

一种简单的许多攻击者使用的 IDS 逃避方法是路径模糊。这种技术的中心思想是改变路径,使它可以在不同的出现方式下做同样的事情。这种技术在 URL 中频繁使用,用来隐藏基于 HTTP 的攻击。攻击者通常利用反斜线符号、单点顺序、双点顺序等来模糊路径。

协议分析可以处理这些技术,因为它完成 Web 服务器同样的操作,在监听 HTTP 通信时,IDS 从 URL 中析取路径并进行分析。查找反斜线、单点和双点目录,并进行适当的处理,在完成"标准化"URL 操作后,IDS 搜索合法的目录内容以确定异常。

下面展示 IDS 识别并"标准化"URL 的实现步骤。

(1) 解码 IP 报头用来监测有效负载包含的协议。在本例中,协议段为 6,它与 TCP 相对应。

(2) 解码 TCP 报头,查找 TCP 目的端口号。假定 Web 服务器监听端口为 80,若目的端口为 80,则表明用户正在发送 HTTP 请求给服务器。

(3) 依靠 HTTP 协议分析将该请求进行解析,包括 URL 路径。

(4) 通过处理路径模糊、Hex 编码、双重 Hex 编码和 Unicode 来处理 URL 路径。

(5) 分离模糊路径,并进行异常匹配,在匹配成功时发出警告。

这是协议分析工作的例子,网络入侵监测识别所有这种攻击的唯一方法就是执行协议分析。

8.5　入侵检测响应机制

8.5.1　对响应的需求

一次完整的入侵检测包括准备、检测和响应三个阶段。在设计 IDS 的响应特性时,需要考虑各方面的因素:某些响应要设计得符合通用的安全管理或事件处理标准;另一些响应要设计得能反映本地管理的重点和策略。

一个完整的 IDS 应该提供这样一个性能:用户能够裁剪定制其响应机制以符合其特定的需求环境。

在设计响应机制时,必须综合考虑以下因素。

(1) 系统用户:入侵检测系统用户可以分为网络安全专家、系统管理员、安全调查员。这三类人员对系统的使用目的、方式和熟悉程度不同,必须区别对待。

（2）操作运行环境：入侵检测系统提供的信息形式依赖其运行环境。

（3）系统目标：为用户提供关键数据和业务的系统，需要部分地提供主动响应机制。

（4）规则或法令的需求：军事环境中，允许采用主动防御甚至攻击技术来对付入侵行为。

8.5.2　自动响应

自动响应是最便宜、最方便的响应方式，这种事故处理形式广泛实行。只要它能得到明智、小心的实施，还是比较安全的。但自动响应存在两个问题：第一个问题，入侵检测系统有产生误警报的问题，就有可能错误地针对一个从未攻击过的网络节点进行响应；另一个问题，如果攻击者判定系统有自动响应，他可能会利用这点来攻击系统。想象一下，他可能与两个带自动响应入侵检测系统的网络节点建立起一个与 echo-chargen 等效的反馈环，再对那两个节点进行地址欺骗攻击；或者攻击者可从某公司的合作伙伴/客户/供应商的地址发出虚假攻击，用防火墙把一个公司与另一个公司隔离开，这样两个公司之间就有了不能逾越的隔离界限。

基于网络的入侵检测系统通常是被动式的，仅分析比特流，它们通常不能作出响应（RESETS 和 SYN/ACK 明显例外）。在大多数商业实现中，都是将入侵检测系统与路由器或防火墙结合起来，用这些设备来完成响应单元的功能。

常见的自动响应方式有以下几种。

（1）压制调速：对于端口扫描、SYN Flood 攻击技术，压制调速是一种巧妙的响应方式。其思想是在检测到端口扫描或 SYN Flood 行为时就开始增加延时，如果该行为仍然继续，就继续增加延时。这样可以挫败几种由脚本程序驱动的扫描。例如，对 0～255 广播地址 Ping 映射，因为它们要靠计时来区分 Unix 和非 Unix 系统的目标。这种方式也被广泛地应用于防火墙，作为其响应引擎（尽管这种方式的使用还存在争议）。

（2）SYN|ACK 响应：设想入侵检测系统已知某个网络节点用防火墙或过滤路由器对此端口进行防守，当入侵检测系统检测到向这些端口发送的 TCP /SYN 包后，就用一个伪造的 SYN/ACK 进行回答。这样的话，攻击者就会以为他们找到了许多潜在的攻击目标，而实际上他们得到的只不过是一些误警报。最新的扫描工具以其诱骗功能给入侵检测带来很多的问题和麻烦，而 SYN/ACK 响应正是回击他们最好的办法。

（3）RESETS：对使用这一技术应该持慎重的保留态度。RESETS 可能会断开与其他人的 TCP 连接。这种响应的思想：如果发现一个 TCP 连接被建立，而它连接的是用户要保护的某种东西，就伪造一个 RESETS 并将其发送给发起连接的主机，使连接断开。尽管在商用入侵检测系统中很可能得到这一响应功能，但它不是经常被用到。一旦与误警报联系在一起，这个技术就变得很有意思。另外攻击者可能很快就会修补他们的 TCP 程序使其忽略 RESETS 信号。当然，还有种方式是向内部发送 RESETS。

8.5.3　蜜罐

高级的网络节点可以采用路由器把攻击者引导到一个经过特殊装备的系统上，这种系统称为蜜罐（Honeypot）。蜜罐是一种欺骗手段，它可以错误地诱导攻击者，也可以收集攻击信息,以改进防御能力。蜜罐能采集的信息量由自身能提供的手段以及攻击行为的数量决定。

下面简单介绍几种常见的蜜罐。

(1) BOF:由 NFR 公司的 Marcus Ranum 和 Crew 开发,能运行于大多数 Windows 平台。通过模拟有限的几种服务,它能够记录针对这些端口的攻击场景,并通过伪造数据包对攻击者进行欺骗。

(2) Deception Toolkit(DTK):由 Fred Cohen 开发,结合 Perl 和 C 两种语言编写,可模仿大量服务程序。DTK 是一个状态机,实际上它能虚拟任何服务,并可方便地利用其中的功能直接模仿许多服务程序。

(3) Specter:商业产品,运行在 Windows 平台上。与 BOF 相比,它能模拟多种操作系统上较大范围的端口,同时提供信息自动收集和处理功能。

(4) Mantrap:由 Recourse 公司开发的商用软件。它最多能模拟四种操作系统,并允许管理员动态配置,并能在模拟平台上加载应用程序,收集包括从网络层到应用层的各种攻击信息。但这个产品也存在一些限制,如能模拟的操作系统产品有限,只能在 Solaris 上运行等。

(5) Honeynet:这是一个专门设计让人"攻陷"的网络,一旦被入侵者所攻破,入侵者的一切信息、工具等都将被用来分析学习。其想法与 Honeypot 相似,但两者之间还是有如下一些不同点。

① Honeynet 是一个网络系统,而并非某台单主机,这一网络系统是隐藏在防火墙后面的,所有进出的数据都受到关注、捕获及控制。这些被捕获的数据可以用来分析入侵者使用的工具、方法及动机。在 Honeynet 中可以使用各种不同的操作系统及设备,如 Solaris、Linux、Windows NT、Cisco Switch 等。这样建立的网络环境看上去会更加真实可信,同时还可以在不同的系统平台上运行不同的服务,如 Linux 的 DNS server、Windows NT 的 Webserver 或者 Solaris 的 FTP server。使用者可以学习不同的工具以及不同的策略。或许某些入侵者仅仅把目标定位于几个特定的系统漏洞上,而这种多样化的系统,就可能更多地揭示出入侵的一些特性。

② Honeynet 中的所有系统都是标准的机器,上面运行的都是真实、完整的操作系统及应用程序,就像在互联网上找到的系统一样。在 Honeynet 里面找到的存在风险的系统,与在互联网上一些公司组织的毫无二致。可以简单地把各种操作系统放到 Honeynet 中,并不会对整个网络造成影响。

传统意义上的信息安全一般都是防御性质的,如防火墙、入侵检测系统、加密等,它们都是用来保护信息资产的,其策略是,先考虑系统可能出现哪些问题,然后对问题一一进行分析、解决。而 Honeynet 希望改变这一思路,使其更具交互性。它的主要功能是用来学习、了解敌人(入侵者)的思路、工具、目的。通过获取这些技能,互联网上的组织将会更好地理解他们所遇到的威胁,并且理解如何防范这些威胁。但这种技术的使用必须考虑法律上的因素。

8.5.4 主动攻击模型

更为主动的响应是探测到进攻时发起对攻击者的反击,但这个方法是非常危险的,它不仅是非法的,也会影响到网络上无辜的用户。

8.6　入侵检测系统示例

为了直观地理解入侵检测的使用、配置等情况,下面以 Snort 为例,对构建以 Snort 为基础的入侵检测系统进行概要介绍。

Snort 是一个开放源代码的免费软件,它基于 Libpcap 的数据包嗅探器,并可以作为一个轻量级的网络入侵检测系统(NIDS)。通过在中小型网络上部署 Snort 系统,在分析捕获的数据包基础上,进行入侵行为特征匹配工作,或从网络活动的角度检测异常行为,并完成入侵的预警或记录。它具有实时分析数据流量和日志 IP 网络数据包的能力,能够进行协议分析,对内容进行搜索、匹配。它能够检测各种不同的攻击方式,对攻击进行实时报警。此外,Snort 具有很好的扩展性和可移植性。

Snort 在安装时需要足够的空间存放依规则记录的信息,需要两块网卡(一块用来进行正常的网络通信,一块用来监听)。CPU 频率越高,Snort 运行效率越高。Snort 可以运行在任何流行的操作系统上。

Snort 在结构上可分为数据包捕获和解码子系统、检测引擎、日志及报警子系统三个部分。

(1) 数据包捕获和解码子系统。

该子系统的功能是捕获共享网络的传输数据,并按照 TCP/ IP 协议的不同层次将数据包解析。

(2) 检测引擎。

检测引擎是 NIDS 实现的核心,准确性和快速性是衡量其性能的重要指标。

为了能够快速、准确地进行检测和处理,Snort 在检测规则方面做出了较为成熟的设计。Snort 将所有已知的攻击方法以规则的形式存放在规则库中,每一条规则由规则头和规则选项两部分组成。规则头对应于规则树节点(Rule Tree Node,RTN),包含动作、协议、源(目的)地址和端口,以及数据流向,这是所有规则共有的部分。规则选项对应于规则选项节点(Optional Tree Node,OTN),包含报警信息(msg)、匹配内容(content)等选项,这些内容需要根据具体规则的性质确定。

检测规则除了包括"要检测什么",还应该定义"检测到了该做什么"。Snort 定义了三种处理方式:Alert (发送报警信息)、Log(记录该数据包)和 Pass(忽略该数据包)。

这样设计的目的是在程序中可以组织整个规则库,即将所有的规则按照处理方式组织成三个链表,以便快速、准确地进行匹配。Snort 规则链逻辑结构图如图 8-11 所示。

当 Snort 捕获一个数据包时,首先分析该数据包使用哪个 IP 协议以决定将与哪个规则树进行匹配;然后与 RTN 依次进行匹配,当与一个头节点相匹配时,向下与 OTN 进行匹配。每个 OTN 包含一条规则所对应的全部选项,同时包含一组函数指针,用来实现对这些选项的匹配操作。当数据包与某个 OTN 相匹配时,即判断此数据包为攻击数据包。

(3) 日志及报警子系统。

一个好的 NIDS 更应该提供友好的输出界面或发声报警等。Snort 是一个轻量级的

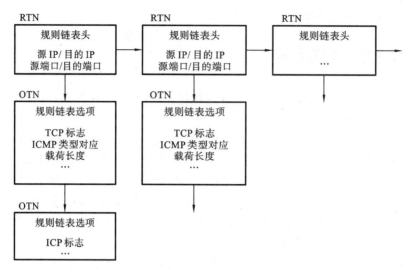

图 8-11 Snort 规则链逻辑结构图

NIDS,它的另外一个重要功能就是数据包记录器,它主要采用用 TCPDump 的格式记录信息、向 Syslog 发送报警信息和以明文形式记录报警信息三种方式。

值得提出的是,Snort 在网络数据流量非常大时,可以将数据包信息压缩,从而实现快速报警。

8.6.1 Snort 的安装

以 Snort 1.8.6 为例,可执行下列命令安装:

```
# cp snort-stable-snapshot.tar.gz to/usr/redhat/SOURCES
# cd/usr/src/redhat/SOURCES
# tar-xzvf snort-stable-snapshot.tar.gz
# cd/usr/src/redhat/SOURCES/snort-stable
# /configure --with-mysql
# make
# make install
```

若从 snort.org 的 dl/signatures/下载最新的规则库,则下列命令可将规则库安装到适当位置:

```
# mkdir/etc/snort
# cp snortrules.tar.gz to/etc/snort
# tar -xzvf snortrules.tar.gz
# cd /etc/snort/rules
# mv * ../
# cd..
# rmdir rules
# vi snort.conf
```

8.6.2 Snort 与 TCPDump 的比较

从表面上看,Snort 与 TCPDump 是非常相似的,它们最大共同之处:都是基于 Libpcap 库,且都支持 BPF 过滤机制。但 Snort 的目的不仅仅在于记录网络数据包,而是从安全的角度出发来解析、分析它。TCPDump 通过分析第二层或第三层的报文进行网络故障诊断,而 Snort 针对应用层的数据进行分析从而实现检测入侵行为。

此外,由于 TCPDump 旨在快速、完整地记录流量,所以它制定了特殊的输出格式,速度快,但不易阅读。而 Snort 提供了更为友好的输出格式,有利于系统管理员直接分析。

8.7 IDS 在企业网中的应用——部署位置

IDS 在交换式网络中的位置一般选择为尽可能靠近攻击源、尽可能靠近受保护资源。这些位置通常是服务器区域的交换机上、Internet 接入路由器之后的第一台交换机上、重点保护网段的局域网交换机上。IDS 的部署位置如图 8-12 所示。

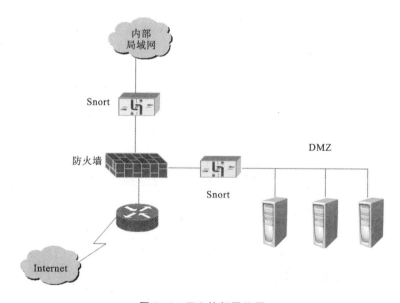

图 8-12 IDS 的部署位置

未部署 IDS 时的企业网络架构如图 8-13 所示,部署 IDS 时的企业网络架构如图 8-14 所示。

部署 IDS 面临的问题:系统本身存在的若干问题,使得实际部署 IDS 存在着一些不可避免的困难,这就需要在实际工作中权衡利弊、扬长避短,主要注意以下方面。

(1) 突破检测速度瓶颈制约,适应网络通信需求。

(2) 降低漏报和误报,提高系统的安全性和准确度。

(3) 提高系统互动性能,增强全系统的安全性能。

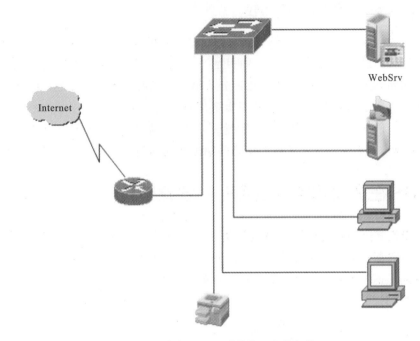

图 8-13 未部署 IDS 时的企业网络架构

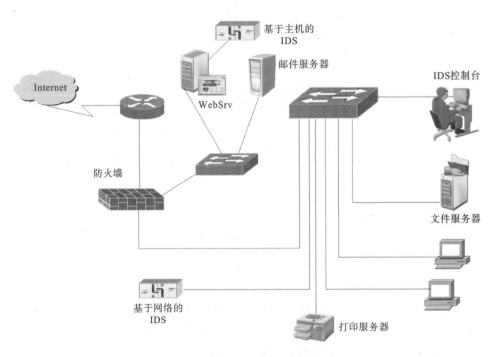

图 8-14 部署 IDS 时的企业网络架构

8.8　绕过入侵检测的若干技术

目前市场上的网络入侵检测场频按所采用的检测技术可分为两大类。一类是特征分析法,系统捕获网络数据包,并将这些包和特征库中的攻击特征进行匹配,从而确定潜在的攻击行为。特征分析通常不对数据包进行任何处理,只是简单地进行特征字符串匹配。这类系统提供的检测能力有限,因此很难应用于重载荷和高带宽的网络环境。另一类是协议分析法,系统同样捕获和分析网络数据包,但具有一定的协议理解能力,能通过模拟主机和应用环境的协议转换流程来进行检测。这类系统能检测较为复杂的攻击,有效降低误报率和错报率,但其应用也受处理能力限制。

8.8.1　对入侵检测系统的攻击

1. 直接攻击

网络入侵检测系统通常运行在一定的操作系统之上,其本身也是一个复杂的协议栈实现,这意味着 NIDS 本身可能受 Smurf、Synflood 或 Jolt2 等攻击。如果安装 IDS 的操作系统本身存在漏洞或 IDS 自身防御力差,此类攻击很有可能造成 IDS 的探测器失效或不能正常工作。

2. 间接攻击

一般的 NIDS 都有入侵响应的能力,攻击者可以利用其响应进行间接攻击,如使入侵次数迅速增多,发送大量的报警信息,并占用大量的 CPU 资源,或使防火墙错误配置,造成一些正常的 IP 无法访问。

8.8.2　对入侵检测系统的逃避

1. 针对 HTTP 请求

URL 编码:将 URL 进行编码,可以避开一些采用规则配置的 NIDS。

会话组合:如果将请求放在不同的报文中发出,IDS 就可能不会匹配出攻击了,但这种攻击行为无法逃避采用协议分析和会话重组技术的 NIDS。

大小写敏感:DoS/Windows 与 Unix 不同,它对大小写不敏感。这种手段可能造成一些老式的 IDS 匹配失败。

2. 针对缓冲区溢出

一些 NIDS 检测远程缓冲区溢出的主要方式是检测数据载荷里是否包含"/bin/sh"或是否含有大量的 NOP。针对这种识别方法,某些溢出程序的 NOP 考虑用"eb 02"代替。另外,目前出现了一种多形态代码技术,攻击者能潜在地改变代码结构来欺骗许多 NIDS,但不会破坏最初的攻击程序。经过伪装的溢出程序,每次攻击所采用的 Shellcode 都不相同,这样降低了被检测到的可能。有些 NIDS 能根据长度、可打印字符等判断这种入侵,但会造成大量的错报。

3. 针对木马

IDS 对木马和后门程序一般是通过端口来判断的。如果按照木马的默认端口进行连接,很容易就能识别。目前大部分木马都是用浮动端口且采用加密方式传输数据,这样 NIDS 就很难检测。

4. 其他方法

(1) 慢扫描:网络入侵检测系统按照特定数据源的访问频率来判断网络扫描。扫描器可以通过延长扫描时间、降低扫描频率来躲避这种检测。

(2) 分片:数据报分片是 TCP/IP 协议适应各种网络环境应用的机制之一,很多入侵检测系统为了避免负荷过大,一般都不进行分片重组,因此,一些攻击数据可以通过分布在不同的数据分片中逃避检测。

(3) 地址欺骗:利用代理或者伪造 IP 包进行攻击,隐藏攻击者的 IP,使 DNS 不能发现攻击者。目前的 NIDS 只能根据异常包中的地址来判断攻击源。

(4) 利用 LLKM 处理网络通信:利用 LLKM 简单、临时改变 TCP/IP 协议栈的行为,如更改出现在网络传输线路上的 TCP 标志位,就可以躲避一些 DNS。

习 题 8

一、选择题。

1. 下面说法错误的是(　　)。

A. 由于基于主机的入侵检测系统可以监视一个主机上发生的全部事件,它们能够检测基于网络的入侵检测系统不能检测的攻击

B. 基于主机的入侵检测系统可以运行在交换网络中

C. 基于主机的入侵检测系统可以检测针对网络中所有主机的网络扫描

D. 基于应用的入侵检测系统比起基于主机的入侵检测系统更容易受到攻击,因为应用程序日志并不像操作系统审计追踪日志那样被很好地保护

2. 误用入侵检测技术的核心问题是(　　)的建立以及后期的维护和更新。

A. 异常模型　　　　　　　　　　　　　B. 规则集处理引擎

C. 网络攻击特征库　　　　　　　　　　D. 审计日志

3. 以下不属于入侵检测系统的功能的是(　　)。

A. 监视网络上的通信数据流　　　　　　B. 捕捉可疑的网络活动

C. 提供安全审计报告　　　　　　　　　D. 过滤非法的数据包

4. 以下不是入侵检测系统利用的信息的是(　　)。

A. 系统和网络日志文件　　　　　　　　B. 目录和文件中的不期望的改变

C. 数据包头信息　　　　　　　　　　　D. 程序执行中的不期望行为

5. 在 IDS 中,将收集到的信息与数据库中已有的记录进行比较,从而发现违背安全策略的行为,这类操作方法称为(　　)。

A. 模式匹配　　　　B. 统计分析　　　　C. 完整性分析　　　　D. 不确定

二、简答题。

1. 什么叫入侵检测？

2. 简述入侵检测的目标和分类。

3. 比较异常检测和误用检测方法的异同。

4. 怎样通过协议分析实现入侵检测？

5. 如何实现 SYN Flood 攻击检测？

第 9 章 防火墙技术

9.1 防火墙概述

防火墙的英文名称为 Firewall,该词是早期建筑领域的专用术语,原指建筑物间的一堵隔离墙,用途是在建筑物失火时阻止火势的蔓延。

在现代计算机网络中,防火墙通常位于一个可信任的内部网络与一个不可信任的外部网络之间,用于保护内部网络免受非法用户的入侵。它在网络环境下构筑内部网络和外部网络之间的保护层,并通过网络路由和信息过滤实现网络的安全,其会依照特定的规则,允许或限制传输的数据通过。

9.1.1 防火墙的基本概念

防火墙是设置在内部网络与外部网络或不同网络安全区域之间的安全过滤系统,是一种常用的对内部网络和公众访问网络进行安全过滤的隔离技术。

通俗来说,防火墙类似于一栋楼门口的门卫,防火墙在内部与外部两个网络之间建立一个安全控制点,并根据具体的安全需求和策略,对流经其中的数据进行网络访问控制,以达到保护内部网络免受非法访问和破坏的目的。

从逻辑上来讲,防火墙是一个分离器、一个限制器,也是一个分析器。它能有效地监控内部网络和 Internet 之间的任何活动,保障内部网络的安全。一般来说,防火墙是用来连接两个网络,设置在被保护网络和外部网络之间的一道屏障,并控制两个网络之间相互访问的系统,它包括用于网络连接的软件和硬件以及控制访问的方案,是一类防范措施的总称。防火墙示意图如图 9-1 所示。

一般来说,防火墙具有以下三个显著的特性。

(1)内部网络和外部网络之间的所有网络数据流都必须经过防火墙。只有当防火墙是内、外部网络之间通信的唯一通道时,才可以全面、有效地保护企业内部网络不受侵害。

(2)只有符合安全策略的数据流才能通过防火墙。

防火墙最基本的功能是确保网络流量的合法性,并在此前提下将网络的流量快速地从一条链路转发到另外一条链路上去。

(3)防火墙自身应具有非常强的抗攻击免疫力。这是防火墙之所以能担当企业内部网络安全防护重任的先决条件。

9.1.2 防火墙工作原理

防火墙是由一些软、硬件组合而成的网络访问控制器,它根据一定的安全规则来控制流过防火墙的网络包,如禁止或转发,能够屏蔽被保护网络内部的信息、拓扑结构和运行状况,

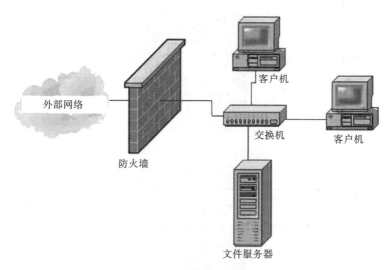

图 9-1　防火墙示意图

从而起到网络安全屏障的作用。防火墙一般用来将内部网络与 Internet 或者其他外部网络互相隔离,限制网络互访,保护内部网络的安全,如图 9-2 所示。

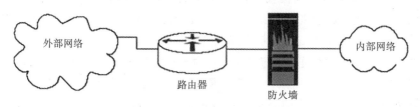

图 9-2　防火墙部署示意图

配置防火墙的基本准则有以下两个。

(1) 一切未被允许的就是禁止的:这一准则是指根据用户的安全管理策略,所有未被允许的通信禁止通过防火墙。

(2) 一切未被禁止的就是允许的:这一准则是指根据用户的安全管理策略,防火墙转发所有信息流,允许所有的用户和站点对内部网络访问,然后网络管理员按照 IP 地址等参数对未授权的用户或不信任的站点进行逐项屏蔽。这种方法就提供了一种更为灵活的应用环境。具体选择哪种准则,要根据实际情况决定,如果出于安全考虑就选择第一条准则,如果出于应用的便捷性考虑就选用第二条准则。

当防火墙的配置完成之后,就可以根据网络包所提供的信息实现网络通信访问控制:如果网络通信包符合网络访问控制策略,就允许该网络通信包通过防火墙,否则不允许,如图 9-3 所示。

1. 防火墙功能

简单的防火墙可以用路由器、交换机实现,复杂的就要用一台计算机,甚至一组计算机实现。按照 TCP/IP 协议的层次,防火墙的访问控制可以作用于网络接口层、网络层、传输层、应用层,首先依据各层所包含的信息判断是否遵循安全规则,然后控制网络通信连接,如

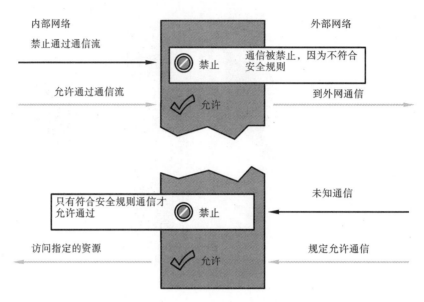

图 9-3　防火墙工作示意图

禁止、允许。防火墙简化了网络的安全管理。如果没有它,网络中的每个主机都处于直接受攻击的范围之内。为了保护主机的安全,就必须在每台主机上安装安全软件,并对每台主机都要定时检查和更新配置。归纳起来,防火墙的功能如下。

(1) 过滤非安全网络访问。将防火墙设置为只有预先被允许的服务和用户才能通过防火墙,禁止未授权的用户访问受保护的网络,降低被保护网络受非法攻击的风险。防火墙只允许外部网络访问受保护网络的指定主机或网络服务,通常受保护网络中的 Mail、FTP、WWW 服务器等可让外部网络访问,而其他类型的访问予以禁止。防火墙也用来限制受保护网络中的主机访问外部网络的某些服务,如某些不良网址。

(2) 网络访问审计。防火墙是外部网络与受保护网络之间的唯一网络通道,可以记录所有通过它的访问并提供网络使用情况的统计数据。依据防火墙的日志,可以掌握网络的使用情况,如网络通信带宽和访问外部网络的服务数据。防火墙的日志也可用于入侵检测和网络攻击取证。

(3) 网络带宽控制。防火墙可以控制网络带宽的使用分配,实现部分网络质量服务(QoS)保障。

(4) 协同防御。目前,防火墙和入侵检测系统通过交换信息实现联动,根据网络的实际情况配置并修改安全策略,增强网络安全。

除上述的安全防护功能之外,防火墙还可以提供网络地址转换(NAT)、虚拟专用网(VPN)等其他功能。

2. 防火墙缺陷

尽管防火墙有许多防范功能,但它也有一些力不能及的地方,因为防火墙只能对通过它的网络通信包进行访问控制,所以对未经过它的网络通信就无能为力了。例如,如果允许从内部网络直接拨号访问外部网络,则防火墙就失效了,攻击者通过用户拨号连接直接访问内部网络,绕过防火墙控制,也能造成潜在的攻击。

除此之外,防火墙还有以下脆弱点。

(1) 防火墙不能完全防止感染病毒的软件或文件传输。防火墙是网络通信的瓶颈,因为已有的病毒、操作系统以及加密和压缩二进制文件的种类太多,所以不能指望防火墙逐个扫描每个文件以查找病毒,而只能在每台主机上安装反病毒软件。

(2) 防火墙不能防止基于数据驱动的攻击。当有些表面看来无害的数据被邮寄或复制到主机上并被执行而发起攻击时,就会发生数据驱动攻击,防火墙对此无能为力。

(3) 防火墙不能完全防止后门攻击。防火墙是粗粒度的网络访问控制,某些基于网络隐蔽通道的后门能绕过防火墙的控制,如 http tunnel 等。

9.1.3　防火墙的类别

按照防火墙软/硬件形式分类,防火墙可以分为软件防火墙、硬件防火墙和芯片级防火墙;按照防火墙技术分类,防火墙可以分为包过滤防火墙、应用代理防火墙、应用层网关防火墙、电路层网关防火墙以及状态检测防火墙;按照防火墙体系结构分类,防火墙可以分为双宿主主机体系结构防火墙、屏蔽主机体系结构防火墙、屏蔽子网体系结构防火墙和云火墙;按照所处网络位置和防护目标分类,防火墙可以分为个人防火墙和网络防火墙。

1. 按照防火墙软/硬件形式分类

(1) 软件防火墙。

软件防火墙需要得到用户预先安装的计算机操作系统的支持。

(2) 硬件防火墙。

硬件防火墙基于 PC 架构,在该架构的计算机上运行一些经过裁剪和简化的操作系统。硬件防火墙是通过硬件和软件的结合来达到隔离内部网络与外部网络的目的。

(3) 芯片级防火墙。

芯片级防火墙基于专门的硬件平台,采用专用芯片,使用专用的操作系统,具有高性能、高并发连接数和大吞吐量的特点。

2. 按照防火墙技术分类

(1) 包过滤防火墙。

包过滤是指在网络层对每一个数据包进行检查,根据配置的安全策略转发或者丢弃数据包。使用包过滤技术的防火墙称为包过滤防火墙。包过滤防火墙分为静态包过滤防火墙和动态包过滤防火墙。

(2) 应用代理防火墙。

应用代理也称为应用层网关,应用代理防火墙工作在应用层,其核心是代理进程,每一种应用对应一个代理进程,实现监视和控制应用层通信流。

(3) 应用层网关防火墙。

应用层网关防火墙(Application Level Gateways)是传统代理型防火墙,它的核心技术就是代理服务器技术,它是基于软件的,通常安装在专用工作站系统上。这种防火墙通过代理技术参与到一个 TCP 连接的全过程,并在网络应用层上建立协议过滤和转发功能,所以称为应用层网关防火墙。

(4) 电路层网关防火墙。

另一种代理技术是电路层网关(Circuit Level Gateway)或 TCP 通道(TCP Tunnels)。在电路层网关中,包被提交用户应用层处理。电路层网关用来在两个通信的终点之间转换包。电路层网关是建立应用层网关的一个更加灵活的方法。它是针对数据包过滤和应用网关技术存在的缺点而引入的防火墙技术,一般采用自适应代理技术,也称为自适应代理防火墙。在电路层网关中,需要安装特殊的客户机软件。

(5) 状态检测防火墙。

状态检测防火墙由动态包过滤防火墙演变而来,工作在传输层,使用各种状态表来追踪活跃的 TCP 会话,它能够根据连接状态信息动态地建立和维持一个连接状态表,并且把这个连接状态表用于后续报文的处理。其优点是具有安全性、高效性、应用范围广;缺点是不能对应用层数据进行控制,不能产生高层日志,其配置较复杂。

3. 按照防火墙体系结构分类

(1) 双宿主主机体系结构防火墙。

双宿主主机又称为堡垒主机,是一台至少配有两个网络接口的主机,两个网络接口各自与受保护的网络和外部网络相连,每一个网络接口都有一个 IP 地址。堡垒主机上运行着防火墙软件——代理服务器软件(应用层网关),可以转发应用程序、提供服务等。

(2) 屏蔽主机体系结构防火墙。

屏蔽主机又称为主机过滤。屏蔽主机需要配备一台安装在内部网络上的堡垒主机和一个具有过滤功能并连接外部网络的屏蔽路由器。

(3) 屏蔽子网体系结构防火墙。

屏蔽子网在屏蔽主机的基础上添加额外的安全层,通过添加屏蔽子网(周边网络)进一步把内部网络与外部网络隔离开。

(4) 云火墙。

把云安全和防火墙结合在一起,将防火墙升级到"云"火墙(以下简称云火墙),实现动态防范、主动安全。云火墙可以防僵尸网络和木马。一方面,云火墙能够第一时间发现僵尸网络主控网站、挂马网站,从而阻止用户访问这些网站;另一方面,如果用户电脑成为"肉鸡"或者被挂马,云火墙能够阻断该电脑发送给外部主控网站的信息。

4. 按照所处网络位置和防护目标分类

(1) 个人防火墙。

个人防火墙位于计算机与其所连接的网络之间。个人防火墙是运行在主机操作系统内核的软件,主要用于拦截或阻断所有对主机构成威胁的操作。常用的个人防火墙有 Norton Personal Firewall、天网个人防火墙、瑞星个人防火墙等。由于个人防火墙安装在个人 PC 上,而不是放置在网络边界,因此,个人防火墙关心的不是一个网络到另外一个网络的安全,而是单个主机和与之相连接的主机或网络之间的安全。

(2) 网络防火墙。

网络防火墙位于内部网络与外部网络之间,其硬件和软件都要单独设计。网络防火墙主要用于拦截或阻断所有对内部网络构成威胁的操作。网络防火墙比个人防火墙具有更强的控制功能和更高的性能。它不仅支持 Windows 系统,而且多数都支持 Unix 系统或 Linux 系统,如著名的 Check Point FireWall-1、Microsoft ISA Server 2004 等。

9.2　防火墙技术

9.2.1　包过滤技术

应用最为广泛的防火墙技术是包过滤(Packet Filtering)技术,包过滤技术也称为分组过滤技术。包过滤是在网络的出口(如路由器上)对通过的数据包进行检测,只有满足条件的数据包才允许通过,否则被抛弃。这样可以有效地防止恶意用户利用不安全的服务对内部网络进行攻击。

包过滤防火墙是比较简单的防火墙,通常它只包括对源 IP 地址和目的 IP 地址及端口的检查。包过滤防火墙通常是一个具有包过滤功能的路由器。因为路由器工作在网络层,因此包过滤防火墙又称为网络层防火墙。

包过滤主要在网络层截获网络数据包,根据防火墙的规则表,来检测攻击行为,在网络层提供较低级别的安全防护和控制。过滤规则以用于 IP 顺行处理的包头信息为基础,不理会包内的正文信息内容。包过滤技术工作原理示意图如图 9-4 所示。

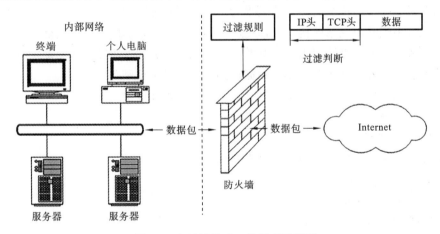

图 9-4　包过滤技术工作原理示意图

包过滤技术依据系统事先设定好的过滤规则,检查数据流中的每个包,通过对网络层和传输层包头信息检测,确定是否应该转发该数据包,从而将许多危险的数据包阻挡在网络的边界处。是否转发数据包的依据是用户根据网络安全策略所定义的规则集。若判断为危险的、规则集所不允许通过的数据包,则直接丢弃;若判断为安全的、规则集允许的数据包,则进行转发。

根据包头信息来确定是否允许数据包通过,并拒绝发送可疑的数据包。使用包过滤技术的防火墙称为包过滤防火墙,因为它工作在网络层,又称为网络层防火墙(Network Level Firewall)。包过滤技术的依据是分组转发技术,网络上的数据都是以包为单位进行传输的,数据被分隔成一定大小的包,每个包分为包头和数据两部分。包头中含有源地址和目的地址等信息。路由器从包头中读取目的地址,并选择一条物理线路发送出去,当所有的包抵达后会在目的地重新组装还原。

规则集通常对源 IP 地址、目的 IP 地址、IP 上层协议类型(TCP/UDP/ICMP)、TCP 和 UDP 的源端口、TCP 和 UDP 的目的端口及 ICMP 的报文类型和代码等网络层和传输层的包头信息进行检查。这些规则通常称为数据包过滤访问控制列表(ACL)。ACL 规则表举例如表 9-1 所示。

表 9-1　ACL 规则表举例

序号	源 IP 地址	目的 IP 地址	协议类型	源端口	目的端口	TCP 包头的标志位	操　作
1	私网地址	公网地址	TCP	任意	80	任意	允许
2	公网地址	私网地址	TCP	80	>1023	ACK	允许
3	任意	任意	任意	任意	任意	任意	拒绝

表 9-1 中包含了规则执行的序号、源 IP 地址、目的 IP 地址、协议类型(如 TCP、UDP等)、源端口、目的端口、TCP 包头的标志位(如 ACK、SYN、FIN、RST)、数据的流向以及对数据包的操作。

根据包过滤技术中规则集的定义方式,包过滤技术可以分为静态包过滤技术和动态包过滤技术。

静态包过滤技术是传统的防火墙技术,其位于 OSI 模型中的三层和四层。在路由器上将访问列表应用到某个或某些接口上,以放行或拒绝某类流量的方式实现静态包过滤防火墙技术。这种类型的防火墙根据定义好的过滤规则审查每个数据包,以便确定其是否与某一条包过滤规则匹配。过滤规则基于数据包的报头信息进行制订。

包过滤技术一般要检查以下信息(网络层的 IP 头和传输层的头)。

(1) 源 IP 地址。

(2) 目的 IP 地址。

(3) 协议类型(TCP 包/UDP 包/ICMP 包)。

(4) TCP 或 UDP 的源端口。

(5) TCP 或 UDP 的目的端口。

(6) ICMP 消息类型。

(7) TCP 报头中的 ACK 位。

一个可靠的分组过滤防火墙依赖于规则集,表 9-2 列出了几条典型的规则集。

表 9-2　包过滤防火墙规则

序　号	动　作	源 IP 地址	目的 IP 地址	源端口	目的端口	协议类型
1	允许	10.1.1.1	*	*	*	TCP
2	允许	*	10.1.1.2	20	80	TCP
3	允许	*	10.1.1.3	20	53	UDP
4	禁止	任意	任意	任意	任意	任意

在本例中,规则库中仅有 4 条规则。规则 1:主机 10.1.1.1 任何端口访问任何主机的任何端口,基于 TCP 协议的数据包都允许通过。规则 2:允许任何主机的 20 端口通过端口 80 访问内网的服务器 10.1.1.2,即打开的 Web 服务器 10.1.1.2 对外的 HTTP 服务。规则 3:允许任何主机的 20 端口通过端口 53 访问内网的服务器 10.1.1.3,53 号端口是 DNS 服务。规则 4:禁止所有其他类型的数据包。

包过滤技术的优势如下。

(1) 包过滤技术的优势在于其容易实现,费用少,对性能的影响不大,对流量的管理较出色。

(2) 使用一个过滤路由器就能协助保护整个网络,目前多数 Internet 防火墙系统只用一个包过滤路由器。

(3) 包过滤速度快、效率高。执行包过滤只检查报头相应的字段,不查看数据报的内容。

(4) 包过滤对终端用户和应用程序是透明的。当数据包过滤路由器决定让数据包通过时,它与普通路由器没什么区别,甚至用户没有认识到它的存在,因此不需要专门的用户培训或在每个主机上设置特别的软件。

包过滤技术的局限性如下。

(1) 定义包过滤器可能是一项复杂的工作。网络管理人员需要详细地了解 Internet 各种服务、包头格式和希望每个域查找的特定的值。

(2) 路由器数据包的吞吐量随过滤器数量的增加而减少。

(3) 不能彻底防止地址欺骗。大多数包过滤路由器都是基于源 IP 地址、目的 IP 地址进行过滤的,而 IP 地址的伪造是很容易、很普遍的。

(4) 一些包过滤路由器不提供或只提供有限的日志能力,有可能直到入侵发生后,危险的包才可能检测出来。

(5) 包过滤技术不能进行应用层的深度检查,因此不能发现恶意代码传输及数据包攻击。

包过滤类型的防火墙要遵循的一条基本原则是"最小特权原则",即明确允许那些管理员希望通过的数据包,禁止其他的数据包。

9.2.2　状态监测技术

由于静态包过滤技术要检查进入防火墙的每一个数据包,所以在一定程度上影响了网络的通信速度。另外,静态包过滤技术固定地根据包的头部信息进行规则的匹配,这种方法在遇到利用动态端口的应用协议时就会出现问题。

1. 状态检测技术原理

状态检测技术即动态包过滤技术。状态检测防火墙不仅检查数据包中的头部信息,还会跟踪数据包的状态,即不同数据包之间的共性。

动态包过滤技术也称为基于状态检测包过滤技术。动态包过滤技术不仅检查每个独立的数据包,还尝试跟踪数据包的上下文关系。这种类型的防火墙采用动态设置包过滤规则的方法,避免了静态包过滤所具有的问题。这种技术后来发展成为状态监测(Stateful Inspection)技术。

状态监测技术使用一个在网关上执行网络安全策略的软件模块,称为监测引擎,是第三代防火墙技术。它的原理是监测引擎软件在不影响网络正常运行的前提下,采用抽取有关数据的方法对网络通信的各层实施监测,抽取状态信息,并动态地保存起来,作为执行安全策略的参考,根据这些状态信息,可对防火墙外界用户的访问操作进行"行为分析",对"正常行为"放过,拦截"不正常行为"。

状态检测防火墙是在动态包过滤的基础上,增加状态检测机制而形成的;动态包过滤与普通包过滤相比,需要多做一项工作:对外出数据包的"身份"做一个标记,允许相同连接的进入数据包通过,对通过其建立的每一个连接都进行跟踪,并且根据需要可动态地在过滤规则中增加或更新。

利用状态表跟踪每一个网络会话的状态,对每一个数据包的检查不仅根据规则表执行,而且考虑数据包是否符合会话所处的状态;状态检测防火墙采用了一个在网关上执行网络安全策略的软件引擎,称之为检测模块。检测模块在不影响网络正常工作的前提下,采用抽取相关数据的方法对网络通信的各层实施监测,并动态地保存起来作为以后制定安全决策的参考。状态监测防火墙如图 9-5 所示。

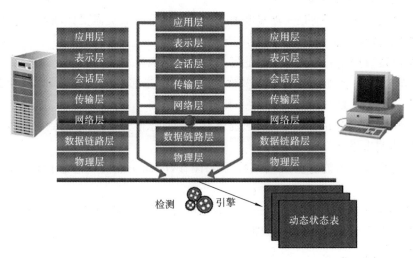

图 9-5　状态监测防火墙

2. 状态检测防火墙的工作过程

状态检测防火墙的工作过程如图 9-6 所示。在状态检测防火墙中有一个状态检测表,它由规则表和连接状态表两部分组成。状态检测防火墙的工作过程:首先利用规则表进行数据包过滤,此过程与静态包过滤防火墙基本相同;如果某一个数据包(如 IP 分组 B1)在进入防火墙时,规则表拒绝它通过,则防火墙直接丢弃该数据包,与该数据包相关的后续数据包(如 IP 分组 B2、IP 分组 B3 等)同样会被拒绝通过。

3. 状态检测防火墙的应用特点

状态检测防火墙具有以下的主要特点。

(1)与静态包过滤防火墙相比,采用动态包过滤技术的状态检测防火墙通过对数据包

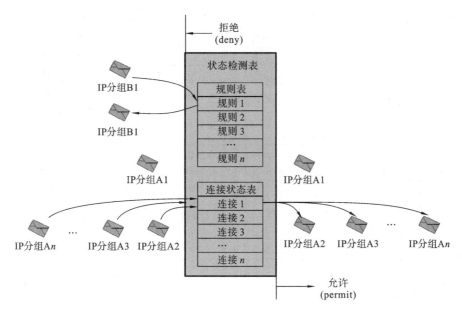

图 9-6　状态检测防火墙的工作过程

的跟踪检测技术,解决了静态包过滤防火墙中某些应用需要使用动态端口时存在的安全隐患,解决了静态包过滤防火墙存在的一些缺陷。

(2)与应用代理防火墙相比,状态检测防火墙不需要中断直接参与通信的两台主机之间的连接,对网络速度的影响较小。

(3)状态检测防火墙具有新型分布式防火墙的特征。

(4)状态检测防火墙的不足主要表现为对防火墙 CPU、内存等硬件要求较高,安全性主要依赖于防火墙操作系统的安全性,安全性不如代理防火墙。

9.2.3　应用代理服务

代理服务技术也是常用的防火墙技术,安全管理员为了对内部网络用户进行应用层上的访问控制,常安装代理服务器,如图 9-7 所示。应用代理服务(Application Proxy)是运行在防火墙上的一种服务器程序,防火墙主机可以是一个具有两个网络接口的双宿主主机,也可以是一个堡垒主机。代理服务器被放置在内部服务器和外部服务器之间,用于转接内、外主机之间的通信,它可以根据安全策略来决定是否为用户进行代理服务。代理服务器运行在应用层,因此又被称为应用网关。

代理防火墙具有传统的代理服务器和防火墙的双重功能。代理服务器位于客户机与服务器之间,完全阻挡了二者间的数据交流。从客户机来看,代理服务器相当于一台真正的服务器;从服务器来看,代理服务器仅是一台客户机。受保护的内部用户对外部网络访问时,首先需要通过代理服务器的认可,才能向外提出请求,而外网的用户只能看到代理服务器,从而隐藏了受保护网络的内部结构及用户的计算机信息。因而,代理服务器可以提高网络系统的安全性。

应用代理服务防火墙扮演着内部网络和外部网络通信连接“中间人”的角色,代理防火

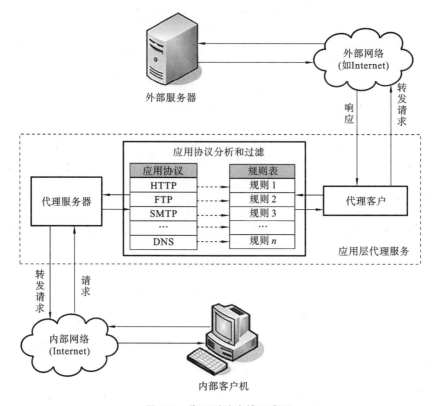

图 9-7　代理型防火墙示意图

墙代替受保护网络的主机向外部网络发送服务请求,并将外部服务请求响应的结果返回给受保护网络的主机。

采用代理服务技术的防火墙简称代理防火墙,它能够提供在应用层的网络安全访问控制。代理服务器按照所代理的服务可以分为 FTP 代理、TELENET 代理、HTTP 代理、SOCKET 代理、邮件代理等。代理服务器通常由按应用分类的代理服务程序和身份验证服务程序构成。每个代理服务程序应用到一个指定的网络端口,代理客户程序通过该端口获得相应的代理服务。例如,IE 浏览器支持多种代理配置,包括 HTTP、FTP、Socks 等,如图 9-8 所示。

1. 代理防火墙的特点

代理防火墙具有以下的主要特点。

(1) 代理服务可以针对应用层进行检测和扫描,可有效地防止应用层的恶意入侵和病毒;可以识别并实施高层的协议,如 HTTP 和 FTP 等。

(2) 代理服务包含通过防火墙服务器的通信信息,可以提供源于部分传输层、全部应用层和部分会话层的信息。

(3) 代理服务可以用于禁止访问特定的网络服务,并允许使用其他服务。

(4) 代理服务也能够处理数据包。

(5) 代理服务不允许外部和内部主机之间直接通信,因此内部主机名对外部是不可知的。也就是说,代理服务很容易将内部地址与外部屏蔽开来。

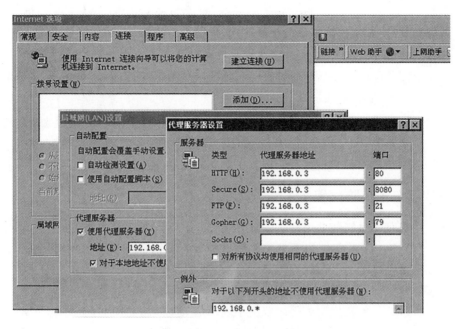

图 9-8　IE 浏览器配置示意图

（6）通过提供透明服务，可以让使用代理的用户感觉在直接与外部通信。

（7）代理服务还可以转送内部服务，也就是外部对内部的服务请求，如可以将 HTTP
服务器转到另一台主机。

（8）代理服务可以提供屏蔽路由器不具备的附加功能。

（9）代理服务具有良好的日志记录，从而可以建立有效的审计追踪机制。

2. 两种防火墙技术的比较

两种防火墙技术的比较如表 9-3 所示。

表 9-3　两种防火墙技术的比较

优缺点	包过滤防火墙	代理防火墙
优点	价格较低	内置了专门为提高安全性而编制的 Proxy 应用程序，能够透彻地理解相关服务的命令，对来往的数据包进行安全化处理
	性能开销小，处理速度较快	安全，不允许数据包通过防火墙，避免了数据驱动式攻击的发生
缺点	定义复杂，容易出现因配置不当带来的问题	速度较慢，不太适用于高速网（ATM 或千兆位 Intranet 等）之间的应用
	允许数据包直接通过，容易造成数据驱动式攻击的潜在危险	
	不能理解特定服务的上下文环境，相应控制只能在高层由代理服务和应用层网关来完成	

9.3 防火墙的防御体系结构

随着 Internet 网络用户的增多,网络的安全也受到更多的威胁,仅仅依靠某一种特定的防火墙技术,已不能满足网络安全性的需要。

由于对更高安全性的要求,常把基于包过滤的方法与基于应用代理的方法结合起来,形成复合型防火墙产品,即集多种防火墙技术于一体的防火墙体系结构。

防火墙体系结构的种类主要有双宿主主机防火墙、屏蔽主机防火墙、屏蔽子网防火墙。

9.3.1 双宿主主机防火墙

双宿主主机是一台安装两块网卡的计算机,每块网卡有各自的 IP 地址,并分别与受保护网络和外部网络相连。如果外部网络上的计算机想与内部网络上的计算机进行通信,它就必须与双宿主主机上与外部相连的 IP 地址联系,代理服务器软件再通过另一块网卡与内部网络连接。这种配置是用双宿主主机做防火墙,两块网卡各自在主机上运行着防火墙软件,可以转发应用程序、提供服务等。双宿主主机防火墙结构如图 9-9 所示。

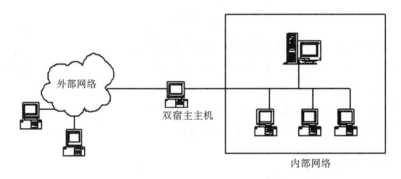

图 9-9 双宿主主机防火墙结构

双宿主主机体系结构的优点:网关可将受保护网络与外界完全隔离,代理服务器可提供日志,有助于网络管理员确认哪些主机可能已被入侵;同时,由于它本身是一台主机,所以可用于诸如身份验证服务器及代理服务器,使其具有多种功能。

缺点是双宿主主机的每项服务必须使用专门设计的代理服务器,即使较新的代理服务器能处理几种服务,也不能同时进行;另外,一旦双宿主主机受到攻击,并使其只具有路由功能,那么任何网上用户都可以随便访问内部网络,这将严重损害网络的安全性。

9.3.2 屏蔽主机防火墙

屏蔽主机防火墙由包过滤路由器和堡垒主机组成,堡垒主机配置在内部网络,包过滤路由器放置在内部网络和外部网络之间。分组过滤路由器或防火墙与 Internet 相连,同时一个堡垒机安装在内部网络,通过在分组过滤路由器或防火墙上设置过滤规则,使堡垒机成为 Internet 上其他节点所能到达的唯一节点,这确保了内部网络不受未授权外部用户的攻击。

这种防火墙主要用于企业小型或中型网络。屏蔽主机防火墙结构如图 9-10 所示。

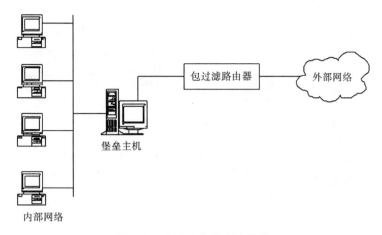

图 9-10　屏蔽主机防火墙结构

　　屏蔽主机防火墙强迫所有的外部主机与一个堡垒主机相连，而不让它们直接与内部主机相连。在路由器上进行规则配置，使得外部系统只能访问堡垒主机，去往内部系统上其他主机的信息全部被阻塞。

　　由于内部主机和堡垒主机处于同一个网络，内部系统是否允许直接访问 Internet（或者要求使用堡垒主机上的代理服务来访问）由机构的安全策略来决定。对路由器的过滤规则进行设置，使得其只接收来自堡垒主机的内部数据包，就可以强制内部用户使用代理服务。

9.3.3　屏蔽子网防火墙

　　屏蔽子网防火墙是目前较流行的一种结构，采用了两个包过滤路由器和一个堡垒主机，在内、外部网络之间建立了一个被隔离的子网，定义为"非军事区"，有时也称为周边网，用于放置堡垒主机、WEB 服务器、Mail 服务器等公用服务器。

　　在屏蔽子网防火墙体系结构中，堡垒主机和分组过滤路由器共同构成了整个防火墙的安全基础。内部网络和外部网络均可访问屏蔽子网，但禁止它们穿过屏蔽子网通信。在这一配置中，即使堡垒主机被入侵者控制，内部网络仍受到内部包过滤路由器的保护。屏蔽子网防火墙结构如图 9-11 所示。

　　"隔离区"（Demilitarized Zone，DMZ）也称"非军事化区"。DMZ 是为了解决安装防火墙后外部网络不能访问内部网络服务器的问题。该区域位于企业内部网络和外部网络之间的小网络区域内，在这个小网络区域内可以放置一些必须公开的服务器设施，如企业 Web 服务器、FTP 服务器和论坛等。

　　通过这样一个 DMZ 区域，更加有效地保护了内部网络，因为这种网络部署，比起一般的防火墙，对攻击者来说又多了一道关卡。这样，不管外部网络还是内部网络对外服务器交换信息数据都要通过防火墙，实现了真正意义上的保护。

　　屏蔽子网防火墙体系结构引入 DMZ 的概念，安全性较高，黑客在入侵时必须攻破两个防火墙。

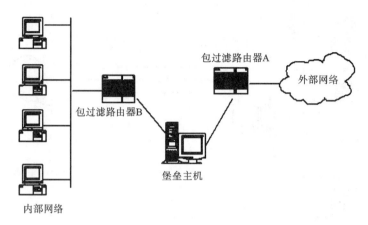

图 9-11　屏蔽子网防火墙结构

9.4　防火墙技术的发展趋势

9.4.1　透明接入技术

透明防火墙指的不是用来过滤信息的技术,而是将防火墙部署到网络中的方式。透明防火墙可以执行前文中介绍的数据包过滤、状态化过滤、应用过滤等技术,但是透明防火墙的一大区别在于其工作在二层。

透明防火墙最大的优势在于,将其以在线模式部署进网络时,不需要重新对 IP 子网进行编址。

虽然透明防火墙在网络中会充当一台二层设备,但是它仍然会看到所有穿越其各个接口的数据包,它也仍然可以应用常规的三层规则来放行流量,创建状态化数据库和执行应用监控。

9.4.2　分布式防火墙技术

因为传统的防火墙设置在网络边界,处于内、外部网络之间,所以称为边界防火墙(Perimeter Firewall)。传统边界防火墙有以下缺点:网络应用受到结构性限制,内部安全隐患仍在,效率低、故障率高。

随着人们对网络安全防护要求的提高,边界防火墙明显不够用,因为给网络带来安全威胁的不只是外部网络,更多的是内部网络。边界防火墙无法对内部网络实现有效保护,除非给每一台主机都安装防火墙,但这是不可能的。基于此,一种新型的防火墙技术——分布式防火墙(Distributed Firewalls)技术产生了。它可以很好地解决边界防火墙的不足,当然不是为每台主机安装防火墙,而是把防火墙的安全防护系统延伸到网络中的各台主机。一方面有效地保证了用户的投资不会很高,另一方面给网络带来的安全防护是非常全面的。

分布式防火墙负责将网络边界、各子网和网络内部各节点之间的安全防护分布在整个内部网络或服务器中,所以它具有无限制的扩展能力。所以分布式防火墙是一个完整的系统,而不是单一的产品。

分布式防火墙由网络防火墙、主机防火墙和中心管理组成。

(1) 网络防火墙(Network Firewall)。它用于内部网络与外部网络之间以及内部网络各子网之间的防护。

(2) 主机防火墙(Host Firewall)。它用于对网络中的服务器和桌面系统进行防护。

(3) 中心管理(Central Management)。它是一个服务器软件,负责总体安全策略的策划、管理、分发,以及日志汇总。

分布式防火墙由中心管理定义策略,由分布在网络中的各个端点执行这些策略。它涉及三个主要概念:可以被允许或被禁止连接的策略语言;系统管理工具;IP 安全协议。

策略语言主要用于表达所需要的策略,标志内部主机。使用 IP 安全协议中的密码凭证对各主机进行标志。系统管理工具用于将形成的策略文件分发给被防火墙保护的所有主机。

分布式防火墙的工作过程如下。

(1) 防火墙接入控制策略的中心通过编译器将策略语言描述转换成内部格式,形成策略文件。

(2) 中心管理采用系统管理工具把策略文件分发给各台内部主机;内部主机从两方面来判定是否接受收到的包,一方面是根据 IP 安全协议,另一方面是根据服务器端的策略文件。

分布式防火墙的工作模式如图 9-12 所示。

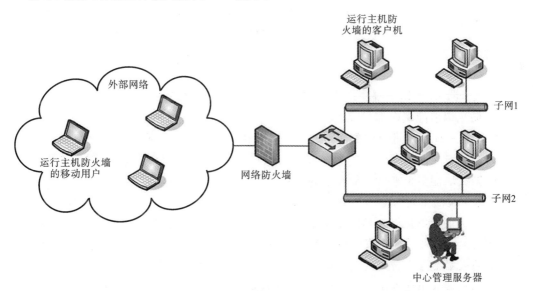

图 9-12　分布式防火墙的工作模式

分布式防火墙的优势如下。

(1) 增强系统的安全性:有能力防止各种类型的被动和主动攻击。

(2) 提高系统性能:从根本上去除单一的接入点。

(3) 系统的扩展性。

(4) 实施主机策略。

(5) 应用更为广泛,例如支持 VPN 通信。

9.4.3 防火墙的安全体系

1. 以防火墙为核心的网络安全体系

如果防火墙能与入侵检测系统、病毒检测等相关安全系统联合起来,充分发挥各自的长处,协同配合,就能共同建立一个有效的安全防范体系。具体的解决办法如下。

(1) 把入侵检测系统、病毒监测部分"做"到防火墙中,使防火墙具有简单的入侵检测和病毒检测功能。

(2) 各个产品分离,但通过某种通信方式形成一个整体,即专业检测系统专职于某一类安全事件的检测,一旦发现安全事件,就立即通知防火墙,由防火墙完成过滤和报告。

2. 防火墙的局限性

(1) 防火墙必须在安全性和服务访问的方便性之间进行抉择。

(2) 防火墙不能对抗私有网络中的后门。

(3) 现在的防火墙很少保护来自内部的攻击。

(4) 许多信息服务协议在防火墙策略下工作的不是很好;多媒体信息传输包没有内容检测,存在潜在威胁;下载的软件不能保证没有计算机病毒;防火墙可能构成潜在的信息处理瓶颈等。

习 题 9

一、选择题。

1. 关于防火墙,以下哪项说法是错误的(　　)。

A. 防火墙能隐藏内部 IP 地址

B. 防火墙能控制进出内部网络的信息流向和信息包

C. 防火墙能提供 VPN

D. 防火墙能阻止来自内部网络的威胁

2. 以下说法正确的是(　　)。

A. 防火墙能够抵御一切网络攻击

B. 防火墙是一种主动安全策略执行设备

C. 防火墙本身不需要提供防护

D. 防火墙如果配置不当,会导致更大的风险

3. 防火墙是隔离内部网络和外部网络的一类安全系统。通常防火墙中使用的技术有过滤和代理两种。路由器可以根据(　　)进行过滤,以阻挡某些非法访问。

A. 网卡地址　　　　B. IP 地址　　　　C. 用户标识　　　　D. 加密方法

4. 在企业内部网络与外部网络之间,用来检查网络请求分组是否合法,保护网络资源不被非法使用的技术是(　　)。

A. 防病毒技术　　　　B. 防火墙技术　　　C. 差错控制技术　　　D. 流量控制技术

5. 下列关于防火墙技术的描述中,正确的是(　　)。

A. 防火墙不能支持网络地址转换

B. 防火墙可以布置在企业内部网络和 Internet 之间

C. 防火墙可以查、杀各种病毒

D. 防火墙可以过滤各种垃圾文件

6. 包过滤防火墙通过(　　)来确定数据包是否能通过。

A. 路由表　　　　　　B. ARP 表　　　　　C. NAT 表　　　　　　D. 过滤规则

7. 以下关于防火墙技术的描述,说法错误的是(　　)。

A. 防火墙分为数据包过滤防火墙和应用层网关防火墙两类

B. 防火墙可以控制外部用户对内部系统的访问

C. 防火墙可以阻止内部人员对外部的攻击

D. 防火墙可以分析和统管网络使用情况

二、填空题。

1. 应用层网关防火墙也就是传统的代理型防火墙。应用层网关防火墙工作在 OSI 模型的应用层,它的核心技术就是_____。

2. 防火墙体系结构一般有三种类型:_____、屏蔽主机体系结构和屏蔽子网体系结构。

3. 在屏蔽子网防火墙体系结构中,_____和分组过滤路由器共同构成了整个防火墙的安全基础。

4. 包过滤防火墙工作在 OSI 网络参考模型的_____和_____。

三、简答题。

1. 请简述包过滤防火墙的优点和缺点。

2. 简述双宿主主机防火墙的体系结构。

3. 防火墙通常具有至少 3 个接口,当使用具有 3 个接口的防火墙时,就至少产生了 3 个网络,请描述这 3 个网络的特性。

4. 防火墙的常见体系结构有哪几种?

5. 编写防火墙规则,要求如下:禁止除管理员(IP 为 192.168.20.10)外任何一台计算机访问某主机(IP 为 192.168.20.100)的终端服务(TCP 端口 3389)。

第10章 网络安全协议

计算机网络安全以保证计算机网络自身的安全为目标,其内容包括计算机网络设备安全、计算机网络系统安全、数据库安全等。计算机网络的多个互连的计算机之间不断交换数据,为使相互通信的两个计算机系统高度协调地进行数据交换,每台计算机就必须遵守信息内容、格式和传输顺序等事先约定好的规则。这些为进行网络中数据通信而制定的规则、标准或约定就是俗称的网络安全协议。

网络安全协议就是在协议中使用加密技术、认证技术以保证信息交换安全的网络协议,具体地说,就是建立在密码体系上的一种互通协议,为了安全需要,各方提供一系列的加密管理、身份认证及信息保密措施以保证通信或电子交易能安全完成。

许多网络攻击都是由网络协议(如 TCP、IP)的固有漏洞引起的,因此,为了保证网络传输和应用的安全,各种类型的网络安全协议不断涌现。网络安全协议是以密码学为基础的消息交换协议,也称为密码协议,其目的是在网络环境中提供各种安全服务。

网络安全协议是网络安全的一个重要组成部分,通过网络安全协议可以实现实体认证、数据完整性校验、密钥分配、收发确认,以及不可否认性验证等安全功能。

网络安全协议的特点如下。

(1)使用加密技术来保证信息在传输中的安全,即由消息发送者加密的消息只有消息接收者才能够解密得到,别人无法得到,而且这些加密的方法必须是很难破解的。这样就保证信息在传输过程中不被其他人截取,其他人即使通过非法手段得到网上传输的信息,也只是一些无法看懂的密文。

(2)使用认证技术来保证信息的不可否认。通常可采用数字签名技术、数字认证技术来确认交易双方的身份,同时保证交易内容的不可抵赖性。

(3)使用第三方认证保证交易双方的不可否认。很多网络安全协议采用第三方认证技术进行交易双方的身份认证和交易认证,如 CA 认证中心进行身份认证,通过第三方银行保证交易双方身份认证,从而保证交易能够顺利完成。

(4)可直接在 Internet 上使用,特别是能够在 HTTP 页面下使用,如下面要详细介绍的 SSL 协议使用浏览器软件就可运行。

10.1 网络安全协议概述

在 OSI 标准中,网络通信协议被分为七层,常用的是其中的五层:物理层、数据链路层、网络层、传输层和应用层。一般的网络通信协议都没有考虑安全性需求,这就带来了互联网许多的攻击行为,导致了网络的不安全性,为了解决这一问题,出现了各种网络安全协议以增强网络协议的安全。

通常网络安全协议是基于某一通信协议提供安全机制或服务,并非单独运行。按网络体系结构划分,网络安全协议可以分成数据链路层安全协议、网络层安全协议、传输层安全协议和应用层安全协议。

数据链路层安全协议:PPTP/L2TP 协议通过隧道技术在某种程度上增强 PPP 协议的安全性。

网络层安全协议:IPSec(IP Security)协议是基于 IP 协议的安全协议。

传输层安全协议:SSL(Secure Socket Layer)协议是基于 TCP 协议的安全协议。

应用层安全协议:协议种类繁多。S-HTTP(Secure-HTTP)协议对应 HTTP 协议,S/MIME (Secure/MIME)协议对应 MIME 协议,还有些应用层安全协议是为解决特定应用的安全问题的,如用于加密电子邮件的 PGP(Pretty Good Privacy)协议、用于支持信用卡电子交易的 SET(Secure Electronic Transaction)协议、用于提供第三方认证服务的 Kerberos 认证协议等。

常用的网络安全协议包括 Kerberos 认证协议和安全电子交易协议 SET、SSL、S-HTTP、S/MIME、SSH、IPSec 等。这些安全协议属于不同的网络协议层次,提供不同的安全功能。特别是在 IPv6 中强制采用 IPSec 来加强网络的安全性。根据 OSI 标准中安全体系结构的定义,不同的协议层次上适合提供的安全功能不尽相同。

网络安全协议建立在密码体制基础上,运用密码算法和协议逻辑来实现加密和认证。密钥管理主要分为人工管理和协商管理两种形式。密钥管理都需要通过应用层服务来实现。网络安全协议所处的网络层次存在包含关系,但存在特殊应用的情况除外,OSI 七层协议与信息安全如图 10-1 所示。

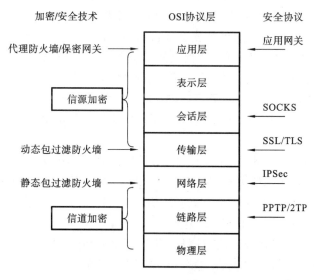

图 10-1 OSI 七层协议与信息安全

10.1.1 应用层安全协议

网络层(传输层)的安全协议允许为主机(进程)之间的数据通道增加安全属性。本质上,这意味着真正的(或许再加上机密的)数据通道还是建立在主机(或进程)之间,但却不可能区分在同一通道上传输的一个具体文件的安全性要求。例如,如果一个主机与另一个主机之间建立起一条安全的 IP 通道,那么所有在这条通道上传输的 IP 包就都要自动地被加密。同样,如果一个进程和另一个进程之间通过传输层安全协议建立起了一条安全的数据通道,那么两个进程间传输的所有消息就都要自动地被加密。如果确实想要区分一个具体文件的不同的安全性要求,那就必须借助于应用层安全性。

1. 电子邮件安全协议

1) PEM

PEM(Privacy Enhanced Mail)协议是 20 世纪 80 年代末至 90 年代初发展起来的,它的功能主要包括加密、认证等。与此同时,出台了传输多种媒体格式的 Email 标准:MIME(Multipurpose Internet Mail Extensions,即 RFC2045),而 S/MIME(RFC2633)采用了 PEM 的许多设计原理,在 MIME 的基础上进行了扩展。

PEM 将邮件报文分成几部分,有的需要加密,有的需要认证,这些需要特殊处理的报文通过语句标记。例如,在需要加密的报文前插入 BEGIN PRIVACY-ENHANCED MESSAGE,在需要加密的报文后插入 END PRIVACY-ENHANCED MESSAGE。

报文加密采用 DES 算法,认证采用 MD-5,密钥的分发是基于公钥技术,用接收者的公钥加密会话密钥,并在 RFC 1422 中定义了证书体系。基于对称密码时,采用事先共享的密钥加密会话密钥。

2) PGP

PGP(Pretty Good Privacy)提供的安全业务有以下方面。

加密:发信人产生一次性会话密钥,用 IDEA、3-DES 或 CAST-128 算法加密报文,采用 RSA 或 D-H 算法,用收信人的公钥加密会话密钥,并与消息一起送出。

认证:用 SHA 对报文杂凑,并以发信人的私钥签字,签名算法采用 RSA 或 DSS。

压缩:ZIP 用于消息的传送或存储。在压缩前签字,在压缩后加密。

兼容性:采用 Radix-64 可将加密的报文转换成 ASCII 字符。

数据分段:PGP 具有分段和组装功能、应用层安全协议的解决办法。

3) S/MIME

S/MIME 将会成为商业和机构使用的工业标准,PGP 为个人 Email 提供安全。S/MIME 具备以下功能:MIME 是对 RFC 822 框架的扩展,致力于解决 STMP 存在的问题;在功能上,S/MIME 与 PGP 相似,通过使用签名、加密或签名/加密的组合来保证 MIME 通信的安全,但强化了证书的规范。

SMTP(简单邮件传输协议)存在这样一些问题:SMTP 不能传输可执行文件和其他二进制码(Jpeg Image);SMTP 只能传输 7 位 ASCII 字符的文字;STMP 服务器拒绝接收超长邮件;ASCII 到 EBCDIC 转换问题;截取换行超过 76 字符的行等。

S/MIME 可以提供的安全功能如下。

封装的数据:加密的内容和加密的会话密钥。

签名的数据:报文摘要+发送者的私钥签名,然后使用基 64 变换编码内容和签名。

透明签名:签名但不加密,只对签名进行基 64 变换,这样具有 MIME 支持而没有 S/MIME 权能的接收者也能读取。

签名和封装的数据：各种不同嵌套顺序将数据加密、签名，如签名加密的数据或加密签名的数据。

S/MIME 使用 X.509 证书，它的密钥管理方案介于严格的 X.509 证书层次结构和 PGP 信任网之间。

2. 远程登录安全协议

SSH 主要由芬兰赫尔辛基大学的 Tatu Ylonen 开发，它提供一条安全的远程登录通道，可以代替 Telnet、Rlogin 等。由于受版权和加密算法的限制，很多人都使用它的免费替代产品 OpenSSH。

SSH 协议有版本 1(SSHv1)和版本 2(SSHv2)，这两个版本互不兼容，目前 SSH 协议只有草案，由 IETF 的 SECSH 工作组规范，还没有形成 RFC。

SSH 体系结构主要有四部分组成，如图 10-2 所示。

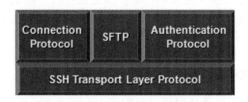

图 10-2　SSH 体系结构

SSH 传输层协议：可以提供服务器主机认证、提供数据加密、提供数据完整性支持。

SSH 认证协议：可以为服务器提供用户的身份认证。

SSH 连接协议：将加密的信息隧道复用成若干个逻辑通道，提供给高层的应用协议使用。

3. Web 安全协议

Web 安全协议(Secure Hyper Text Transfer Protocol,S-HTTP)是安全超文本转换协议的简称，它是一种结合 HTTP 而设计的面向消息的安全通信协议。S-HTTP 为 HTTP 客户端和服务器提供了多种安全机制，为 WWW 中广泛存在的潜在的终端用户提供适当的安全服务选项。

S-HTTP 的设计是以与 HTTP 信息样板共存并易于与 HTTP 应用程序相整合为出发点的。S-HTTP 对消息的保护可以从三个独立的方面来进行：签名、认证和加密。任何消息可以被签名、认证、加密或者三者中的任意组合。S-HTTP 定义了客户端和服务器之间的两种加密消息格式标准：CMS(Cryptographic Message Syntax)和 MOSS(MIME Object Security Services)，但不局限于这两种。

S-HTTP 协议在协商和选择密钥管理机制、安全策略和加密算法方面，具有较强的灵活性。例如，S-HTTP 不要求使用客户端证书，但如果客户端有证书也可以用来认证，如果客户端没有证书，则要求使用其他安全技术。S-HTTP 能兼容 HTTP，即支持 S-HTTP 的客户(服务器)与不支持 S-HTTP 的客户(服务器)通信，当然，这时的通信没有安全特性。

如果使用数字签名，那么消息后面要附加适当的证书，或者接收方能通过其他途径获取证书。如果使用消息认证，那么会用一个共享密钥采用单向哈希函数对整个文档计算

MAC 值。为了支持数据加密,S-HTTP 定义了两种密钥分发机制。第一种是使用公钥机制进行带内密钥交换,即用接收方的公钥加密会话密钥。第二种是使用预先共享的密钥。

10.1.2 传输层安全协议

传输层安全协议有 SSL、TLS、SOCKSv5 等。Netscape 公司开发的 SSL(Secure Socket Layer)协议是安全套接层协议,是一种安全通信协议。

SSL 是为客户端/服务器之间的 HTTP 协议提供加密的安全协议,作为标准被集成在浏览器上。SSL 位于传输层与应用层之间,并非是 Web 专用的安全协议,也能为 Telnet、SMTP、FTP 等其他协议所应用,但 SSL 只能用于 TCP,不能用于 UDP。

TLS 是 SSL 通用化的加密协议,由 IETF 标准化。

SOCKSv4 是为 TELNET、FTP、HTTP、WAIS 和 GOPHER 等基于 TCP 协议的客户端/服务器应用提供的协议。SOCKSv5 扩展了 SOCKSv4,支持 UDP,扩展了框架以包含一般的强安全认证方案,扩展了寻址方案以包括域名和 IPv6 地址,此协议在传输层及应用层之间进行操作。

10.1.3 网络层安全协议

网络层是实现全面安全的最低层次,网络层安全协议可以提供 ISO 安全体系结构中所定义的所有安全服务。IPSec 协议是在网络层上实现的具有加密、认证功能的安全协议,由 IETF 标准化,它既适合于 IPv4,也适合于 IPv6。IPSec 协议能够为所有基于 TCP/IP 协议的应用提供安全服务。

10.2　IPSec 安全体系结构

10.2.1　IPSec 介绍

1. IPSec 概述

IPSec(IP Security)是一种由 IETF 设计的端到端的确保 IP 层通信安全的机制。IPSec 不是一个单独的协议,而是一组协议,这一点对于认识 IPSec 是很重要的。IPSec 协议的定义文件包括了 12 个 RFC 文件和几十个 Internet 草案,已经成为工业标准的网络安全协议。

IPSec 是随着 IPv6 的制定而产生的,鉴于 IPv4 的应用仍然很广泛,所以后来在 IPSec 的制定中也增加了对 IPv4 的支持。IPSec 在 IPv6 中是必须支持的,而在 IPv4 中是可选的。本章中的 IP 协议是指 IPv4 协议。

IP 协议在当初设计时并没有过多地考虑安全问题,而只是为了能够使网络方便地进行互联互通,因此 IP 协议从本质上就是不安全的。仅仅依靠 IP 头部的校验和字段无法保证 IP 包的安全,修改 IP 包并重新正确计算校验和是很容易的。如果不采取安全措施,IP 通信会暴露在多种威胁之下,下面举几个简单的例子。

(1) 窃听。

一般情况下 IP 通信是明文形式的,第三方可以很容易地窃听到 IP 数据包并提取其中的应用层数据。窃听虽然不破坏数据,却造成了通信内容外泄,甚至危及敏感数据安全。

（2）篡改。

攻击者可以在通信线路上非法窃取到 IP 数据包,修改其内容并重新计算校验和,数据包的接收方一般不会察觉出来。作为网络通信用户,即使并非所有的通信数据都是高度机密的,也不想数据在传输过程中有任何差错。

（3）IP 欺骗。

在一台机器上可以假冒另外一台机器向接收方发包。接收方无法判断接收到的数据包是否真的来自该 IP 包中的源 IP 地址。

（4）重放攻击法。

搜集特定的 IP 包,进行一定的处理,然后再一一重新发送,欺骗接收方主机。

IP 协议之所以如此不安全,就是因为 IP 协议没有采取任何安全措施,既没有对数据包的内容进行完整性验证,又没有进行加密。IPSec 协议可以为 IP 网络通信提供透明的安全服务,保护 TCP/IP 通信免遭窃听和篡改,保证数据的完整性和机密性,有效抵御网络攻击,同时保持易用性。表 10-1 列出了与 IPSec 相关的 RFC。

表 10-1　与 IPSec 相关的 RFC

RFC	内　　容
2401	IPSec 体系结构
2402	AH(Authentication Header)协议
2403	HMAC-MD5-96 在 AH 和 ESP 中的应用
2404	HMAC-SHA-1-96 在 AH 和 ESP 中的应用
2405	DES-CBC 在 ESP 中的应用
2406	ESP(Encapsulating Security Payload)协议
2407	IPSec DOI
2408	ISAKMP 协议
2409	IKE(Internet Key Exchange)协议
2410	NULL 加密算法及在 IPSec 中的应用
2411	IPSec 文档路线图
2412	OAKLEY 协议

2. IPSec 的功能

IPSec 具有以下功能。

（1）作为一个隧道协议实现了 VPN 通信。

IPSec 作为第三层的隧道协议,可以在 IP 层上创建一个安全的隧道,使两个异地的私有网络连接起来,或者使公网上的计算机可以访问远程的企业私有网络。这主要是通过隧道模式实现的。

（2）保证数据来源可靠。

在 IPSec 通信之前双方要先用 IKE 认证对方身份并协商密钥，只有 IKE 协商成功之后才能通信。由于第三方不可能知道验证和加密的算法以及相关密钥，因此无法冒充发送方，即使冒充，也会被接收方检测出来。

（3）保证数据完整性。

IPSec 通过验证算法功能保证数据从发送方到接收方的传送过程中任何数据的篡改和丢失都可以被检测。

（4）保证数据机密性。

IPSec 通过加密算法使只有真正的接收方才能获取真正的发送内容，而他人无法获知数据的真正内容。

3．IPSec 体系结构

IPSec 体系结构如图 10-3 所示。

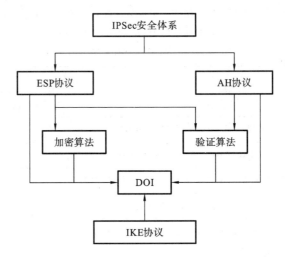

图 10-3　IPSec 体系结构

从图 10-3 中可以看出，IPSec 包含了三个最重要的协议：AH、ESP 和 IKE。

（1）AH 为 IP 数据包提供三种服务：无连接的数据完整性验证、数据源身份认证和防重放攻击。数据完整性验证通过哈希函数（如 MD5）产生的校验来保证；数据源身份认证通过在计算验证码时加入一个共享密钥来实现；AH 报头中的序列号可以防止重放攻击。

（2）ESP 除了为 IP 数据包提供 AH 已有的三种服务外，还提供另外两种服务：数据包加密、数据流加密。加密是 ESP 的基本功能，而数据源身份认证、数据完整性验证以及防重放攻击都是可选的。数据包加密是指对一个 IP 包进行加密，可以加密整个 IP 包，也可以只加密 IP 包的载荷部分，一般用于客户端计算机；数据流加密一般用于支持 IPSec 的路由器，源端路由器并不关心 IP 包的内容，对整个 IP 包进行加密后传输，目的端路由器将该包解密后将原始包继续转发。

AH 和 ESP 可以单独使用，也可以嵌套使用。通过这些组合方式，可以在两台主机、两台安全网关（防火墙和路由器）或者主机与安全网关之间使用。

（3）IKE 协议负责密钥管理，定义了通信实体间进行身份认证、协商加密算法，以及生成共享的会话密钥的方法。IKE 将密钥协商的结果保留在安全联盟(SA)中，供 AH 和 ESP 通信使用。

解释域(DOI)为使用 IKE 进行协商 SA 的协议统一分配标识符。共享一个 DOI 的协议从一个共同的命名空间中选择安全协议，变换、共享密码，以及交换协议的标识符等，DOI 将 IPSec 的这些 RFC 文档联系到一起。

10.2.2　安全关联和安全策略

1. 安全关联

理解安全关联(SA)这一概念对理解 IPSec 是至关重要的。AH 和 ESP 两个协议都使用 SA 来保护通信，而 IKE 的主要功能就是在通信双方协商 SA。

安全关联(Security Association，SA)是两个 IPSec 实体（主机、安全网关）之间经过协商建立起来的一种协定，内容包括采用何种 IPSec 协议(AH 还是 ESP)、运行模式（传输模式还是隧道模式)、验证算法、加密算法、加密密钥、密钥生存期、抗重放窗口、计数器等，从而决定保护什么、如何保护以及谁来保护。可以说 SA 是构成 IPSec 的基础。

SA 是单向的，进入 SA 负责处理接收到的数据包，外出 SA 负责处理要发送的数据包。因此每个通信方必须要有两种 SA，一个进入 SA，一个外出 SA，这两个 SA 构成了一个 SA 束(SA Bundle)。

SA 的管理包括创建和删除，有以下两种管理方式。

（1）创建：SA 的创建分两步进行——先协商 SA 参数，再用 SA 更新 SAD。

人工密钥协商：SA 的内容由管理员手工指定、手工维护。手工维护容易出错，而且手工建立的 SA 没有生存周期限制，永不过期，除非手工删除，因此有安全隐患。调试过程中有用。

IKE 自动管理：一般来说，SA 的自动建立和动态维护是通过 IKE 进行的。利用 IKE 创建和删除 SA，不需要管理员手工维护，而且 SA 有生命期。如果安全策略要求建立安全、保密的连接，但又不存在与该连接相应的 SA，IPSec 的内核会立刻启动 IKE 来协商 SA。

（2）删除：存活时间过期，密钥已遭破解，使用 SA 加密/解密或验证的字节数已超过策略设定的某一个阈值，另一端要求删除这个 SA。必须先删除现有 SA，再协商建立一个新的 SA。为避免耽搁通信，应该在 SA 过期之前就协商好新的 SA。

每个 SA 由三元组(SPI、源/目的 IP 地址、IPSec 协议)来唯一标识，这三项含义如下。

安全参数索引(Security Parameter Index，SPI)：32 位的安全参数索引，用于标识具有相同 IP 地址和相同安全协议的不同的 SA，它通常被放在 AH 或 ESP 中。

源/目的 IP 地址：表示对方 IP 地址，对于外出数据包，指目的 IP 地址；对于进入 IP 包，指源 IP 地址。

IPSec 协议：采用 AH 或 ESP。

2. 安全关联数据库

安全关联数据库(Security Association Database，SAD)并不是通常意义上的数据库，而是将所有的 SA 以某种数据结构集中存储的一个列表。对于外出的流量,如果需要使用 IPSec 处理,然而相应的 SA 不存在,则 IPSec 将启动 IKE 来协商出一个 SA,并存储到 SAD 中。对于进入的流量,如果需要进行 IPSec 处理,IPSec 将从 IP 包中得到三元组,并利用这个三元组在 SAD 中查找一个 SA。

SAD 中每一个 SA 除了上面的三元组之外,还包括下面这些内容。

(1) 本方序号计数器:32 位,用于产生 AH 或 ESP 的序号字段,仅用于外出数据包。SA 刚建立时,该字段值设置为 0,每次用 SA 保护完一个数据包时,就把序列号的值递增 1,对方利用这个字段来检测重放攻击。通常在这个字段溢出之前,SA 会重新进行协商。

(2) 对方序号溢出标志:标识序号计数器是否溢出。如果溢出,则产生一个审计事件,并禁止用 SA 继续发送数据包。

(3) 抗重放窗口:32 位计数器,用于决定进入的 AH 或 ESP 数据包是否为重发的。仅用于进入数据包,如果接收方不选择抗重放服务(如手工设置 SA 时),则不用抗重放窗口。

(4) AH 验证算法、密钥等。

(5) ESP 加密算法、密钥、IV(Initial Vector)模式、IV 等。如果不选择加密,该字段为空。

(6) ESP 验证算法、密钥等。如果不选择验证,则该字段为空。

(7) SA 的生存期:表示 SA 能够存在的最长时间。生存期的衡量可以用时间,也可以用传输的字节数,或将二者同时使用,优先采用先到期者。SA 过期之后应建立一个新的 SA 或终止通信。

(8) 运行模式:是传输模式还是隧道模式。

(9) PMTU:所考察的路径的 MTU 及其 TTL 变量。

3. 安全策略和安全策略数据库

安全策略(Security Policy,SP)指对 IP 数据包提供何种保护,并以何种方式实施保护。SP 主要根据源 IP 地址、目的 IP 地址、入数据还是出数据等来标识。IPSec 还定义了用户能以何种粒度来设定自己的安全策略,由"选择符"来控制粒度的大小,不仅可以控制 IP 地址,还可以控制传输层协议或者 TCP/UDP 端口等。

安全策略数据库(Security Policy Database,SPD)也不是通常意义上的"数据库",而是将所有的 SP 以某种数据结构集中存储的列表。

当要将 IP 包发送出去,或者接收到 IP 包时,首先要查找 SPD 以决定如何进行处理。存在三种可能的处理方式:丢弃、不用 IPSec 和使用 IPSec。

(1) 丢弃:流量不能离开主机或者发送到应用程序,也不能进行转发。

(2) 不用 IPSec:将流量作为普通流量处理,不需要额外的 IPSec 保护。

(3) 使用 IPSec:将流量应用 IPSec 保护,此时这条安全策略要指向一个 SA。对于外出流量,如果该 SA 尚不存在,则启动 IKE 进行协商,把协商的结果连接到该安全策略上。

4. IPSec 的两种运行模式

IPSec 有两种运行模式:传输模式(Transport Mode)和隧道模式(Tunnel Mode)。AH 和 ESP 都支持这两种模式,因此有四种可能的组合:传输模式的 AH、隧道模式的 AH、传输模式的 ESP 和隧道模式的 ESP。

1）IPSec 传输模式

传输模式要保护的内容是 IP 包的载荷，可能是 TCP/UDP 等传输层协议，也可能是 ICMP 协议，还可能是 AH 或者 ESP 协议（在嵌套的情况下）。传输模式为上层协议提供安全保护。通常情况下，传输模式只用于两台主机之间的安全通信。

正常情况下，传输层数据包在 IP 中被添加一个 IP 头部构成 IP 包。启用 IPSec 之后，IPSec 会在传输层数据前面增加 AH 或 ESP 或二者同时增加，构成一个 AH 数据包或 ESP 数据包，然后再添加 IP 头部组成新的 IP 包，IPsec 的传输模式如图 10-4 所示。

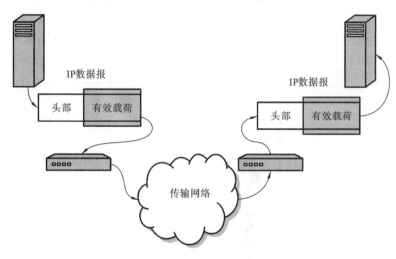

图 10-4　IPsec 的传输模式

以 TCP 协议为例，应用 IPSec 之后包的格式有下面三种可能。

（1）应用 AH：IPAHTCP。

（2）应用 ESP：IPESPTCP。

（3）应用 AH 和 ESP：IPAHESPTCP。

2）IPSec 隧道模式

隧道模式保护的内容是整个原始 IP 包，隧道模式为 IP 协议提供安全保护。通常情况下，只要 IPSec 双方有一方是安全网关或路由器，就必须使用隧道模式。

如果路由器要为自己转发的数据包提供 IPSec 安全服务，就要使用隧道模式。路由器主要依靠检查 IP 头部来作出路由决定，不会也不应该修改 IP 头部以外的其他内容。如果路由器对要转发的包插入传送模式的 AH 或 ESP 头部，则违反了路由器的规则。

路由器将需要进行 IPSec 保护的原始 IP 包看作一个整体，将这个 IP 包作为要保护的内容，前面添加 AH 或者 ESP 头部，然后再添加新的 IP 头部，组成新的 IP 包之后再转发出去。以 ESP 为例，IPsec 的隧道模式如图 10-5 所示。

应用 ESP：IPESPIP＋TCP。

IPSec 隧道模式的数据包有两个 IP 头：内部头和外部头。内部头由路由器背后的主机创建，外部头由提供 IPSec 的设备（可能是主机，也可能是路由器）创建。隧道模式下，通信

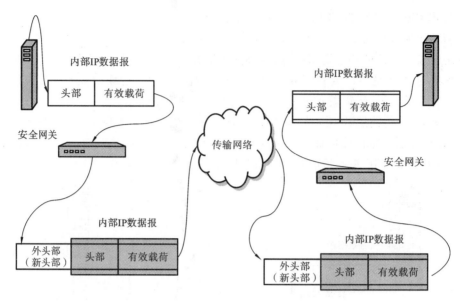

图 10-5　IPsec 的隧道模式

终点由受保护的内部 IP 头指定，而 IPSec 终点由外部 IP 头指定。如 IPSec 终点为安全网关，则该网关会还原出内部 IP 包，再转发到最终目的地。

10.3　AH 协议

10.3.1　AH 概述

验证头部协议（Authentication Header，AH）由 RFC2402 定义，是用于增强 IP 层安全的一个 IPSec 协议，该协议可以提供无连接的数据完整性、数据来源验证和抗重放攻击服务。

AH 协议对 IP 层的数据使用密码学中的验证算法，从而使得对 IP 包的修改可以被检测出来。具体地说，这个验证算法是密码学中的报文验证码（Message Authentication Codes，MAC）算法，MAC 算法将一段给定的任意长度的报文和一个密钥作为输入，产生一个固定长度的输出报文，称为报文摘要或指纹。MAC 算法与 HASH 算法非常相似，区别在于 MAC 算法需要一个密钥，而 HASH 算法不需要。实际上，MAC 算法一般是由 HASH 算法演变而来，也就是将输入报文和密钥结合在一起然后应用 HASH 算法。这种 MAC 算法称为 HMAC 算法，如 HMAC MD5、HMAC SHA1、HMAC RIPEMD 160。

通过 HMAC 算法可以检测出对 IP 包的任何修改，不仅包括对 IP 包的源/目的 IP 地址的修改，还包括对 IP 包载荷的修改，从而保证了 IP 包内容的完整性和 IP 包来源的可靠性。为了使通信双方能产生相同的报文摘要，通信双方必须采用相同的 HMAC 算法和密钥。对同一段报文使用不同的密钥产生相同的报文摘要是不可能的，因此，只有采用相同的 HMAC 算法并共享密钥的通信双方才能产生相同的验证数据。

不同的 IPSec 系统,其可用的 HMAC 算法也可能不同,但是有两个算法是所有 IPSec 都必须实现的:HMAC MD5 和 HMAC SHA1。

10.3.2　AH 头部格式

AH 协议与 TCP、UDP 协议一样,是被 IP 协议封装的协议之一。一个 IP 包的载荷是否是 AH 协议,由 IP 协议头部中的协议字段判断,正如 TCP 协议是 6,UDP 协议是 17 一样,AH 协议是 51。如果一个 IP 包封装的是 AH 协议,在 IP 包头(包括选项字段)后面紧跟的就是 AH 头部。AH 头部格式如图 10-6 所示。

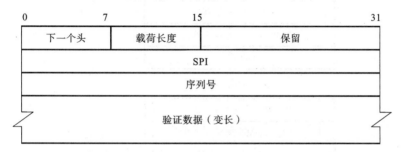

图 10-6　AH 头部格式

(1) 下一个头(Next Header)。

最开始的 8 位,表示紧跟在 AH 头部的下一个载荷的类型,也就是紧跟在 AH 头部后面数据的协议。在传输模式下,该字段是处于保护中的传输层协议的值,如 6(TCP)、17(UDP)或者 50(ESP)。在隧道模式下,AH 所保护的是整个 IP 包,该值是 4,表示 IP-in-IP 协议。

(2) 载荷长度(Payload Length)。

接下来的 8 位,其值是以 32 位(4 B)为单位的整个 AH 数据(包括头部和变长的认证数据)的长度再减 2。

(3) 保留(Reserved)。

16 位,作为保留用,实现中应全部设置为 0。

(4) SPI(Security Parameter Index,安全参数索引)。

SPI 是一个 32 位整数,与源/目的 IP 地址、IPSec 协议一起组成的三元组可以为该 IP 包唯一地确定一个 SA。[1,255]保留为将来使用,0 保留本地的特定实现使用,因此,可用的 SPI 值为[256,$2^{32}-1$]。

(5) 序列号(Sequence Number)。

序列号是一个 32 位整数,作为一个单调递增的计数器,为每个 AH 包赋予一个序号。当通信双方建立 SA 时,计数器初始化为 0。SA 是单向的,每发送一个包,外出 SA 的计数器增 1;每接收一个包,进入 SA 的计数器增 1。该字段可以用于抗重放攻击。

(6) 验证数据(Authentication Data)。

可变长部分包含了验证数据,也就是 HMAC 算法的结果,称为完整性校验值(Integrity Check Value,ICV)。该字段必须为 32 位的整数倍,如果 ICV 不是 32 位的整数倍,必须进行填充,用于生成 ICV 的算法由 SA 指定。

10.3.3 AH 运行模式

AH 有两种运行模式:传输模式和隧道模式。

1. AH 传输模式

在 AH 传输模式中,AH 插入到 IP 头部(包括 IP 选项字段)之后,传输层协议(如 TCP、UDP)或者其他 IPSec 协议之前。以 TCP 数据为例,图 10-7 表示了 AH 在传输模式中的位置。

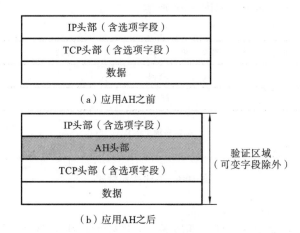

图 10-7　AH 传输模式

从图 10-7 可以看出,被 AH 验证的区域是整个 IP 包(可变字段除外),包括 IP 包头部,因此源 IP 地址、目的 IP 地址是不能被修改的,否则会被检测出来。然而,如果该包在传送的过程中经过网络地址转换(Network Address Translation,NAT)网关,则其源/目的 IP 地址会被改变,会造成到达目的地址后的完整性验证失败,因此,AH 在传输模式下与 NAT 是冲突的,不能同时使用,或者可以说 AH 不能穿越 NAT。

2. AH 隧道模式

在 AH 隧道模式中,AH 插入到原始 IP 头部字段之前,然后在 AH 之前再增加一个新的 IP 头部。以 TCP 为例,图 10-8 表示了 AH 隧道模式。

在隧道模式下,AH 验证的范围也是整个 IP 包,因此上面讨论的 AH 和 NAT 的冲突在隧道模式下也存在。在隧道模式中,AH 可以单独使用,也可以与 ESP 一起嵌套使用。

10.3.4 数据完整性检查

在应用 AH 进行处理时,相应的 SA 应该已经建立,因此 AH 所用到的 HMAC 算法和密钥已经确定。从上面的传输模式和隧道模式可以看出,AH 协议验证的范围包括整个 IP 包,验证过程概括如下:在发送方,整个 IP 包和验证密钥被作为输入,经过 HMAC 算法计算后得到的结果被填充到 AH 头部的"验证数据"字段中;在接收方,整个 IP 包和验证算法所用的密钥也被作为输入,经过 HMAC 算法计算的结果与 AH 头部的"验证数据"字段进行比较,如果一致,则说明该 IP 包数据没有被篡改,内容是真实可信的。

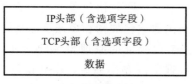

| IP头部（含选项字段） |
| TCP头部（含选项字段） |
| 数据 |

（a）应用AH之前

| 新IP头部（含选项字段） |
| AH头部 |
| IP头部（含选项字段） |
| TCP头部（含选项字段） |
| 数据 |

验证区域
（可变字段除外）

（b）应用AH之后

图 10-8　AH 隧道模式

在应用 HMAC 算法时，有一些因素需要考虑。在 IP 字段中，有一些是可变的，而且在传输过程中被修改也是合理的，不能说明该数据包是被非法篡改的。这些字段在计算 HMAC 时被临时用 0 填充，具体包括如下。

ToS(Type of Service)：8 位的服务类型字段指出了延时、吞吐量和可靠性方面的要求。某些路由器会修改该字段以达到特定的服务质量。

标志字段：这是指用于表示分片的 3 个标志——DF(Don't Fragment)、MF(More Fragments)和 0。路由器可能会修改这 3 个标志。

分片偏移字段：标志字段后面的 13 位的偏移字段。

TTL：生命期，为了防止 IP 包的无限次路由，每经过一个路由器，该字段减 1，当 TTL 变为 0 时，被路由器抛弃。

头部校验和：中间路由器对 IP 包头部作了任何修改之后，必须重新计算头部校验和，因此该字段也是可变的。

另外，AH 头部的验证数据字段在计算之前也要用 0 填充，计算之后再填充验证结果。

对于一个 IP 包，除上述可变字段外，其余部分都应该是不变的，这些部分也正是受到 AH 协议保护的部分。具体来说，这些不变的部分包括版本字段、头部长度字段、IP 总长字段、ID 字段、协议字段、源 IP 地址字段、目的地址字段。

AH 头中除"验证数据"以外的其他字段数据是指经过 AH 处理之后，在 AH 头部后面的数据。传输方式下，数据指 TCP、UDP 或 ICMP 等传输层数据；隧道模式下，数据指被封装的原 IP 包。

10.4　ESP 协议

10.4.1　ESP 概述

与 AH 一样，封装安全载荷(Encapsulating Security Payload，ESP)协议也是一种增强

IP 层安全的 IPSec 协议,由 RFC2406 定义。ESP 协议除了可以提供数据完整性和数据来源验证以及抗重放攻击服务之外,还提供数据包加密和数据流加密服务。

ESP 协议提供数据完整性和数据来源验证的原理与 AH 一样,也是通过验证算法实现。然而,与 AH 相比,ESP 验证的数据范围要小一些。ESP 协议规定了所有 IPSec 系统必须实现的验证算法:HMAC MD5、HMAC SHA1、NULL。NULL 认证算法是指实际不进行认证的算法。

数据包加密服务通过对单个 IP 包或 IP 包载荷应用加密算法实现;数据流加密是通过隧道模式下对整个 IP 包应用加密算法实现。ESP 的加密采用的是对称密钥加密算法。与公钥加密算法相比,对称密钥加密算法可以提供更大的加密/解密吞吐量。不同的 IPSec 实现,其加密算法也有所不同。为了保证互操作性,ESP 协议规定了所有 IPSec 系统都必须实现的算法:DES-CBC、NULL。NULL 算法是指实际不进行加密。

之所以有 NULL 算法,是因为加密和认证都是可选的,但是 ESP 协议规定加密和认证不能同时为 NULL。换句话说,如果采用 ESP,则加密和认证至少必选其一,当然也可以二者都选,但是不能二者都不选。

10.4.2 ESP 头部格式

ESP 协议与 TCP、UDP、AH 协议一样,是被 IP 协议封装的协议之一。一个 IP 包的载荷是否是 ESP 协议,由 IP 协议头部中的协议字段判断,ESP 协议字段是 50。如果一个 IP 包封装的是 ESP 协议,在 IP 包头(包括选项字段)后面紧跟的就是 ESP 协议头部,ESP 协议头部格式如图 10-9 所示。

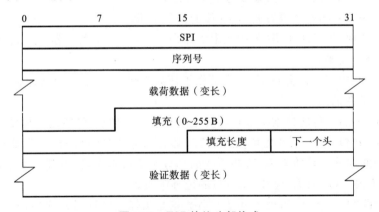

图 10-9 ESP 协议头部格式

(1) SPI。

SPI 是一个 32 位整数,与源/目的 IP 地址、IPSec 协议一起组成的三元组可以为该 IP 包唯一地确定一个 SA。

(2) 序列号(Sequence Number)。

序列号是一个 32 位整数,作为一个单调递增的计数器,为每个 ESP 包赋予一个序号。当通信双方建立 SA 时,计数器初始化数据为 0。SA 是单向的,每发送一个包,外出 SA 的计数器数据增 1;每接收一个包,进入 SA 的计数器数据增 1。该字段可以用于抗重放攻击。

（3）载荷数据（Payload Data）。

这是变长字段，包含了实际的载荷数据。不管 SA 是否需要加密，该字段总是必需的。如果采用了加密，则该部分就是加密后的密文；如果没有加密，则该部分就是明文。如果采用的加密算法需要一个初始向量（Initial Vector，IV），则 IV 也是在本字段中传输的。该加密算法的规范必须能够指明 IV 的长度以及在本字段中的位置。本字段的长度必须是 8 的整数倍。

（4）填充（Padding）。

填充字段包含了填充位。

（5）填充长度（Pad Length）。

填充长度是一个 8 位字段，以字节为单位指示了填充字段的长度，其范围为[0,255]。

（6）下一个头（Next Header）。

8 位字段指明了封装在载荷中的数据类型，例如，6 表示 TCP 数据。

（7）验证数据（Authentication Data）。

变长字段。只有选择了验证服务时才会有该字段，包含了验证的结果。

10.4.3　ESP 运行模式

与 AH 一样，ESP 也有两种运行模式：传输模式和隧道模式。运行模式决定了 ESP 插入的位置以及保护的对象。

1. ESP 传输模式

ESP 传输模式保护的是 IP 包的载荷，如 TCP、UDP、ICMP 等，也可以是其他 IPSec 协议的头部。ESP 插入到 IP 头部（含选项字段）之后、任何被 IP 协议封装的协议（如传输层协议 TCP、UDP、ICMP，或者 IPSec 协议）之前。以 TCP 为例，图 10-10 所示的是应用 ESP 前、后的 ESP 传输模式。

在图 10-10 中，ESP 头部包含 SPI 和序号字段，ESP 尾部包含填充、填充长度和下一个头部字段。加密区域和验证区域在图中已经表示出来了。

如果使用了加密，则 SPI 和序号字段不能被加密。首先，在接收端，SPI 字段用于和源 IP 地址、IPSec 协议一起组成一个三元组来唯一确定一个 SA，利用该 SA 进行验证、解密等后续处理。如果 SPI 被加密了，则要解密之前就必须找到 SA，而查找 SA 又需要 SPI，这样就产生了类似于"先有鸡还是先有鸡蛋"的问题，因此，SPI 不能被加密。其次，序号字段用于判断包是否重复，从而可以防止重放攻击。序号字段不会泄漏明文中的任何机密，没有必要进行加密。不加密序号字段也使得一个包不经过烦琐的解密过程就可以判断包是否重复，如果重复则丢弃包，节省了时间和资源。

如果使用了验证，则验证数据也不会被加密，因为如果 SA 需要 ESP 的验证服务，那么接收端会在进行任何后续处理（如检查重放、解密）之前进行验证。数据包只有经过验证证明该包没有经过任何修改，是可以信任的，才会进行后续处理。

值得注意的是，与 AH 不同，ESP 的验证不会对整个 IP 包进行验证，IP 包头部（含选项字段）不会被验证。因此，ESP 不存在像 AH 那样的与 NAT 模式冲突的问题。如果通信的任何一方具有私有地址或者在安全网关背后，双方的通信仍然可以用 ESP 来保护其安全，因为 IP

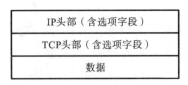

（a）应用ESP之前

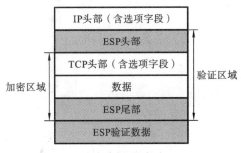

（b）应用ESP之后

图 10-10　ESP 传输模式

头部中的源/目的 IP 地址和其他字段不被验证,可以被 NAT 网关或者安全网关修改。

当然,ESP 在验证上的这种灵活性也有缺点:除了 ESP 头部之外,任何 IP 头部字段都可以修改,只要保证其校验和计算正确,接收端就不能检测出这种修改。所以 ESP 传输模式的验证服务要比 AH 传输模式弱一些。如果需要更强的验证服务并且通信双方都是公有 IP 地址,则应该采用 AH 验证,或者将 AH 认证与 ESP 验证同时使用。

2. ESP 隧道模式

ESP 隧道模式保护的是整个 IP 包,对整个 IP 包进行加密。ESP 插入到原 IP 头部(含选项字段)之前,在 ESP 之前再插入新的 IP 头部。以 TCP 为例,图 10-11 所示的是应用 ESP 隧道模式前、后的 ESP 隧道模式。

在隧道模式下,有两个 IP 头部。里面的 IP 头部是原始的 IP 头部,含有真实的源 IP 地址、最终的目的 IP 地址;外面的 IP 头部可以包含与里面 IP 头部不同的 IP 地址,例如,可以是 NAT 网关的 IP 地址,这样两个子网中的主机可以利用 ESP 进行安全通信。

与 ESP 传输模式一样,ESP 头部含有 SPI 和序号字段;ESP 尾部含有填充、填充长度和下一个头字段;如果选用了验证,ESP 的验证数据字段中包含了验证数据。同样,ESP 头部和 ESP 验证数据字段不被加密。

ESP 隧道模式中的加密区域和验证区域的范围如图 10-11 所示,内部 IP 头部被加密和验证,而外部 IP 头部既不被加密也不被验证。不被加密是因为路由器需要这些信息来为其寻找路由;不被验证是为了能适用于 NAT 等情况。

重要的是,ESP 隧道模式的验证和加密能够提供比 ESP 传输模式更加强大的安全功能,因为 ESP 隧道模式对整个原始 IP 包进行验证和加密,可以提供数据流加密服务;而 ESP 传输模式不能提供数据流加密服务,因为源、目的 IP 地址不能被加密。

不过,隧道模式下会占用更多的带宽,因为隧道模式要增加一个额外的 IP 头部,因此,如果带宽利用率是一个关键问题,则传输模式更合适。

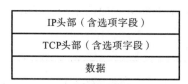

（a）应用ESP之前

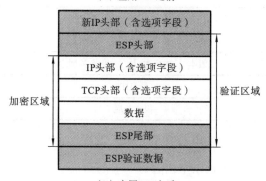

（b）应用ESP之后

图 10-11　ESP 隧道模式

　　尽管 ESP 隧道模式的验证功能不像 AH 的传输模式或隧道模式那么强大，但 ESP 隧道模式提供的安全功能已经足够了。

10.5　密钥管理协议

10.5.1　ISAKMP 概述

　　Internet 安全联盟密钥管理协议（Internet Security Association Key Management Protocol，ISAKMP）由 RFC2408 定义，定义了协商、建立、修改和删除 SA 的过程和包格式。ISAKMP 只是为 SA 的属性以及协商、修改、删除等功能提供了一个通用的框架，并没有定义具体的 SA 格式。

　　ISAKMP 没有定义任何密钥交换协议的细节，也没有定义任何具体的加密算法、密钥生成技术或者认证机制。这个通用的框架是与密钥交换独立的，可以被不同的密钥交换协议使用。

　　ISAKMP 报文可以利用 UDP 或者 TCP，端口都是 500，一般情况下常用 UDP 协议。

　　ISAKMP 双方交换的内容称为载荷（Payload），ISAKMP 目前定义了 13 种载荷，一个载荷就像积木中的一个"小方块"，这些载荷按照某种规则"叠放"在一起，然后在最前面添加 ISAKMP 头部，这样就组成了一个 ISAKMP 报文，这些报文按照一定的模式进行交换，从而完成 SA 的协商、修改和删除等功能。

　　在讨论具体载荷之前，先看看 ISAKMP 报文头部格式。

10.5.2　ISAKMP 报文头部格式

　　ISAKMP 报文的头部是固定长度的，包含了维护状态、处理载荷必要的信息，头部后面的载荷数目不定。ISAKMP 报文头部格式如图 10-12 所示。

图 10-12 ISAKMP 报文头部格式

ISAKMP 报文头部格式包括以下内容。

(1) 发起方 Cookie(Initiator Cookie)。

发起方 Cookie 长度为 64 位(8 B)。Cookie 可以帮助通信双方确认一个 ISAKMP 报文
是否真的来自对方。在发起方,如果收到的某报文的应答方 Cookie 字段与以前收到的该字
段不同,则丢弃该报文;同样,在应答方,如果收到的某报文的发起方 Cookie 与以前收到的
该字段不同,则丢弃该报文。这种机制可以防止 DoS 攻击。

尽管 Cookie 的生成方法在实现不同的 ISAKMP 时可能不同,但无论发起方还是响应
方,Cookie 必须满足以下两个条件。

① Cookie 必须是用各自的机密信息生成的,该机密信息不能从 Cookie 中推导出来。

② 对于一个 SA,其 Cookie 是唯一的,也就是说对于一次 SA 协商过程,Cookie 不能
改变。

常用的一个生成 Cookie 的方法是对下述信息进行 HASH(MD5、SHA1 或其他 HASH
算法)之后,取结果的前 64 位:源 IP 地址+目的 IP 地址+UDP 源端口+UDP 目的端口+
随机数+当前日期+当前时间。

(2) 应答方 Cookie(Responder Cookie)。

应答方 Cookie 紧跟在发起方 Cookie 之后,长度为 64 位(8 B)。

(3) 下一个载荷(Next Payload)。

表示紧跟在 ISAKMP 头部之后的第一个载荷的类型值。目前定义了 13 种载荷,
ISAKMP 定义的载荷类型值如表 10-2 所示,长度为 4 位,表示 ISAKMP 协议的主版本号。

表 10-2 ISAKMP 定义的载荷类型值

载 荷 类 型	值
None	0
SA(Security Association)载荷	1
建议(Proposal)载荷	2
变换(Transform)载荷	3

续表

载 荷 类 型	值
密钥交换(Key Exchange)载荷	4
身份(Identification)载荷	5
证书(Certificate)载荷	6
证书请求(Certificate Request)载荷	7
HASH 载荷	8
签名(Signature)载荷	9
NONCE 载荷	10
通知(Notification)载荷	11
删除(Delete)载荷	12
厂商(Vendor)载荷	13
保留	14～127
私有用途	128～255

（4）主版本(Major Version)。

长度为 4 位，表示 ISAKMP 协议的主版本号。

（5）次版本(Minor Version)。

长度为 4 位，表示 ISAKMP 协议的次版本号。

（6）交换类型(Exchange Type)。

长度为 8 位，表示该报文所属的交换类型。目前定义了 5 种交换类型，ISAKMP 交换类型如表 10-3 所示。

表 10-3　ISAKMP 交换类型

交 换 类 型	值
None	0
基本交换(Base)	1
身份包含交换(Identity Protection)	2
纯认证交换(Authentication Only)	3
积极交换(Aggressive)	4
信息交换(Informational)	5
ISAKMP 将来使用	6～31
DOI 专用	32～239
私有用途	240～255

（7）标志(Flags)。

长度为 8 位，目前只有后 3 位有用，其余保留，用 0 填充。后 3 位的含义从最后一位往前依次为：

① 加密位(Encryption)，加密位如果是 1，表示 ISAKMP 头部后面的所有载荷都被加密了，如果是 0，表示载荷是明文，没有加密；

② 提交位(Commit)；

③ 纯验证位(Authentication Only)。

(8) 消息 ID(Message ID)。

长度 32 位，包含的是由第二阶段协商的发起方生成的随机值，这个唯一的报文标识可以唯一确定第二阶段的协议状态。

(9) 报文长度(Length)。

长度 32 位，以字节为单位表示了 ISAKMP 整个报文(头部＋若干载荷)的总长度。

10.5.3 ISAKMP 载荷头部

不论何种载荷，都有一个相同格式的载荷头部，图 10-13 表示了这个通用的载荷头部格式。载荷头部格式包括以下内容。

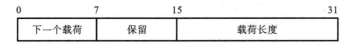

图 10-13 载荷头部格式

(1) 下一个载荷(Next Payload)。

8 位字段，表示紧跟在本载荷后面的下一个载荷的类型。通过该字段，不同的载荷可以像链条一样链接起来，每个载荷的类型都在前一个载荷中指明，第一个载荷的类型在 ISAKMP 头部中指明，最后一个载荷的 Next Payload 类型为 0，从而指明这是最后一个载荷。

(2) 保留(Reserved)。

保留用，8 位字段，全 0。

(3) 载荷长度(Payload Length)。

以字节为单位表示的载荷长度(包括载荷头部)，16 位字段，该字段定义了每个载荷的边界。

10.5.4 ISAKMP 载荷

ISAKMP 载荷包括以下内容。

(1) SA 载荷。

SA 载荷用于协商 SA，并且指出协商发生的环境，也就是 DOI。ISAKMP 协议只是为协商、修改、删除 SA 的过程定义了一个框架，而 SA 的内容、SA 的属性、某些载荷的特定字段等还需要应用 ISAKMP 的协议来具体定义和实现，这些具体的实现就构成了 DOI，如正在讨论的 IPSec 就是一种 DOI。

(2) 建议载荷。

建议载荷包含的是在 SA 协商过程中用到的信息。该载荷提供了一个框架，利用这个框架发起方向接收方发送自己的建议,如期望的 IPSec 协议和其他安全机制。

（3）变换载荷。

变换载荷包括变换编号(Transform Number)和变换 ID(Transform ID),前者表示本载荷在建议载荷中的编号,后者确定变换 ID 的取值。

（4）密钥交换载荷。

密钥交换载荷用于传输密钥交换数据,这个载荷不局限于任何密钥交换协议。除了通用载荷头部外,该载荷只包含一个变长的密钥交换数据字段,该字段的组成格式及如何解释由具体的密钥交换协议具体定义,因此该载荷适用于任何常用的密钥交换协议。

（5）身份载荷。

通信双方利用身份载荷互相交换身份信息。在 SA 协商时,发起方要通过该载荷告诉对方自己的身份,而响应方利用发起方的身份来决定应该采用何种安全策略。

（6）证书载荷。

证书载荷允许通信双方交换各自的证书,或者与证书相关的其他内容。

（7）证书请求载荷。

通信双方可以利用证书请求载荷请求对方发送证书。一方在收到该请求后,如果支持证书,就必须利用证书载荷发送对方所请求的证书。如果有多个证书,请求方就必须发送多次证书请求载荷,接收方发送多次证书载荷。

（8）哈希载荷。

哈希载荷包含的是 Hash 验证函数产生的数据,该函数是 SA 协商过程中双方协商出来的 Hash 函数。Hash 数据一般用于验证包含在 ISAKMP 报文中的其余部分数据的完整性,或者对协商实体进行鉴别。

（9）签名载荷。

签名载荷包含由数字签名函数所产生的数据,该函数是 SA 协商过程中双方协商出来的。此载荷用来认证 ISAKMP 报文的完整性,还可用作不可否认服务。

（10）Nonce 载荷。

Nonce 载荷包含在交换期间用于保证存活和防止重放攻击的随机数。如果 Nonce 用于特殊的密钥交换协议,Nonce 载荷的使用将由该密钥交换机制指定。Nonce 可作为密钥交换载荷的交换数据的一部分,或作为一个独立的载荷发送。具体如何发送,由密钥交换定义,而不是由 ISAKMP 定义。

（11）通知载荷。

通知载荷用于告知对方一些信息,如错误状态。

（12）删除载荷。

通信一方利用删除载荷告诉对方自己已经从 SAD 中删除给定 IPSec 协议(IAKMP、AH 或者 ESP)的 SA。注意,删除载荷并不是命令对方删除 SA,而是建议对方删除 SA。如果对方选择忽略该删除载荷,则对方以后再使用该 SA 所发送的报文将失败。另外,对于该删除报文不需要对方应答,也就是说对方不需要返回删除报文。

（13）厂商 ID 载荷。

厂商 ID 载荷用于传输厂商定义的常数。这个机制允许厂商在维持向后兼容性的同时,试验新的特性。

10.5.5 ISAKMP 协商阶段

ISAKMP 协商过程分为两个阶段:阶段 1 和阶段 2。两个阶段所协商的对象不同,但协商过程的交换方式由 ISAKMP 定义或者由密钥交换协议(如 IKE)定义。

(1) 阶段 1。

这个阶段要协商的 SA 可以称为 ISAKMP SA(在 IKE 中可以称为 IKE SA),该 SA 是为了保证阶段 2 的安全通信。

(2) 阶段 2。

这个阶段要协商的 SA 是密钥交换协议最终要协商的 SA,当 IKE 为 IPSec 协商时可以称为 IPSec SA,是保证 AH 或者 ESP 的安全通信。阶段 2 的安全由阶段 1 的协商结果保证。阶段 1 所协商的一个 SA 可以用于协商多个阶段 2 的 SA。

10.5.6 交换类型

ISAKMP 定义了五种交换类型。交换类型定义的是通信双方所传送的载荷的类型和顺序,如一方先发送什么载荷,另一方应如何应答等。这些交换模式的区别是对传输信息的保护程度不同,并且传输的载荷数量也不同。

这五种交换类型分别是:基本交换(Base Exchange)、身份保护交换(Identity Protection Exchange)、纯认证交换(Authentication Only Exchange)、积极交换(Aggressive Exchange)、信息交换(Informational Exchange)。

10.6 SSL 协议

由于 Web 上有时要传输重要或敏感的数据,因此 Netscape 公司在推出 Web 浏览器的同时,提出了安全通信协议(Secure Socket Layer,SSL)。SSL 采用公开密钥技术,其目的是保证两个应用间通信的保密性和可靠性,可在服务器和客户机两端同时实现支持。目前,利用公开密钥技术的 SSL 协议已成为 Internet 上保密通信的工业标准。现行 Web 浏览器普遍将 HTTP 和 SSL 结合,仅需安装数字证书或服务器证书就可以激活服务器功能,从而实现安全通信。

10.6.1 SSL 协议概述

SSL 协议又称安全套接层协议,是由网景(Netscape)设计开发的网络安全协议,其主要是为网络通信应用进程间提供一个安全通道,于 1996 年由 Netscape 公司推出 SSL 3.0,得到了广泛的应用,并已被 IETF 的传输层安全工作小组(TLS working group)所采纳。目前,SSL 协议已经成为 Internet 事实上的传输层安全标准,已广泛用于 Web 浏览器与服务器之间的身份认证和加密数据传输。

SSL 协议是一种在持有数字证书的客户端浏览器(如 Internet Explorer、Netscape Navigator 等)和远程的 WWW 服务器(如 Netscape Enterprise Server、IIS 等)之间,构造安

全通信通道并且传输数据的协议。它运行在 TCP/IP 协议层之上而在其他高层协议（如 HTTP、Telnet、FTP、SMTP 等）之下，位于可靠的面向连接的网络层协议和应用层协议之间的一种协议层。应用层数据不再直接传输给传输层，而是传输给 SSL 层，SSL 层对从应用层收到的数据进行加密，并增加自己的 SSL 头。SSL 协议的应用如图 10-14 所示。

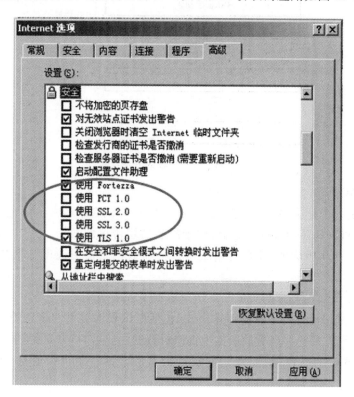

图 10-14　SSL 协议的应用

SSL 协议可用于保护正常运行于 TCP 层之上的任何应用协议，如 HTTP、FTP、SMTP 或 Telnet 的通信，最常见的是用 SSL 保护 HTTP 通信。SSL 协议的优点是它与应用层协议无关。高层的应用层协议（如 HTTP、Telnet、FTP、SMTP 等）能透明地建立于 SSL 协议之上。SSL 协议的分层结构如图 10-15 所示。

SSL 协议使用通信双方的客户证书以及 CA 根证书，允许客户/服务器应用一种不能被偷听的方式通信，在通信双方间建立起一条安全的、可信任的通信通道。该协议使用密钥对传输加密数据，许多网站都是通过这种协议从客户端接收信用卡编号等保密信息。它被认为是最安全的在线交易模式。

SSL 协议提供的服务有以下三种。

（1）身份合法性：认证用户和服务器，确保数据发送到正确的客户机和服务器；用户和服务器的合法性认证（using X.509v3 digital certificates）。

（2）数据机密性：加密数据以防止数据中途被窃取；传输数据的机密性（using one of DES，Triple DES，IDEA，RC2，RC4，…）。

（3）数据完整性：维护数据的完整性，确保数据在传输过程中不被改变；传输数据的完

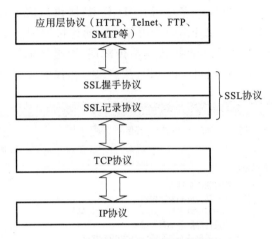

图 10-15 SSL 协议的分层结构

整性(using MAC with MD5 or SHA-1)。

SSL 协议是一个分层协议,共有两层。处于 SSL 协议底层的是 SSL 记录协议,它位于可靠的传输层协议(如 TCP 协议)之上,用于封装高层协议的数据。其中 SSL 握手协议允许服务方和客户方互相认证,并在应用层协议传输数据之前协商出一个加密算法和会话密钥。

SSL 协议主要由 SSL 记录协议和 SSL 握手协议两部分组成。

(1) SSL 记录协议规定了数据传输格式,包括应用程序提供的信息的分段、压缩、数据认证和加密,在 SSL 的 3.0 以后的版本中提供对数据认证用的 MD5 和 SHA 以及数据加密用的 R4 和 DES 等的支持,对要发送的数据加密的会话密钥可以通过 SSL 握手协议来协商。

(2) SSL 握手协议使得服务器和客户能够相互认证对方的身份,用来实现在客户端验证服务器证书,允许客户端和服务器选择双方都支持的数据加密算法(私有密钥加密法)并且产生会话密钥;在服务器端验证客户(可选的),用公钥加密算法与数字摘要算法安全交换会话密钥,最后建立加密的 SSL 连接等功能。

采用 SSL 握手协议建立客户与服务器之间的安全通道,该协议包括:双方的相互认证,交换密钥参数;采用告警协议向对端指示其安全错误;采用改变密码规格协议告知改变密码参数;采用记录协议封装以上三种协议或应用层数据。

SSL 协议体系结构如图 10-16 所示。

SSL 协议中有两个重要概念:SSL 会话和 SSL 连接,在 SSL 协议中规定如下。

SSL 连接:连接是能提供合适服务类型的传输(在 OSI 分层模型中的定义);对 SSL 协议,这样的连接是对等关系;连接是暂时的,每个连接都与一个会话相关。一个连接是一个提供一种合适服务类型的传输(OSI 分层的定义)。SSL 连接是点对点的关系。

SSL 会话:SSL 会话是指在客户机和服务器之间的关联;会话是虚拟的结构。

SSL 会话与连接如图 10-17 所示。

一个 SSL 会话是在客户与服务器之间的一个关联。会话由 Handshake Protocol 创建。

应用层协议			
SSL握手协议	SSL改变加密约定协议	SSL告警协议	
SSL记录协议			
TCP协议			
IP协议			
底层协议			

图 10-16　SSL 协议体系结构

图 10-17　SSL 会话与连接

会话定义了一组可供多个连接共享的密码安全参数。会话以避免为每一个连接提供新的安全参数所需昂贵的协商为代价。

10.6.2　SSL 记录协议

　　SSL 记录协议是 SSL 协议的底层协议。SSL 记录协议在客户机和服务器之间传输应用，根据当前会话状态指定的参数以及连接状态中指定的参数内容，对当前的连接中要传输的高层数据实施压缩与解压缩、加密与解密、计算与校验 MAC 等操作，对数据控制，并且可对数据进行分段或者把多个高层协议数据组合成单个数据单元。SSL 记录协议的操作过程如图 10-18 所示。

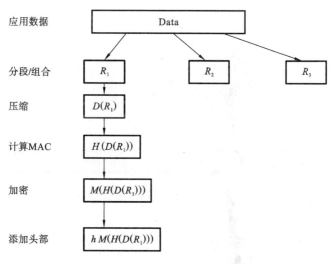

图 10-18　SSL 记录协议的操作过程

（1）分段/组合。

每一个高层消息都要分段,使其长度不超过 214 B。

（2）压缩。

该操作是可选的,SSL 记录协议不指定压缩算法,但要求压缩必须是无损的,而且不会增加 1024 B 以上长度的内容。一般总希望压缩是缩短了数据而不是增长了数据,但是对于非常短的数据,由于格式原因,有可能压缩算法的输出长度大于输入长度。

（3）计算 MAC。

对压缩后的数据计算,SSL 记录验证码,即 MAC。记录验证码可使用专用公式进行计算,主要使用单向散列函数 Hash 进行计算。

（4）加密。

使用对称加密算法给添加了 MAC 的压缩数据加密,而且加密不能增加超过 1024 B 长度的内容。

（5）添加头部。

给加密运算后的报文添加实现 SSL 记录的头部。该头部由以下这些字段组成。

内容类型(8 位):用来指明封装数据的类型。

主版本(8 位):指明 SSL 使用的主版本。

从版本(8 位):指明 SSL 使用的从版本。

压缩长度(16 位):明文负载(如果压缩,则为压缩后的负载)的字节长度。

负载(可变):指待处理的明文数据经过压缩(可选)、加密后形成的密文数据。

MAC(16 B 或 20 B):针对压缩后的明文数据进行计算得到的消息认证码,如基于 SHA-1 进行计算时,MAC 的长度为 20 B;基于 MD5 进行计算时,MAC 的长度为 16 B。

10.6.3　SSL 握手协议

握手协议用于建立会话、协商加密方法、鉴别方法、压缩方法和初始化操作,使服务器和客户能够相互鉴别对方的身份、协商加密和 MAC 算法,用来保护在 SSL 记录中发送数据的加密密钥。

握手协议的主要作用是允许客户和服务器进行相互验证(一般只是客户验证)、选择加密规范和 MAC 算法,使用保密密钥来保护 SSL 记录中的数据。握手协议通过客户机与服务器之间多次信息交换实现。握手协议是在应用程序的数据传输之前使用的。

握手协议包含的字段如图 10-19 所示,每个握手协议包含以下三个字段。

图 10-19　握手协议包含的字段

（1）Type:表示 10 种消息类型之一。

（2）Length:表示消息长度字节数。

（3）Content:与消息相关的参数。

SSL 握手协议使用的消息类型如表 10-4 所示。

表 10-4　SSL 握手协议使用的消息类型

消 息 类 型	说　　明	参　　数
hello_request	握手请求,服务器可在任何时候向客户端发送该消息。若客户端正在进行握手过程就可忽略该消息,否则客户端发送 cleint_hello 消息,启动握手过程	无
client_hello	客户启动握手请求,该消息是客户第一次连接服务器时向服务器发送的第一条消息。该消息中包括了客户端支持的各种算法,若服务器端不能支持,则本次会话可能失败	版本、随机数、会话 ID、密文族、压缩方法
server_hello	服务器对客户端 client_hello 消息恢复	版本、随机数、会话 ID、密文族、压缩方法
server_certificate	服务器提供的证书。如果客户要求对服务器进行认证,则服务器在发送 server_hello 消息后,向客户端发送该消息。证书的类型一般是 X.509v3	X.509v3 证书链
server_key_exchange	服务器密钥交换。当服务器不使用证书,或其证书中仅提供签名而不提供密钥时,需要使用本消息来交换密钥	参数、签名

SSL 握手协议的流程如图 10-20 所示,SSL 握手协议包含如下四个阶段。

第一阶段:建立起安全协商。

客户发送一个 client_hello 消息,包括以下参数:版本、随机数(32 位时间戳+28 B 随机序列)、会话 ID、客户支持的密码算法列表、客户支持的压缩方法列表。

然后,客户等待服务器的 server_hello 消息。

服务器发送 server_hello 消息,参数:客户建议的低版本以及服务器支持的最高版本,服务器产生的随机数,会话 ID,服务器从客户建议的密码算法中挑出一个,服务器从客户建议的压缩方法中挑出一个。

第二阶段:服务器鉴别和密钥交换。

服务器发送自己的证书,消息包含一个 X.509 证书或一条证书链。

服务器发送 server_key_exchange 消息:server_key_exchange 消息是可选的,有些情况下可以不需要。只有当服务器的证书没有包含必需的数据时才发送此消息,此消息包含签名,签名的内容包括两个随机数以及服务器参数。

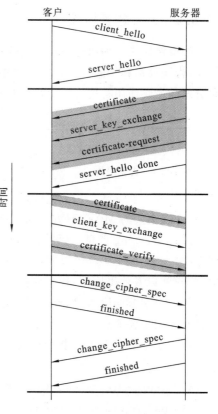

图 10-20　SSL 握手协议的流程

服务器发送 certificate_request 消息:非匿名 server 可以向客户请求一个证书,消息中包含证书类型和 CAS。服务器发送 server_hello_done,然后等待应答。

第三阶段:客户鉴别和密钥交换。

客户收到 server_done 消息后,根据需要检查服务器提供的证书,并判断 server_hello 的参数是否可以接收,如果都没有问题的话,发送一个或多个消息给服务器。

如果服务器请求证书的话,则客户首先发送一个 certificate 消息,若客户没有证书,则发送一个 no_certificate 警告。

然后,客户发送 client_key_exchange 消息。

最后,客户发送一个 certificate_verify 消息,其中包含一个签名(对从第一条消息以来的所有握手消息的 MAC 值进行签名)。

第四阶段:结束。

第四阶段建立起一个安全的连接。客户发送一个 change_cipher_spec 消息,并且把协商得到的 CipherSuite 拷贝到当前连接的状态之中。

然后,客户用新的算法、密钥参数发送一个 finished 消息,这条消息可以检查密钥交换和鉴别过程是否已经成功。其中包括一个校验值,对所有的消息进行校验。服务器同样发送 change_cipher_spec 消息和 finished 消息。握手过程完成,客户和服务器可以交换应用层数据。

10.6.4 SSL 告警协议

告警协议是一种通过 SSL 记录协议进行传输的特定类型报文。告警协议由两个部分组成:告警级别和告警说明。它们都用 1 B 进行编码。告警报文同样会被压缩和加密。告警协议的主要作用是规定了出错的级别和告警的类型,在 SSL 协议执行过程中通过告警协议来显示信息交换过程中所发生的错误。告警协议如图 10-21 所示。

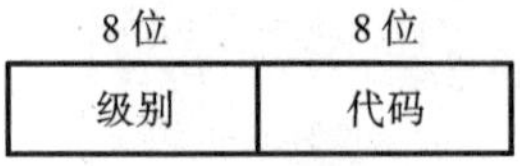

8位	8位
级别	代码

图 10-21 告警协议

SSL 告警协议用来为对等实体传递 SSL 的相关警告。在通信过程中某一方如果发现任何异常,就需要给对方发送一条警示消息通告。警示消息有两种:一种是 Fatal 错误,如传递数据过程中,发现错误的 MAC,双方就需要立即中断会话,同时消除自己缓冲区相应的会话记录;另一种是 Warning 消息,这种情况,通信双方通常都只是记录日志,而对通信过程不造成任何影响。SSL 握手协议可以使得服务器和客户能够相互鉴别对方,协商具体的加密算法和 MAC 算法以及保密密钥,用来保护在 SSL 记录中发送的数据。

第一个字节的值为 Warning(警告)或 Fatal(致命),表示消息的严重性等级。第二个字节是具体的告警消息。

第一个字节为 Fatal 时,也就是说该消息为致命的告警消息,致命的告警消息包括以下消息。

(1) unexpected_message(意外消息):如果接收了不合适的报文,就返回该消息。

(2) bad_record_mac(错误的记录 MAC):如果收到了不正确的 MAC,就返回该消息。

(3) decompression_failure(解压缩失败):如果解压缩函数收到不适当的输入(如数据

不能解压缩或者解压缩后的数据超出了最大允许的长度），就返回该消息。

（4）handshake_failure（握手失败）：如果在给定的选项可用时，发送者不能协商可接收的安全参数集合，则返回该消息。

（5）illegal_parameter（非法参数）：如果握手报文中的某数据域超出范围或者与其他数据域不兼容，则返回该消息。

如果第一个字节为 Warning，则表明该消息是警告的告警消息，警告的告警消息包括以下消息。

（1）close_notify（关闭通知）：通知接收方发送者在这个连接上将不会再发送任何报文。在关闭一个连接的写方之前，每个交互实体都要需发送该消息。

（2）no_certificate（无证书）：如果没有合适的证书可用，则可以发送该消息作为对证书请求的响应。

（3）bad_certificate（错误证书）：返回该消息表明收到的证书是错误的（如包含了一个无法通过验证的签名）。

（4）unsupported_certificate（不支持的证书）：返回该消息表明收到的证书类型不被支持。

（5）certificate_revoked（证书已吊销）：返回该消息表明证书已被它的签发者废弃。

（6）certificate_expired（证书已过期）：返回该消息表明证书已经过期。

（7）certificate_unknown（未知证书）：返回该消息表明在处理证书时出现了其他一些没有说明的情况，使得它不能被接收。

10.6.5　SSL 密码规范修改协议

SSL 密码规范修改协议是握手协议中的三个特定协议之一，它是 SSL 协议中最简单的协议。该协议由 1 B 的报文组成。该字节放在 SSL 记录头格式的内容类型字段中。它存在的目的是表示密码策略的变化，就是通知对方已将挂起（或新协商）的状态复制到当前状态中，用于更新当前连接使用的密码规范。

在完成握手协议之前，客户端和服务器端都要发送这一消息，以便通知对方其后的记录将用刚刚协商的密码规范及相关的密钥来保护。所有意外更改密码规范的消息都将产生一个意外消息（unexpected message）告警。协议报文包含 1 B 的信息，值为 1 表示更新使用新的密码规范。

10.6.6　SSL 协议的应用及安全性分析

1. 采用 SSL 安全协议机制时信用卡网络支付流程

（1）客户机使用 IE 浏览器向银行服务器发送客户端的 SSL 版本号、密码设置、随机数和服务器使用 SSL 协议与客户机进行通信需要的其他信息，IE 浏览器使用 HTTP 协议向服务器申请建立 SSL 会话。

（2）银行服务器向客户机发送服务器端的 SSL 版本号、密码设置、随机数据和客户机使用 SSL 协议与服务器通信需要的其他信息。同时服务器端发送它自己的数字证书供客户认证，如果认为客户端需要身份认证，则要求客户发送证书，该操作是可选的。

(3) 客户端利用服务器发送信息来认证服务器的真实身份并取得公开密钥等。如果服务器不被认证,则用户被警告发生了问题,不能建立带有加密和认证的连接。若服务器能被成功地认证,则客户机将继续下一步。

(4) 客户端利用数字信封技术为将要进行的会话创建会话预密钥(pre-master-secret),并用服务器的公钥加密它,然后向服务器发送加密的会话预密钥。

(5) 当客户能被成功认证后,服务器会使用它的私人密钥解密从客户端得到的会话预密钥,并生成真正的会话密钥(master-secret)。同时客户机也从相同的 pre-master-secret 开始得到相同的 master-secret。会话密钥是私有密钥(对称密钥),用于加密和解密在 SSL 会话期间交换的支付信息,并检验信息的完整性。

(6) 会话密钥生成后,客户端向服务器发送消息,通知服务器以后从客户机来的消息将用会话密钥加密,这表明握手的客户端部分已经完成。

(7) 服务器向客户机发送相同的消息,通知从服务器来的消息将用会话密钥加密,这表明握手的服务器部分已经完成。

(8) SSL 会话开始,使用安全通道发送支付结算的相关信息,如信用卡卡号与密码等。客户机与服务器使用会话密钥加密和解密它们彼此发送的数据,验证数据完整性。

(9) 当通信完成后,一般情况会话密钥会被丢弃。

2. SSL 协议的缺陷

(1) 客户端假冒。

因为 SSL 协议设计的初衷是对 Web 站点及网上交易进行安全性保护,使消费者明白正在和谁进行交易要比使商家知道谁正在付费更为重要,为了不至于由于安全协议的使用而导致网络性能大幅下降, SSL 协议并不默认要求进行客户鉴别,这样做虽然有悖于安全策略,但却促进了 SSL 的广泛应用。

针对这个问题,可在必要的时候配置 SSL 协议,使其选择对客户端进行认证鉴别。

(2) SSL 协议无法提供基于 UDP 应用的安全保护。

SSL 协议需要在握手之前建立 TCP 连接,因此不能对 UDP 应用进行保护。如果要兼顾 UDP 协议层之上的安全保护,可以采用 IP 层的安全解决方案。

(3) SSL 协议不能对抗通信流量分析。

由于 SSL 只对应用数据进行保护,数据包的 IP 头和 TCP 头仍然暴露在外,通过检查没有加密的 IP 源和目的地址,以及 TCP 端口号或者检查通信数据量,一个通信分析者依然可以揭示哪一方在使用什么服务,有时甚至揭露商业或私人关系的秘密。

(4) 进程中主密钥泄漏。

除非 SSL 的工程实现大部分驻留在硬件中,否则主密钥将会存留在主机的主存储器中,这就意味着任何可以读取 SSL 进程存储空间的攻击者都能读取主密钥,因此,不可能面对掌握机器管理特权的攻击者而保持 SSL 连接,这个问题要依靠用户管理策略解决。

(5) 磁盘上的临时文件可能遭受攻击。

对于使用虚拟内存的操作系统,不可避免地有些敏感数据甚至主密钥都交换到存盘上,可采取内存加锁和及时删除磁盘临时文件等措施降低风险。

10.7　SET 协议

SET 协议由 Visa 和 MasterCard 发起,联合 IBM、Microsoft、Netscope、GTE 等公司,于 1997 年 6 月 1 日推出用于电子商务的行业规范。SET 协议已获得 IETF 标准的认可,是电子商务的发展方向。

10.7.1　SET 协议概述

SET 英文为 Secure Electronic Transaction,中文翻译为安全电子交易协议。SET 协议简称 SET。它是为使银行卡在 Internet 上安全地进行交易提出的一整套完整的安全解决方案。此方案包括通信协议在内,主要采用数字证书方式,用数字证书证实在网上开展商务活动的确实是持卡人本人,以及向持卡人销售商品或服务并且收钱的参与各方(包括持卡人、商家、银行等)的安全。SET 实质上是一种应用在 Internet 上、以信用卡为基础的电子付款系统规范,目的就是实现网络交易安全。可以说,SET 协议涉及整个电子支付流程的安全以及各方的安全。

SET 主要是为用户、商家和银行之间采用信用卡支付交易而设计的,以保证支付信息的机密、支付过程的完整、商户及持卡人的合法身份以及可操作性。SET 中的核心技术主要有公开密匙加密、电子数字签名、电子信封、电子安全证书等。

SET 协议比 SSL 协议更复杂,因为前者不仅可以加密两个端点间的单个会话,还可以加密和认定三方间的多个信息。

SET 协议的主要的目标如下。

(1) 信息在 Internet 上的安全传输,保证网上传输的数据不被黑客窃听。

(2) 订单信息和个人账号信息的隔离。在将包括持卡人账号信息的订单送到商家时,商家只能看到订货信息,而看不到持卡人的账户信息。

(3) 持卡人和商家相互认证,以确定通信双方的身份。一般由第三方机构为在线通信的双方提供信用担保。

(4) 要求软件遵循相同的协议和消息格式,使不同厂家开发的软件具有兼容和互操作功能,并且可以运行在不同的硬件和操作系统平台上。

SET 规范涉及的范围:加密算法的应用(如 RSA 和 DES);证书信息和对象格式;购买信息和对象格式;认可信息和对象格式;划账信息和对象格式;对话实体之间消息的传输协议。

SET 是针对用卡支付的网上交易而设计的支付规范,不用卡支付的交易方式(如货到付款、邮局汇款等方式)则与 SET 无关。

10.7.2　SET 协议的工作流程

SET 交易的参与者如图 10-22 所示。

1. SET 协议的内容

根据 SET 协议的工作流程,可将整个工作程序分为下面七个步骤。

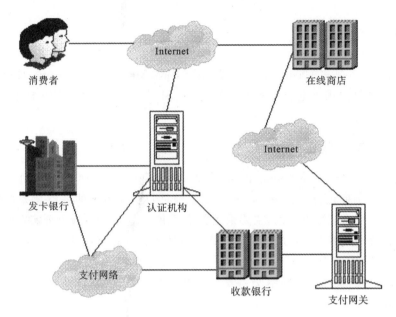

图 10-22　SET 交易的参与者

（1）消费者利用自己的 PC 通过 Internet 选要购买的物品，并在计算机上输入订货单。订货单上需包括在线商店、购买物品名称及数量、交货时间及地点等相关信息。

（2）有的在线商店可以让持卡人与商家协商物品的价格（如出示自己是老客户证明，或给出了竞争对手的价格信息）。

（3）消费者选择付款方式，确认订单，签发付款指令。此时 SET 开始介入。

（4）在 SET 中，消费者必须对订单和付款指令进行数字签名，同时利用双重签名技术保证商家看不到消费者的账号信息。

（5）在线商店接收订单后，向消费者的收款银行请求支付认可。信息通过支付网关到收款银行，再到电子货币发行公司确认。批准交易后，返回确认信息给在线商店。

（6）在线商店发送订单确认信息给消费者。消费者端软件可记录交易日志，以备查询。

（7）在线商店发送货物或提供服务，并通知收款银行将钱从消费者的账号转移到商店账号，或通知发卡银行请求支付。

在认证操作和支付操作中间一般会有一个时间间隔，如在每天的下班前请求银行结一天的账。前两步与 SET 无关，从第（3）步开始 SET 起作用，一直到第（7）步。在处理过程中，通信协议、请求信息的格式、数据类型的定义等，SET 都有明确的规定。在操作的每一步，消费者、在线商店、支付网关都通过 CA 来验证通信主体的身份，以确保通信的对方不是冒名顶替，所以也可以简单地认为，SET 规范充分发挥了认证中心的作用，以维护在任何开放网络上的电子商务参与者所提供信息的真实性和保密性。

2. SET 协议的安全机制

SET 使用多种密钥技术来达到安全交易的要求，其中对称密钥技术、公钥加密技术和 Hash 算法是其核心。综合应用以上三种技术产生了数字签名、数字信封、数字证书等加密与认证技术。

下面介绍四种 SET 协议的安全机制。

（1）对称密钥加密和 Hash 函数。

SET 协议缺省使用由 IBM 公司制定的 DES(Data Encryption Standard)标准。SET 使用 SHA1 安全 Hash 算法。

（2）公钥加密技术。

公钥加密技术的缺点是加密与解密速度慢，比 DES 算法慢很多，所以它只适用于少量数据的加密和用于对称密钥的传递。RSA 的密钥长度可从 512 至 2048 位。SET 中使用 1024 位、2048 位两种长度，以满足不同等级的加密要求。

（3）电子信封。

SET 协议使用电子信封来传递更新的密钥。电子信封涉及两个密钥：一个是接收方的公开密钥，另一个是发送方生成的临时密钥（对称密钥）。电子信封的使用过程如图 10-23 所示。

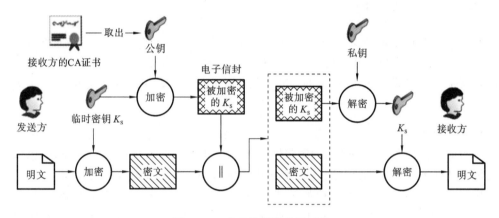

图 10-23　电子信封的使用过程

（4）双重签名。

双重签名的目的是连接两个不同接收者的消息。在这里，消费者想要发送订单信息 OI 到特约商店，且发送支付命令 PI 给银行。特约商店并不需要知道消费者的信用卡卡号，而银行不需要知道消费者订单的详细信息。消费者需要将这两个消息分隔开，受到额外的隐私保护。

在必要的时候这两个消息必须要连接在一起，才可以解决可能的争议、质疑。这样消费者可以证明这个支付行为是根据他的订单来执行的，而不是其他货品或服务。

先假设消费者发送两个消息给特约商店：签名过的 OI 及 PI，而特约商店将 PI 的部分传递给银行。如果这个特约商店能获得这个消费者的其他 OI，那么特约商店就可以声称后来的这个 OI 是和 PI 一起来的，而不是原来的那个 OI。因此如果将两个消息连接起来，就可以避免这样的情况发生。

双重签名的基本流程如图 10-24 所示。

特约商店接收到 OI，可以验证签名，确认 OI 的正确性；银行接收到 PI，也可验证此签名，确认 PI 的正确性；消费者则将 OI 及 PI 连接完成，并且可以证明这个连接的正确性。

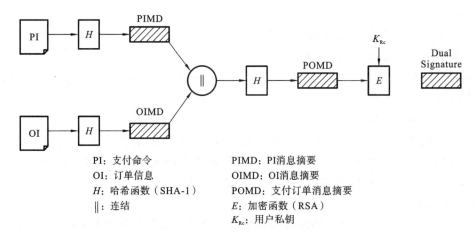

PI：支付命令	PIMD：PI 消息摘要
OI：订单信息	OIMD：OI 消息摘要
H：哈希函数（SHA-1）	POMD：支付订单消息摘要
‖：连结	E：加密函数（RSA）
	K_{Rc}：用户私钥

图 10-24　双重签名的基本流程

10.7.3　SET 交易处理

SET 协议为电子商务交易设计了多种类型的交易处理,这些交易处理可以各自完成相应的功能,相互衔接配合,共同构建一个完整的电子商务交易业务平台。在处理中,持卡人注册和商家注册是进行安全交易的前提,购买请求、支付授权和支付获取是进行交易的核心。

1. 购买请求

初始请求是顾客为了建立与商家之间的基本信任关系而发出的第一个消息,包括顾客的支付卡品牌、对应此次请求/应答的标识 ID 和用于保证时限的临时值 Nonce。

初始应答是商家回应顾客初始请求的应答消息,包括从顾客的初始请求中得到的Nonce、要求在下一条消息中包含的新 Nonce 和交易标识 ID,这部分消息被商家使用私钥签名。

购买请求是顾客发送给商家具体的交易信息,主要内容包括 OI 和 PI。首先顾客通过CA 验证商家和支付网关的证书,然后生成购买请求消息发送给商家。

具体的购买请求消息如下:EKs[PI ‖ DS ‖ OIMD] ‖ EKUb[Ks] ‖ PIMD ‖ OI ‖ DS ‖ CA 证书顾客。

购买应答是商家针对顾客的购买请求消息进行的相关响应处理。当商家收到购买消息后,首先验证顾客的 CA 证书,用顾客的公钥验证双重签名;将 EKs[PI ‖ DS ‖ OIMD] ‖ EKUb[Ks] 转发给支付网关请求验证及支付授权,构造购买应答消息回应顾客。

购买应答消息主要包括购买确认的应答分组、相对应的交易号索引以及商家的 CA 证书,前两部分将使用商家的私钥签名。

2. 支付授权

商家需要向支付网关申请支付授权,支付网关与发卡机构进行支付信息确认,确保商家在完成交易后,可以收到有关支付款。

支付授权包括两个消息:授权请求和授权应答。

授权请求是商家发送给支付网关的支付授权请求消息,包括以下三部分。

顾客生成的购买信息:包括 PI、DS、OIMD 和顾客与支付网关之间的电子信封。

商家生成的授权信息:使用商家私钥签名并用商家生成的临时密钥加密的交易标识 ID(称为认证分组)和商家生成的电子信封(使用支付网关公钥加密的临时密钥)。

证书:顾客的 CA 证书、商家的 CA 证书。

3. 授权应答

收到商家发送的授权请求后,支付网关需要验证所有 CA 证书,其中包括:解密商家的电子信封,解密认证分组并验证商家签名;解密顾客的电子信封,验证顾客生成的 DS;比较从商家得到的交易标识 ID 和从顾客得到 PI 的交易标识 ID,最后请求并接收发卡机构的认证。

授权应答是支付网关从发卡机构获得授权后,返给商家的支付授权应答消息,包括:支付网关生成的授权相关信息;使用支付网关私钥签名,并用支付网关生成的临时密钥加密的授权标识和支付网关生成的电子信封;授权获取标记信息,该信息用来保证以后的支付有效;支付网关的 CA 证书。

4. 支付获取

商家为了获得货款,与支付网关之间进行支付获取消息交换,包括获取请求和获取应答两部分。

获取请求是商家发给支付网关的请求消息,告知支付网关已向顾客提供了商品或服务,并向支付网关申请索取支付款。获取请求消息包括被签名加密的付款金额、交易标识部分,以及在之前支付授权的消息中包含的授权获取标记信息和商家的证书。

当支付网关接收到获取请求消息后,验证相关信息,通过支付网络将结算信息发送给发卡机构,请求将顾客消费的资金款项转到商家在清算机构(银行)中的账户上。

在得到发卡机构的资金转账应答后,支付网关生成获取应答消息并发送给商家,以便核对其在清算机构账户中的收款情况。

获取应答包括被签名加密的获取应答报文以及支付网关的证书。商家将此获取应答保存下来,用于匹配商家在清算机构上账户的支付账款信息。

10.7.4　SET 协议的安全性分析

在 ISO/IEC 10181 系列中阐述了开放式信息系统的安全架构标准,共包含八个部分:鉴别、访问控制、完整性、机密性、抗抵赖性、安全跟踪与告警、隐私权的安全保护和密钥管理。

访问控制、安全跟踪与告警两部分牵涉到企业安全政策与组织架构的程度较深,SET 并没有针对它们给应用系统开发人员提出系统的指导原则;关于密钥管理部分,SET 协议也没有说明该如何处理。也就是说,目前 SET 将上述三个部分留给应用系统开发人员自行处理。

(1)鉴别。

SET 的鉴别工作必须依赖公开密钥的运作体系(Public Key Infrastructure,PKI),使系统是否能实际运作必须依赖整体大环境是否成熟而定,如签证体系的建立等,这将导致系统建设成本的大幅提升。

(2) 完整性。

SET 协议使用数字签名与哈希函数技术来达成完整性要求,运作方式为发送方先将交易信息经过哈希函数的计算产生消息摘要后,再使用发送方的私钥加密产生签名。

SET 使用的哈希函数算法是 SHA-1,其产生的消息摘要长度为 160 位,而只要更改消息中任何一位,平均来说,就会导致一半的消息摘要位改变,故可提升签名的安全性。

(3) 机密性。

SET 协议采用了对称性与非对称性的密码系统。每一次交易双方建立新的连接就是一次通信期间的开始,而每次通信期间都会产生新的通信密钥,也就是说每个通信密钥的有效期为通信期间,而此期间通常都不长。基于这些特性,相对于长期都使用同一把密钥的加密来说,SET 协议就算某次的通信密钥遭到破解,也不会影响到其他交易数据的安全性。

(4) 抗抵赖性。

SET 协议可以利用数字签名技术来产生不可否认的证据,其中双重签名也隐含了这个功能。

基于银行对商店不信任的假设,银行可利用商店转交持卡人的支付信息以及请求授权信息来防止商店否认交易内容。

(5) 隐私权的安全保护。

SET 协议为了提供消费者隐私权的保护,使用了一个重要的创新技术——双重签名。

SET 协议是从银行的角度来考虑的,所以对于隐私的保护是建立在信任银行的假设上的。事实上,银行可能汇集持卡人个别交易的支付信息,如果缺乏适当的防范措施,则会导致持卡人隐私泄露。

10.7.5 SET 标准的应用与局限性

SET 1.0 版自 1997 年推出以来推广应用较慢,没有达到预期的效果,原因主要是 SET 协议为了保证安全性而牺牲了简便性、操作过于复杂、成本较高、具有较大竞争力的 SSL 协议的广泛应用,以及部分经济发达国家的法律规定了持卡人承担较低的信用卡风险等。SET 协议提供了多层次安全保障,复杂程度显著增加。这些安全环节在一定程度上增加了交易的复杂性。

SSL 协议与 SET 协议的比较如表 10-5 所示。

表 10-5 SSL 协议与 SET 协议的比较

项　　目	SSL 协议	SET 协议
工作层次	传输层与应用层之间	应用层
是否透明	透明	不透明
过程	简单	复杂
效率	高	低

续表

项　　目	SSL 协议	SET 协议
安全性	商家掌握消费者	消费者对商家保密
认证机制	双方认证	多方认证
是否专为 EC 设计	否	是

习　题　10

一、选择题。

1. IPSec 是为了弥补（　　）协议簇的安全缺陷,为 IP 层及其上层协议防护而设计的。

A. HTTP　　　　　　B. TCP/IP　　　　　C. SNMP　　　　　　D. PPP

2. S-HTTP 是在（　　）的 HTTP 协议。

A. 传输层　　　　　B. 链路层　　　　　C. 网络层　　　　　D. 应用层

3. 下列选项不是 SSL 所提供的服务的是（　　）。

A. 用户和服务器的合法认证　　　　　B. 加密数据以隐藏被传输的数据

C. 维护数据完整性　　　　　　　　　D. 保留通信双方通信时的基本信息

4. 设计 AH 协议的主要目的是用来增加 IP 数据包（　　）的认证机制。

A. 安全性　　　　　B. 完整性　　　　　C. 可靠性　　　　　D. 机密性

5. ESP 除了 AH 提供的所有服务外,还提供（　　）服务。

A. 机密性　　　　　B. 完整性校验　　　C. 身份验证　　　　D. 数据加密

6. 下面有关 SSL 的描述,不正确的是（　　）。

A. 目前大部分 Web 浏览器都内置了 SSL 协议

B. SSL 协议分为 SSL 握手协议和 SSL 记录协议两部分

C. SSL 协议中的数据压缩功能是可选的

D. TLS 在功能和结构上与 SSL 完全相同

7. 套接字层（Socket Layer）位于（　　）。

A. 网络层与传输层之间　　　　　　　B. 传输层与应用层之间

C. 应用层　　　　　　　　　　　　　D. 传输层

8. （　　）将 SET 和现有的银行卡支付的网络系统作为接口,实现授权功能。

A. 支付网关　　　B. 网上商家　　　C. 电子货币银行　　　D. 认证中心 CA

9. SET 中（　　）不知道信用卡细节。

A. 商家　　　　　B. 客户　　　　　C. 付款网关　　　　D. 签发人

10. ISAKMP 的全称是（　　）。

A. 鉴别头协议　　　　　　　　　　　B. 封装安全载荷协议

C. Internet 密钥交换协议　　　　　　D. Internet 安全关联和密钥管理协议

二、填空题。

1. IPsec 主要由_____、_____及_____组成。

2. 握手协议中客户机和服务器之间建立连接的过程分为四个阶段:_____、_____、_____、_____。

3. SSL 协议分为两层,低层是_____,高层是_____。

三、简答题。

1. 简述 IPsec 的体系结构。

2. 请论述 SSL 握手协议的工作过程。

3. IPsec 中 ESP 和 AH 分别有什么作用? 能否同时使用?

4. 简述 IPSec 隧道处理流程。

5. 简单描述 SET 协议的支付流程。

第 11 章　大数据背景下的计算安全

11.1　大数据安全

11.1.1　大数据背景概述

　　大数据或称巨量资料,指的是所涉及的资料量规模巨大到无法通过目前主流软件工具,在合理时间内达到撷取、管理、处理,并整理成为帮助企业经营决策更积极目的的资讯。在维克托·迈尔-舍恩伯格和肯尼思·库克耶编写的《大数据时代》中,大数据不采用随机分析法(抽样调查)这样的捷径,而采用所有数据进行分析处理的方法。大数据的 4V 特点:Volume(大量)、Velocity(高速)、Variety(多样)、Value(价值)。

　　大数据正在对每个领域都造成影响,在商业、经济和其他领域中,决策行为将日益基于数据分析做出,而不是像过去更多凭借经验和直觉。大数据正在促生新的蓝海,催生新的经济增长点,正在成为政府和企业竞争的新焦点。甲骨文、IBM、微软和 SAP 共投入超过 15 亿美元成立各自的软件智能数据管理和分析专业公司。甲骨文在 2011 年推出了 Oracle 大数据机和 Exalytics 商务智能服务器,构建自己的大数据平台解决方案。SAP 在 2011 年推出了 HANA 平台以应对大数据实时分析的挑战。值得注意的是,随着海量数据的进一步集中和信息技术的进一步发展,信息安全成为大数据快速发展的瓶颈。

11.1.2　大数据的技术框架

1. 大数据采集与预处理

　　大数据的数据源多样化包括数据库、文本、图片、视频、网页等各类结构化、非结构化及半结构化的数据。

2. 数据分析

　　数据分析是大数据应用的核心流程,根据不同层次大致可分为三类:计算架构、查询与索引、数据分析和处理。

3. 数据解释

　　数据解释旨在更好地支持用户对数据分析结构的使用,涉及的主要技术为可视化和人机交互。

4. 其他支撑技术

　　虽然大数据应用强调以数据为中心,将计算推送到数据上执行,但是在整个处理过程中,数据的传输仍然是必不可少的,如一些科学观测数据从观测点向数据中心传输等。

11.1.3　大数据面临的安全挑战

1. 大数据中的用户隐私保护

大量事实表明,大数据未被妥善处理会对用户的隐私造成极大的侵害。人们面临的威胁并不仅限于个人隐私泄漏,还在于大数据对人们状态和行为的预测。

2. 大数据的可信性

关于大数据的一个普遍的观点是,数据自己可以说明一切,数据自身就是事实。但实际情况是,如果不仔细甄别,数据也会欺骗,就像人们有时会被自己的双眼欺骗一样。

3. 大数据的访问控制

访问控制是实现数据受控共享的有效手段。由于大数据可能被用于多种不同场景,其访问控制需求十分突出,大数据访问控制的特点与难点在于:难以预设角色,实现角色划分。

11.1.4　大数据安全的关键技术

1. 数据发布匿名保护技术

对于大数据中的结构化数据(或称关系数据)而言,数据发布匿名保护是实现其隐私保护的核心关键技术与基本手段,目前仍处于不断发展与完善阶段,以典型的 k 匿名方案为例。

2. 社交网络匿名保护技术

社交网络中的典型匿名保护需求为用户标识匿名与属性匿名(又称点匿名),在数据发布时隐藏用户的标识与属性信息,以及用户间关系匿名(又称边匿名),在数据发布时隐藏用户间的关系。

3. 数据水印技术

数据水印是指将标识信息以难以察觉的方式嵌入数据载体内部且不影响其使用的方法,多见于多媒体数据版权保护,也有部分针对数据库和文本文件的水印方案。

4. 数据溯源技术

数据集成是大数据前期处理的步骤之一。由于数据的来源多样化,所以有必要记录数据的来源及其传播、计算过程,为后期的挖掘与决策提供辅助支持。

5. 角色挖掘

基于角色的访问控制(RBAC)是当前广泛使用的一种访问控制模型。通过为用户指派角色、将角色关联至权限集合,实现用户授权,简化权限管理。

6. 风险自适应的访问控制

在大数据场景中,安全管理员可能缺乏足够的专业知识,无法准确地为用户指定其可以访问的数据。风险自适应的访问控制是针对这种场景讨论较多的一种访问控制方法。

7. 大数据隐私保护密码技术

大数据隐私保护问题本质上是一种数据隐私保护问题,而数据隐私是指数据拥有者不愿意被披露的敏感数据或者数据所表征的特性。因此,大数据隐私保护最根本的是保护敏感数据不被泄露,也就是说大数据隐私问题本质上是大数据的泄露问题。在大数据的整个生命周期内,可能发生数据泄露的领域目前来看主要包括大数据的存储、搜索和计算。与传统的数据隐私保护不同,大数据的存储、搜索和计算这三个方面所面临的隐私保护问题都是新型的隐私保护问题,是由于大数据规模大、增长速度不可预知等特点带来的。

8. 大数据安全计算

完全同态加密(Fully Homomorphic Encryption,FHE)算法是一个合适的选择。典型的完全同态加密方案包括两个参与者:用户(user)和云服务提供者(cloud server),其中用户是数据的拥有者。用户通常将数据加密之后存放于云服务器上,当用户需要对云上的数据进行计算时,会发送通知给云服务器,然后云对数据进行相应的计算并将计算结果返回给用户。完全同态加密方案最有趣的地方在于,其关注的是数据处理安全,完全同态加密提供了一种对加密数据进行处理的功能。也就是说,其他人可以对加密数据进行处理,但是处理过程不会泄露任何原始内容。同时,拥有密钥的用户对处理过的数据进行解密后,得到的正好是处理后的结果。

11.1.5　大数据存储安全策略

基于云计算架构的大数据,数据的存储和操作都是以服务的形式提供的。目前,大数据的安全存储采用虚拟化海量存储技术来存储数据资源,涉及数据传输、隔离、恢复等问题。解决大数据的安全存储方法如下。

1. 数据加密

在大数据安全服务的设计中,大数据可以按照数据安全存储的需求,被存储在数据集的任何存储空间,通过 SSL(安全套接层)加密,通过数据集节点和应用程序之间的移动来保护大数据。在大数据传输服务过程中,加密为数据流的上传与下载提供有效的保护。应用隐私保护和外包数据计算,屏蔽网络攻击。目前,PGP 和 TrueCrypt 等程序都提供了强大的加密功能。

2. 分离密钥和加密数据

使用加密把数据使用与数据保管分离,把密钥与要保护的数据隔离开。同时,定义产生、存储、备份、恢复等密钥管理生命周期。

3. 使用过滤器

通过过滤器监控,一旦发现数据离开了用户的网络,就自动阻止数据的再次传输。

4. 数据备份

通过系统容灾、敏感信息集中管控和数据管理等产品,实现端对端数据保护,确保大数据在损坏情况下有备无患和安全管控。

11.1.6　大数据应用安全策略

随着大数据应用所需的技术和工具快速发展,大数据应用安全策略主要从以下几方面着手。

1. 防止 APT 攻击

借助大数据处理技术,针对 APT 安全攻击隐蔽能力强、长期潜伏、攻击路径和渠道不确定等特征,设计具备实时检测能力与事后回溯能力的全流量审计方案,提醒隐藏有病毒的应用程序。

2. 用户访问控制

大数据的跨平台传输应用在一定程度上会带来内在风险,可以根据大数据的密集程度和用户需求的不同,将大数据和用户设定不同的权限等级,并严格控制访问权限。通过单点登录的统一身份认证与权限控制技术,对用户访问进行严格的控制,有效地保证大数据应用安全。

3. 整合工具和流程

通过整合工具和流程,确保大数据应用安全处于大数据系统的顶端。整合点平行于现有的连接的同时,减少通过企业或业务线的 SIEM 工具输出到大数据安全仓库,以防止这些被预处理的数据暴露算法和溢出加工后的数据集。同时,通过设计一个标准化的数据格式简化整合过程,可以改善分析算法的持续验证。

4. 数据实时分析引擎

数据实时分析引擎融合了云计算、机器学习、语义分析、统计学等多个领域,通过数据实时分析引擎,从大数据中第一时间挖掘出黑客攻击、非法操作、潜在威胁等各类安全事件,第一时间发出警告响应,提供基于硬件的解决方案。

11.1.7 大数据服务与信息安全

1. 基于大数据的威胁发现技术

基于大数据,企业可以更主动地发现潜在的安全威胁。相较于传统技术方案,基于大数据的威胁发现技术有以下优点。

(1) 分析内容的范围更大。

(2) 分析内容的时间跨度更长。

(3) 对攻击威胁检测。

(4) 对未知威胁预测。

2. 基于大数据的认证技术

身份认证是指信息系统或网络中确认操作者身份的过程,传统认证技术通过用户所知的口令或者持有凭证来鉴别用户。传统技术面临着以下问题。

(1) 攻击者总能找到方法来骗取用户所知的秘密,或窃取用户凭证。

(2) 在传统认证技术中,认证方式越安全往往意味着用户负担越重。

基于大数据的认证技术通过收集用户行为和设备行为数据,对这些数据分析,获得用户行为和设备行为的特征,进而确定其身份。这种方式的优点是攻击者很难模拟用户行为通过认证,减小用户负担,更好地支持各系统认证机制的统一。但是,在初始阶段的认证,由于缺乏大量数据,认证分析不准确并且存在用户隐私问题。

3. 基于大数据的数据真实性分析

基于大数据的数据真实性分析被广泛认为是最有效的方法。这种技术的优势是引入大数据分析,可以获得更高的识别准确率;在进行大数据分析时,通过机器学习技术,可以发现更多具有新特征的垃圾信息。但是这种技术也面临着虚假信息定义、分析模型构建等困难。

4. 大数据与数据安全

大数据的核心问题是如何收集、存储和管理大数据。对信息安全企业来说,现实的方式是通过某种方式获得大数据服务,结合自己的技术特色,对外提供安全服务。在以底层大数据服务为基础的前提下,各个企业之间组成相互依赖、相互支撑的信息安全服务体系,形成信息安全产业界的良好生态环境。

大数据带来新的契机的同时也带来了新的安全问题,但它自身也是解决问题的重要手段。论文从大数据的隐私保护、信任、访问控制等角度梳理了大数据安全与隐私保护的相关技术,但当今的研究仍不够充分,需要通过更加先进的技术手段以及完善的政策法规来更好地解决大数据安全与隐私保护问题。

11.2　云计算安全

云计算安全就是确保用户在稳定和私密的情况下在云计算中心上运行应用,并保证存储于云中数据的机密性和完整性。云计算是一个复杂的系统,它涉及的安全问题非常广泛。

11.2.1　云计算概述

20 世纪 60 年代,斯坦福大学的科学家 John McCarthy 就指出"计算机可能变成一种公共资源"。同时代的 Douglas Parkhill 在其著作《The Challenge of the Computer Utility》中将计算资源类比为电力资源,并提出了私有资源、公有资源、社区资源等。2006 年 8 月 9日,Google 首席执行官 Eric Schmidt 在搜索引擎大会(SES San Jose 2006)上首次提出"云计算"的概念。

云计算是一种融合了已有技术并获取更强计算能力的新方式,至今还没有统一的定义。现阶段接受度较广的为美国国家标准与技术研究院(NIST)的定义:云计算是一种按使用量付费的模式,这种模式提供可用的、便捷的、按需的网络访问,进入可配置的计算资源共享池(资源包括网络、服务器、存储、应用软件、服务),这些资源能够被快速提供,只需要投入很少的管理工作,或与服务供应商进行很少的交互。

云计算(Cloud Computing)是网格计算(Grid Computing)、分布式计算(Distributed Computing)、并行计算(Parallel Computing)、效用计算(Utility Computing)、网络存储(Network Storage)、虚拟化(Virtualization)、负载均衡(Load Balance)等传统计算机和网络技术发展融合的产物。

11. 2. 2　云安全面临的挑战

1. 建立以数据安全和隐私保护为主要目标的云安全技术框架

要重点分析与解决云计算的服务计算模式、动态虚拟化管理方式以及多租户享运营模式对数据安全与隐私保护带来的挑战,体现在以下几个方面。

（1）计算服务的计算模式所引发的安全问题。

（2）计算的态虚拟化管理方式引发的安全问题。

（3）计算中多层服务模式引发的安全问题。

2. 建立以安全目标验证、安全服务等级测评为核心的云计算安全标准及其测评体系

（1）云计算安全标准要支持广义的安全目标。

（2）云计算安全标准要支持用户描述其数据安全保护目标、指定其所属资产安全保护的范围和程度。

（3）云计算应支持用户的安全管理需求,如分析查看日志信息,搜集信息,了解数据使用情况,展开违法操作调查等。

（4）云计算安全标准应支持对灵活、复杂的云服务过程的安全评估。

（5）传统意义上,对服务商能力的安全风险评估方式:通过全面识别和分析系统架构下的威胁和弱点及其对资产的潜在影响来确定其抵抗安全风险的能力和水平。

（6）在云计算环境下,服务方式将发生根本性的变化:云服务提供商可能租用其他服务商提供的基础设施服务或购买多个服务商的软件服务(根据系统状况动态选用)。

3. 建立可控的云计算安全监管体系

（1）实现基于云计算的安全攻击的快速识别、预警与防护。

（2）在云计算环境下,如果黑客攻入了云客户的主机,使其成为向云服务提供商发动 DDoS 攻击的一颗棋子,那么按照云计算对计算资源根据实际使用付费的方式,这一受控客户将在并不知情的情况下,为黑客发起的资源连线偿付巨额费用。

（3）与以往 DDoS 攻击相比,基于云的攻击更容易组织,破坏性更大。

（4）实现云计算内容的监控。云计算所具有的动态性特征使得建立或关闭一个网络服务较之以往更加容易,成本代价更低。因此,很容易以打游击的模式在网络上迁移,使得追踪管理难度加大,对内容监管更加困难。

（5）如果允许其检查,则必然涉及其他用户的隐私问题。

（6）云服务提供商往往具有国际性的特点,数据存储平台也常跨越国界,将网络数据存储到云上可能会超出本地政府的监管范围,或者同属多地区或多国的管辖范围,而这些不同地域的监管法律和规则之间很有可能存在着严重的冲突,当出现安全问题时,难以给出公允的裁决。

11. 2. 3　云用户安全目标

1. 数据安全

保护涉及用户数据生命周期中的创建、存储、使用、共享归档、销毁等各个阶段,同时涉及所有参与服务的各层次云服务提供商。

2. 隐私保护

防止云服务商恶意泄露或出卖用户隐私信息,或者对用户数据进行搜集和分析,挖掘出用户隐私数据。

11.2.4　云安全关键技术

1. 可信访问控制

在云计算模式下,如何通过非传统访问控制类手段实施数据对象的访问控制是关键,这就是可信访问控制问题,有如下的方法。

(1)基于密码学方法实现访问控制,包括基于层次密钥生成和分配策略实施访问控制的方法、利用基于属性的加密算法(如密钥规则的基于属性加密方案 KP-ABE 或密文规则的基于属性加密方案 CP-ABE)、基于代理重加密的方法、在用户密钥或密文中嵌入访问控制树的方法等。

(2)权限撤消。基于密码类方案的一个重要问题是权限撤消,一个基本方案是为密钥设置失效时间,每隔一定时间,用户从认证中心更新私钥,或对其加以改进,引入一个在线的半可信第三方维护授权列表,基于用户的唯一 ID 属性及非门结构,实现对特定用户进行权限撤消。

2. 密文检索与处理

数据变成密文时丧失了许多其他特性,导致大多数数据分析方法失效。密文检索有以下两种典型的方法。

(1)基于安全索引的方法。通过为密文关键词建立安全索引,检索索引,查询关键词是否存在。

(2)基于密文扫描的方法。通过对密文中每个单词进行比对,确认关键词是否存在,以及统计其出现的次数。

密文处理研究主要集中在秘密同态加密算法设计上。IBM 研究员 Gentry 利用"理想格(Ideal Lattice)"的数学对象构造隐私同态算法,也称全同态加密,可以充分地操作加密状态的数据,在理论上取得了一定突破,使相关研究重新得到研究者的关注,但目前与实用化仍有很长的距离。

3. 数据存在与可使用性证明

由于大规模数据所导致的巨大通信代价,用户不可能将数据下载后再验证其正确性。因此,云用户需在取回很少数据的情况下,通过某种知识证明协议或概率分析手段,以高置信概率判断远端数据是否完整。典型的工作包括以下内容。

(1)面向用户单独验证的数据可检索性证明(POR)方法、公开可验证的数据持有证明(PDP)方法。

(2)NEC 实验室提出的可验证的数据完整性(Provable Data Integrity,PDI)方法,改进并提高了 POR 方法的处理速度以及验证对象规模,且能够支持公开验证。

其他典型的验证技术包括基于新的树形结构 MAC Tree 的方案、基于代数签名的方法、基于 BLS 同态签名和 RS 纠错码的方法等。

4. 数据隐私保护

云中数据隐私保护涉及数据生命周期的每一个阶段,典型的工作包括以下内容。

(1)将集中信息流控制(DIFC)和差分隐私保护技术融入云中的数据生成与计算阶段,提出了一种隐私保护系统 Airavat,防止 Map reduce 计算过程中非授权的隐私数据泄露出去,并支持对计算结果的自动除密。差分隐私保护是诞生于 2006 年的一种数据隐私保护新方法,通过添加噪声使数据失真,从而起到保护隐私的目的。

(2)在数据存储和使用阶段,有研究者提出了一种基于客户端的隐私管理工具,提供以用户为中心的信任模型,帮助用户控制自己的敏感信息在云端的存储和使用。

5. 虚拟安全技术

虚拟技术是实现云计算的关键技术。使用虚拟技术的云架构提供者必须向其客户提供安全性和隔离保证。

有人提出了基于虚拟机技术实现的 Grid 环境下的隔离执行机。还有人提出了通过缓存层次可感知的核心分配,并给缓存划分的页染色的两种资源管理方法,实现性能与安全隔离。这些方法在隔离影响一个 VM 的缓存接口时是有效的,并整合到一个样例云架构的资源管理(RM)框架中。

部分研究者还重点研究了虚拟机映像文件的安全问题,即对每一个映像文件对应一个客户应用,它们必须具有高完整性,且可以安全共享的机制。所提出的映像文件管理系统实现了映像文件的访问控制、来源追踪、过滤和扫描等,可以检测和修复安全性违背问题。

6. 云资源访问控制

在云计算环境中,各个云应用属于不同的安全管理域,每个安全管理域都管理着本地的资源和用户。

当用户跨域访问资源时,需在域边界设置认证服务,对访问共享资源的用户进行统一的身份认证管理。

在跨多个域的资源访问中,各个域有自己的访问控制策略,在进行资源共享和保护时必须对共享资源制定一个公共的、双方都认同的访问控制策略,因此,需要支持策略的合成。

11.3 物联网安全

11.3.1 物联网概述

物联网(Internet of Things,IOT)是继计算机、互联网和移动通信之后的又一次信息产业的革命性发展。物联网即物物相连的互联网,包含了两层意思:物联网的核心和基础仍然是互联网,但是是在互联网基础上延伸和扩展的网络;其用户端延伸和扩展到了任何物品与物品之间,也就是物物相息。

物联网是指利用激光扫描器和传感器等信息设备,按照相关的协定将物品和互联网进行连接,从而进行信息交换以及通信,最后形成智能化识别和定位等功能的一种网络技术。

根据国际电信联盟的定义,物联网主要解决:物品到物品(Thing to Thing,T2T)、人到物品(Human to Thing,H2T)、人到人(Human to Human,H2H)之间的互联。

物联网是通过射频识别(RFID)装置、红外感应器、全球定位系统、激光扫描器、传感器节点等信息传感设备,按约定的协议,把任何物品与互联网相连接,进行信息交换和通信,以实现智能化识别、定位、跟踪、监控和管理等功能的一种网络。

物联网的核心是完成物体信息的可感、可知、可传和可控。

物联网可分为三层:感知层、网络层和应用层。

(1)感知层:由各种传感器以及传感器网关构成,包括二氧化碳浓度传感器、温度传感器、湿度传感器、二维码标签、RFID 标签和读写器、摄像头、GPS 等感知终端。感知层的作用相当于人的眼耳鼻喉和皮肤等神经末梢,它是物联网识别物体、采集信息的来源,其主要功能是识别物体,采集信息。

(2)网络层:由各种私有网络、互联网、有线和无线通信网、网络管理系统和云计算平台等组成,相当于人的神经中枢和大脑,负责传递和处理感知层获取的信息。

(3)应用层:是物联网和用户(包括人、组织和其他系统)的接口,它与行业需求结合,实现物联网的智能应用。

11.3.2　物联网的安全特性与架构

1. 物联网的安全特性

物联网面临的安全问题如下。

(1)感知网络的信息采集、传输与信息安全问题。

感知节点呈现多源异构性,感知节点通常情况下功能简单、携带能量少,使得它们无法拥有复杂的安全保护能力,而感知网络多种多样,从温度测量到水文监控,从道路导航到自动控制,它们的数据传输和消息也没有特定的标准,所以没法提供统一的安全保护体系。

(2)核心网络的传输与信息安全问题。

核心网络具有相对完整的安全保护能力,但是由于物联网中节点数量庞大,且以集群方式存在,因此会导致在数据传播时,由于大量机器的数据发送使网络拥塞,产生拒绝服务攻击。

(3)物联网业务的安全问题。

支撑物联网业务的平台有着不同的安全策略,如云计算、分布式系统、海量信息处理等,这些支撑平台要为上层服务管理和大规模行业应用建立起一个高效、可靠和可信的系统。

从物联网的功能上来说,物联网的安全特性应该具备以下四个特征。

(1)全面感知能力,可以利用 RFID、传感器、二维条形码等获取被控/被测物体的信息。

(2)数据信息的可靠传递,可以通过各种电信网络与互联网的融合,将物体的信息实时、准确地传递出去。

(3)可以智能处理,利用现代控制技术提供的智能计算方法,对大量数据和信息进行分析和处理,对物体实施智能化的控制。

(4)可以根据各个行业、各种业务的具体特点形成各种单独的业务应用,或者整个行业及系统的建成应用解决方案。

2. 物联网的安全构架

物联网的安全构架由应用环境安全、网络环境安全、信息安全防御关键技术和信息安全基础核心技术构成。

(1) 应用环境安全。

应用环境安全主要包括可信终端、身份认证、访问控制和安全审计等。

(2) 网络环境安全。

网络环境安全主要包括无线网安全、虚拟专用网安全、传输安全、路由安全、防火墙、安全域策略、安全审计等。

(3) 信息安全防御关键技术。

信息安全防御关键技术主要包括攻击监测、内容分析、病毒防治、访问控制、应急反应、战略预警等。

(4) 信息安全基础核心技术。

信息安全基础核心技术主要包括密码技术、高速密码芯片、PKI 公钥基础设施、信息系统平台安全等。

物联网的层次结构如图 11-1 所示。

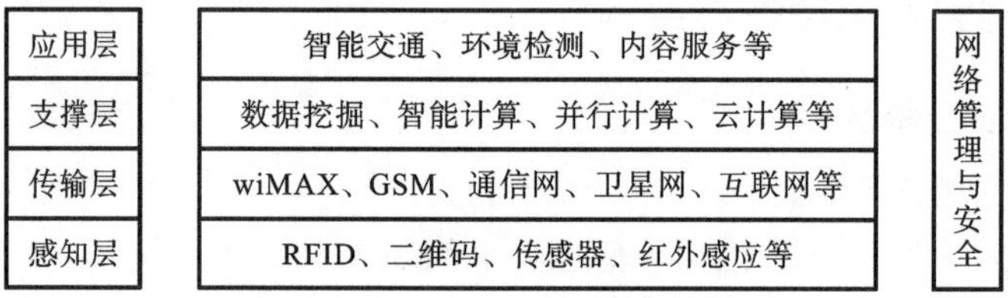

		网
应用层	智能交通、环境检测、内容服务等	络
支撑层	数据挖掘、智能计算、并行计算、云计算等	管 理
传输层	wiMAX、GSM、通信网、卫星网、互联网等	与
感知层	RFID、二维码、传感器、红外感应等	安 全

图 11-1 物联网的层次结构

已有的对传感网(感知层)、互联网(传输层)、移动网(传输层)、云计算(支撑层)等的一些安全解决方案在物联网环境可能不再适用。物联网对应的传感网数量和终端物体的规模是单个传感网所无法相比的;物联网所连接的终端设备或器件的处理能力将有很大差异,它们之间可能需要相互作用;物联网所处理的数据量将比现在的互联网和移动网都要大得多,是真正意义上的海量。

即使分别保证感知层、传输层和支撑层的安全,也不能保证物联网的安全。物联网是融几层于一体的大系统,许多安全问题来源于系统整合,物联网的数据共享对安全性提出了更高的要求,物联网的应用将对安全提出新的要求。

对于感知层的安全构架,在传感网内部,需要有效的密钥管理机制,用于保障传感网内部通信的安全。传感网内部的安全路由、连通性解决方案等都可以相对独立地使用。由于传感网类型的多样性,很难统一要求有哪些安全服务,但机密性和认证性都是必要的。机密性需要在通信时建立一个临时会话密钥,而认证性可以通过对称密码或非对称密码方案解决。用于独立传感网的传统安全解决方案需要提升安全等级后才能使用,也就是说安全要求更高,这仅仅是量的要求,没有质的变化。相应地,传感网的安全需求所涉及的密码技术包括轻量级密码算法、轻量级密码协议、可设定安全等级的密码技术等。

对于传输层的安全构架,可以进行节点认证、数据机密性、完整性、数据流机密性、DDoS

攻击的检测与预防；对移动网中 AKA 机制的一致性或兼容性、跨域认证和跨网络认证（基于 IMSI）；使用的相应密码技术，如密钥管理（密钥基础设施 PKI 和密钥协商）、端对端加密和节点对节点加密、密码算法和协议等；建立组播和广播通信的认证性、机密性和完整性安全机制。

对于支撑层的安全构架，可以进行可靠的认证机制和密钥管理方案；提供高强度数据机密性和完整性服务；建立可靠的密钥管理机制，包括 PKI 和对称密钥的有机结合机制；可靠的高智能处理手段；进行入侵检测和病毒检测；对恶意指令进行分析和预防，建立访问控制及灾难恢复机制；对保密日志跟踪和行为分析，建立恶意行为模型；使用密文查询、秘密数据挖掘、安全多方计算、安全云计算技术等；移动设备文件（包括秘密文件）的可备份和恢复；建立移动设备识别、定位和追踪机制等。

对于应用层的安全构架，可以进行有效的数据库访问控制和内容筛选机制；采用不同场景的隐私信息保护技术；建立叛逆追踪和其他信息泄露追踪机制；使用有效的计算机取证技术；采用安全的计算机数据销毁技术；使用安全的电子产品和软件的知识产权保护技术等。

11.3.3　工业控制及数据安全

2010 年"震网"病毒事件破坏了伊朗核设施，震惊全球，这标志着网络攻击从传统"软攻击"升级为直接攻击电力、金融、交通、核设施等核心要害系统的"硬摧毁"，导致基础的工业控制系统破坏，对国家安全、社会稳定、经济发展、人民生活安定带来严重损害。

工业控制系统可以看作物联网的重要应用领域之一。工业控制系统（ICS）包括监控和数据采集（SCADA）、分布式控制系统（DCS）、过程控制系统（PCS）、可编程逻辑控制器（PLC）和应急管理系统（EMS）等，典型分层架构如图 11-2 所示。

工业控制系统的关键组件如下。

（1）监控和数据采集（Supervisory Control and Data Acquisition，SCADA）系统经通信网络与人机交互界面进行数据交互，可以对现场的运行设备实时监视和控制，以实现数据采集、设备控制、测量、参数调节以及各类信号报警等。其包含数据采集和监控两个层次的基本功能。

（2）分布式控制系统（Distributed Control System，DCS）是相对于集中式控制系统而言的一种新型计算机控制系统，由过程控制级和过程监控级组成的以通信网络为纽带的多级计算机系统，其基本思想是分散控制、集中操作、分级管理，广泛应用于流程控制行业，如电力、石化等。

（3）可编程逻辑控制器（Programmable Logic Controllers，PLC）系统用以实现工业设备的具体操作与工艺控制，通常在 SCADA 或 DCS 系统中通过调用各 PLC 组件实现业务的基本操作控制。

随着信息化不断深入，工控系统从封闭、孤立的系统走向互联体系的 IT 系统，采用以太网、TCP/IP 网及各种无线网，控制协议迁移到应用层；采用标准商用操作系统、中间件与各种通用软件，已变成开放、互联、通用和标准化的信息系统。因此，安全风险也等同于通用的信息系统。

提高整个工业控制系统的物理安全、功能安全及信息安全主要从技术和管理两个层面

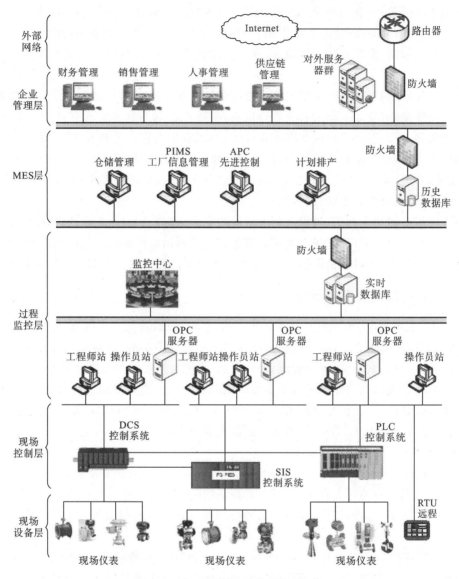

图 11-2　工业控制系统典型分层架构

入手。

　　(1) 对现有的工业控制系统进行安全风险评估,了解工业控制系统的网络结构、漏洞、进而评定整个系统的风险等级。

　　(2) 针对系统的风险等级从技术及管理角度制定相关的政策和规程,如升级防火墙、操作系统、数据库,加强系统访问的权限管理,定时安全系统补丁等。

　　(3) 对系统各个组件功能进行严格管理,包括禁用控制器或其他关键设备上的对外接口、修补已知的系统漏洞,确保将配置选项设定为最安全的设置。

　　(4) 对控制系统及系统以外人员(供应商、维修维护人员等)进行安全意识培训,制定相关培训计划,确保员工熟悉并遵守制定的相关规程制度。

习　题　11

简答题。

1. 什么是大数据？大数据有什么特征？
2. 什么是云计算？云计算面临哪些安全问题？
3. 什么是物联网？

第12章 参考实验

12.1 构建虚拟局域网 VLAN

虚拟局域网(Virtual Local Area Network，VLAN)是一种将局域网设备从逻辑上划分成多个网段，从而实现虚拟工作组数据交换的技术，主要应用于交换机和路由器。虚拟机(Virtual Machine，VM)是运行于主机系统中的虚拟系统，可以模拟物理计算机的硬件控制模式，具有系统运行的大部分功能和部分其他扩展功能。虚拟技术不仅经济，而且可用于模拟具有一定风险性的与网络安全相关的各种实验或测试。

12.1.1 实验目的

(1) 为网络安全试验做准备。利用虚拟机软件可以构建虚拟网，模拟复杂的网络环境，可以让用户在单机上实现多机协同作业，进行网络协议分析等功能。

(2) 网络安全实验可能对系统具有一定的破坏性，虚拟局域网可以保护物理主机和网络的安全，并且就算虚拟系统瘫痪，也可以在数秒内得到恢复。

(3) 利用 VMware Workstation Pro 12 虚拟机安装 Windows 10，可以实现在一台机器上同时运行多个操作系统，以及一些其他操作功能，例如屏幕捕捉、历史重现等。

12.1.2 实验内容

1. 预习准备

由于本实验内容是为了后续的网络安全实验做准备，因此，最好提前做好虚拟局域网"预习"或对有关内容进行一些了解。

(1) Windows 10 原版光盘镜像：Windows 10 开发者预览版下载(微软官方原版)。

(2) VMware 虚拟机软件下载 VMware Workstation Pro 12 正式版发布下载(支持 Windows 8、ForWindows 主机)。

2. 注意事项及特别提醒

安装 VMware 时，需要将设置中的软盘移除，以免影响 Windows 10 声音或网络。

VLAN 技术是交换技术的重要组成部分，也是交换机的重要技术进步部分。将物理上直接相连的网络从逻辑上划分成多个子网，如图 12-1 所示。

构建虚拟局域网 VLAN 方法很多，可用 Windows 自带的连接设置方式，通过"网上邻居"建立，也可在 Windows Server 2016 运行环境下安装虚拟机软件。主要利用虚拟存储空间和操作系统提供的技术支持，使虚拟机上的操作系统通过网卡和实际操作系统进行通信。真实机和虚拟机可以通过以太网通信，形成小型的局域网环境。

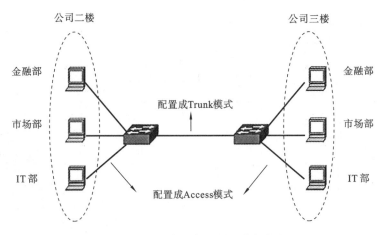

图 12-1　将网络从逻辑上划分成多个子网

（1）利用虚拟机软件在一台计算机中安装多台虚拟主机，构建虚拟局域网，可以模拟复杂的真实网络环境，让用户在单机上实现多机协同作业。

（2）由于虚拟局域网是"虚拟系统"，虽然遇到网络攻击会造成系统瘫痪，但实际的物理网络系统并没有受到影响和破坏，所以虚拟局域网可在较短时间内得到恢复。

（3）在虚拟局域网络上，可以实现在一台机器上同时运行多个操作系统。

12.1.3　实验步骤

VMware Workstation 是一款功能强大的桌面虚拟软件，可在安全、可移植的虚拟机中运行多种操作系统和应用软件，为用户提供同时运行不同操作系统以及开发、测试、部署新的应用程序的最佳解决方案。每台虚拟机相当于包含网络地址的 PC 机建立 VLAN。

VMware 基于 VLAN，可为分布在不同范围、不同物理位置的计算机组建的虚拟局域网上，形成一个具有资源共享、数据传送、远程访问等功能的局域网。

利用 VMware 12 虚拟机安装 Windows10，可以建立虚拟局域网 VLAN。

（1）安装 VMware 12。安装及使用虚拟机向导界面，如图 12-2、图 12-3 所示。

图 12-2　VMware 12 安装界面

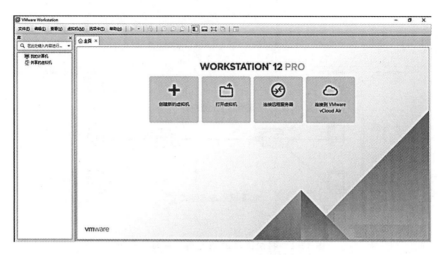

图 12-3　使用新建虚拟机向导面

(2) 用 Workstation"虚拟机向导",从磁盘或 ISO 映像在虚拟机中安装 Windows 10,分别如图 12-4、图 12-5 所示。

图 12-4　使用新建虚拟机向导界面

图 12-5　选择 Windows 界面

(3) 借助 Workstation 12 Pro,可以充分利用 Windows 10 最新功能(如私人数字助理 Cortana、新的 Edge 网络浏览器中的墨迹书写功能),还可开始为 Windows 10 设备构建通用应用,甚至可要求 Cortana 直接从 Windows 10 启动 VMware Workstation。

(4) 设置虚拟机名称和放置位置,具体如图 12-6 所示。

(5) 配置虚拟机大小(磁盘空间根据需要留有余地,可尽量设置大些),如图 12-7 所示,最后确定创建。

(6) 完成虚拟机创建,启动虚拟机,如图 12-8 所示,可查看到有关信息,并解决出现问题:进入放置虚拟机的文件夹,找到.vmx 文件,以记事本打开,在 smc.present="TRUE"后添加一行 smc.version=0,如图 12-9 所示,然后进行保存,再重新启动。

图 12-6 设置虚拟机名称和放置位置

图 12-7 配置虚拟机大小界面

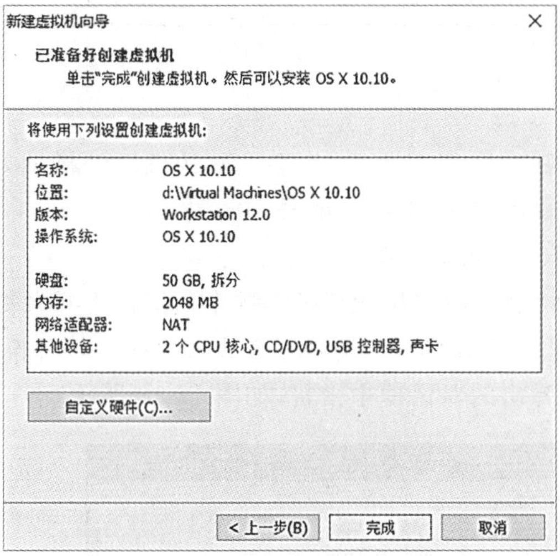

图 12-8 完成虚拟机配置

图 12-9 查看有关信息并处理有问题

12.2 Sniffer 网络漏洞检测

Sniffer 软件是 NAI 公司推出的功能强大的协议分析软件。使用这个工具,可以监视网络的状态、数据流动情况以及网络上传输的信息。

12.2.1 实验目的

(1) 利用 Sniffer 软件捕获网络信息数据包,然后通过解码进行检测分析。

(2) 学会利用网络安全检测工具的操作方法,进行具体检测并写出结论。

12.2.2　实验要求及方法

1. 实验环境

三台 PC 计算机。操作系统 Windows 2003 Server SP4 以上,Sniffer 软件。

注意:本实验是在虚拟实验环境下完成的,如要在真实的环境下完成,则网络设备应该选择集线器或交换机。如果是交换机,则要在 C 机上做端口镜像。安装 Sniffer 软件需要时间。

2. 实验方法

三台 PC 计算机的 IP 地址及任务分配如表 12-1 所示。

表 12-1　三台 PC 计算机的 IP 地址及任务分配

设　　备	IP 地址	任 务 分 配
A 机	10.0.0.3	用户 Zhao 利用此机登录到 FTP 服务器
B 机	10.0.0.4	已经搭建好的 FTP 服务器
C 机	10.0.0.2	用户 Tom 在此机利用 Sniffer 软件捕获 Zhao 的账号和密码

12.2.3　实验内容

三台 PC 计算机,其中用户 Zhao 利用已建好的账号在 A 机上登录到 B 机已经搭建好的 FTP 服务器,用户 Tom 在此机利用 Sniffer 软件捕获 Zhao 的账号和密码。

(1) 在 C 机上安装 Sniffer 软件,启动 Sniffer 进入主窗口。

(2) 在进行流量捕捉之前,首先选择网络适配器,确定从计算机的哪个适配器上接收数据,并将网卡设成混杂模式。网卡混杂模式就是将所有数据包接收下来放入内存进行分析。设置方法:单击"File""Select Settings"命令,在弹出的对话框中设置,如图 12-10 所示。

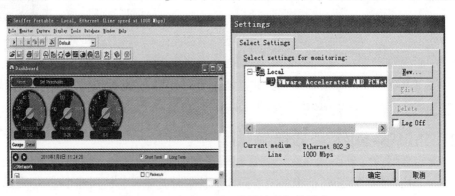

图 12-10　启动 Sniffer 设置计算机的网卡

(3) 新建一个过滤器。

设置方法如下。

① 单击"Capture""Define Filter"命令,进入 Define Filter-Capture 窗口。

② 单击"Profiles"命令,打开 Capture Profiles 对话框;单击"New"按钮,在 New Profiles Name 文本框中输入"ftp_test";单击"OK"按钮。

在 Capture Profiles 对话框中单击"Done"按钮,如图 12-11 所示。

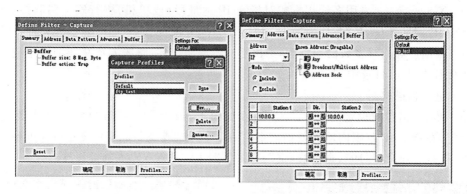

图 12-11　新建过滤器窗口,设置 IP 地址

（4）在 Define Filter 对话框的 Address 选项卡中,设置地址的类型为 P,并在 Station 1 和 Station 2 中分别制定要捕获的地址对。

（5）在 Define Filter 对话框的 Advanced 选项卡中,指定要捕获的协议为 FTP。

（6）主窗口中,选择过滤器为 ftp_test,然后单击"Capture""Start",进行捕获。

（7）用户 Zhao 在 A 机上登录到 FTP 服务器。

（8）当用户用名字 Zhao 和密码登录成功时,Sniffer 的工具栏会显示捕获成功的标志。

（9）利用专家分析系统进行解码分析,可以得到基本信息,如用户名、客户端 IP 等。

12.3　网络漏洞扫描器 X-Scan 的应用

12.3.1　实验目的

（1）了解端口漏洞扫描和远程监控方式。

（2）熟练掌握 X-Scan 漏洞扫描器的使用方法。

（3）理解操作系统漏洞,提高网络安全隐患意识。

12.3.2　实验要求及方法

（1）连通的局域网,学生每人一台计算机设备。

（2）下载、安装可以使用的 X-Scan 扫描器。

12.3.3　实验原理

X-Scan 采用多线程方式对指定 IP 地址段（或单机）进行安全漏洞检测,支持插件功能。扫描内容包括远程服务类型,操作系统类型及版本,各种弱口令漏洞、后门、应用服务漏洞、网络设备漏洞、拒绝服务漏洞等 20 多个大类。

12.3.4 实验内容

(1) X-Scan v3.3 采用多线程方式对指定 IP 地址段(或单机)进行安全漏洞扫描检测,包括 SNMP 信息、CGI 漏洞、IIS 漏洞、RPC 漏洞、SSL 漏洞、SQL-SERVER、SMTP-SERV-ER、弱口令用户等。对多数已知漏洞,给出相应的漏洞描述、解决方案及详细描述链接。扫描结果保存在/log/目录中,其主界面如图 12-12 所示。

(2) 进行扫描检测。

第一步:扫描参数设定(见图 12-13)。在如图 12-14 所示扫描参数界面中,先进行扫描参数设定,在指定 IP 范围内输入要扫描主机的 IP 地址(或是一范围),设置目标机服务器的 IP 地址为 172.16.167.195,点击"确定",进入如图 12-15 所示界面继续设置。

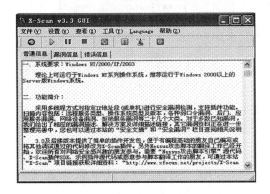

图 12-12　X-Scan 主界面

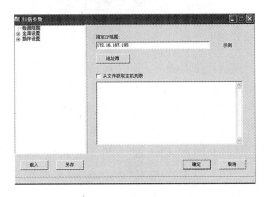

图 12-13　扫描参数设定

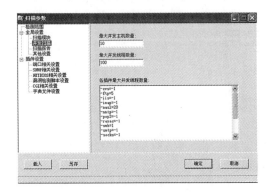

图 12-14　扫描参数界面

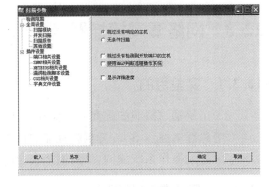

图 12-15　扫描参数设定

为了提高扫描效率,选择跳过 ping 不通的主机,跳过没有开放端口的主机。其他的如"端口相关设置"等可以进行扫描,如扫描某一特定端口等特殊操作(X-Scan 默认只扫描一些常用端口)。

在全局设置中,可以选择线程和并发主机数量。

在"端口相关设置"中可以自定义一些需要检测的端口。检测方式有"TCP""SYN"两种。"SNMP 相关设置"主要是针对简单网络管理协议(SNMP)信息的一些检测设置。"NETBIOS 相关设置"是针对 Windows 系统的网络输入/输出系统(Network Basic Input/

Output System)信息的检测设置,NetBios 是一个网络协议,包括的服务有很多,我们可以选择其中的一部分或全选。

第二步,选择需要扫描的项目,点击扫描模块可以选择扫描的项目,如图 12-16 所示。

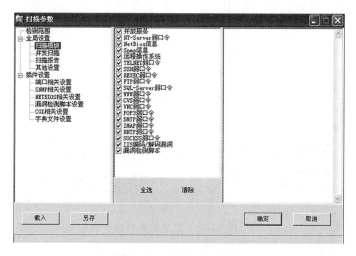

图 12-16　选择扫描项目

"漏洞检测脚本设置"主要是选择漏洞扫描时所用的脚本。漏洞扫描大体包括 CGI 漏洞扫描、POP3 漏洞扫描、FTP 漏洞扫描、SSH 漏洞扫描、HTTP 漏洞扫描等。这些漏洞扫描是基于漏洞库,将扫描结果与漏洞库相关数据匹配比较得到漏洞信息;漏洞扫描还包括没有相应漏洞库的各种扫描,如 Unicode 遍历目录漏洞探测、FTP 弱势密码探测、OPENRelay 邮件转发漏洞探测等,这些扫描通过使用插件(功能模块技术)进行模拟攻击,测试出目标主机的漏洞信息。

第三步,开始扫描,如图 12-17。设置好参数以后,点击"开始扫描"进行扫描,X-Scan 会对目标主机进行详细检测。扫描过程信息会在右下方的信息栏中看到,该扫描过程比较长,需要耐心等待,并思考各种漏洞的含义。扫描结束后自动生成检测报告,点击"查看",选择检测报表为 HTML 格式,如图 12-18、图 12-19 所示。

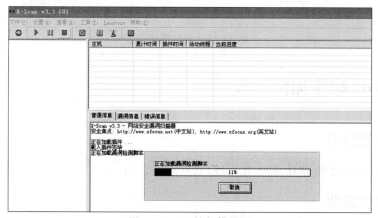

图 12-17　开始扫描界面

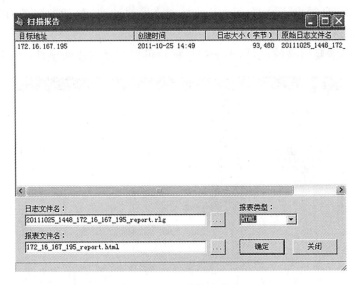

图 12-18 扫描报表内容

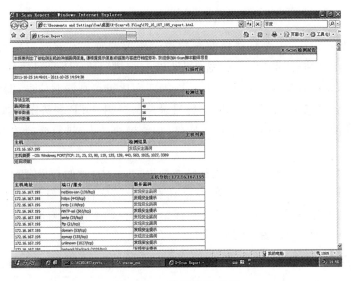

图 12-19 选择报表类型

12.4 PGP 邮件加密实验

12.4.1 实验目的

通过实验深入理解 PGP 的工作原理,熟练掌握使用 PGP 对邮件进行加密和签名。

12.4.2 实验原理

PGP(Pretty Good Privacy)是软件加密程序,用户可以使用它在不安全的通信链路上创建安全的消息和通信,例如电子邮件和网络新闻。PGP 使用各种形式的加密方法,它用一种简单的包格式组合消息提供简单、高效的安全机制,使得消息在 Internet 或者其他网络上安全传输。PGP 是在学术圈和技术圈内一直得到广泛使用的安全邮件标准。

12.4.3　实验步骤

1. 软件安装

与其他软件一样,运行安装程序后,经过短暂的自解压准备安装过程后,进入安装界面,先是欢迎信息,点击"Next"按钮,然后是许可协议,这里是必须无条件接受的,点击"Yes"按钮,进入提示安装 PGP 所需要的系统以及软件配置情况的界面,继续点击"Next"按钮,出现创建用户类型的界面,如图 12-20 所示。

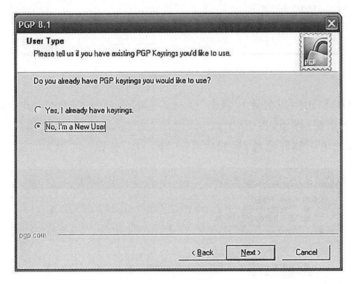

图 12-20　创建用户类型

新用户需要创建并设置一个新的用户信息。继续点击"Next"按钮,来到了程序的安装目录(安装程序会自动检测系统,并生成以系统名为目录名的安装文件夹),建议将 PGP 安装在安装程序默认的目录内,也就是系统盘内。再次点击"Next"按钮,出现选择 PGP 组件的窗口,安装程序会检测系统内所安装的程序,如果存在 PGP 可以支持的程序,将自动选中。

第一个是磁盘加密组件,第二个是 ICQ 实时加密组件,第三个是微软的 Outlook 邮件加密组件,第四个是有大量使用者的 Outlook Express。在这里只讲解 PGP 的文件加密功能。后面的安装过程只需点击"Next"按钮,再根据提示重启系统即可完成安装,如图 12-21 所示。

2. 创建和设置初始用户

重启后,进入系统时会自动启动 PGPtray.exe,这个程序是用来控制和调用 PGP 的全部组件的,接下来进入新用户创建与设置。启动 PGPtray 后,会出现一个 PGP Key Gener-

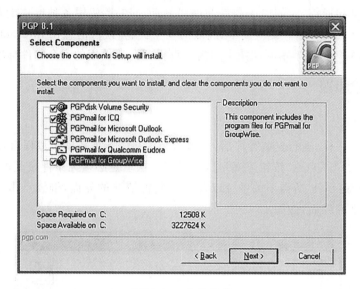

图 12-21　安装完成

ation Wizard(PGP 密钥生成向导),点击"下一步"按钮,进入 Name and Email Assignment(分配姓名和电子信箱)界面,在 Full name(全名)处输入想要创建的用户名,Email 地址处输入用户所对应的电子邮件地址,完成后点击"下一步"按钮,如图 12-22 所示。

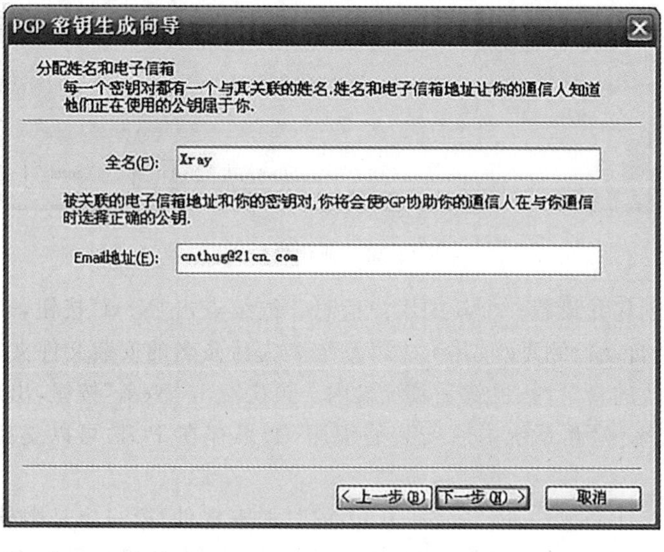

图 12-22　密钥生成向导

　　接下来进入 Passphrase Assignment,在 Passphrase 处输入需要的密码,Confirmation(确认)处再输入一次,长度必须大于 8 位,建议为 12 位以上,如果出现"Warning：Caps Lock is activated!"的提示信息,说明开启了 Caps Lock 键(大小写锁定键),点击一下 Caps Lock 键,该键关闭大小写锁定后再输入密码,因为密码是要区分大小写的,最好别取消 Hide Typing(隐藏键入)的选择,完成后点击"下一步"按钮,如图 12-23 所示。

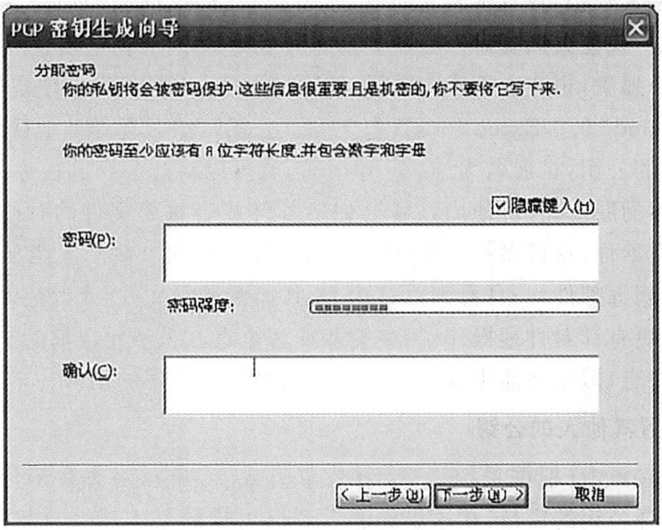

图 12-23　密钥生成

　　进入 Key Generation Progress(密钥生成进程),等待主密钥(Key)和次密钥(Sub key)生成完毕(出现完成)。点击"下一步"按钮,进入 Completing the PGP Key Generation Wizard(完成该 PGP 密钥生成向导),再点击"完成"按钮,用户就创建并设置好了。

3. 导出并分发你的公钥

　　启动 PGPkeys,在这里将看到密钥的一些基本信息,如 Validity(有效性,PGP 系统检查是否符合要求,如果符合,就显示为绿色)、Trust(信任度)、Size(大小)、Description(描述)、Key ID(密钥 ID)、Creation(创建时间)、Expiration(到期时间)等,如果没有那这么多信息,就使用菜单组里的"VIEW (查看)",并选中里面的全部选项,如图 12-24 所示。

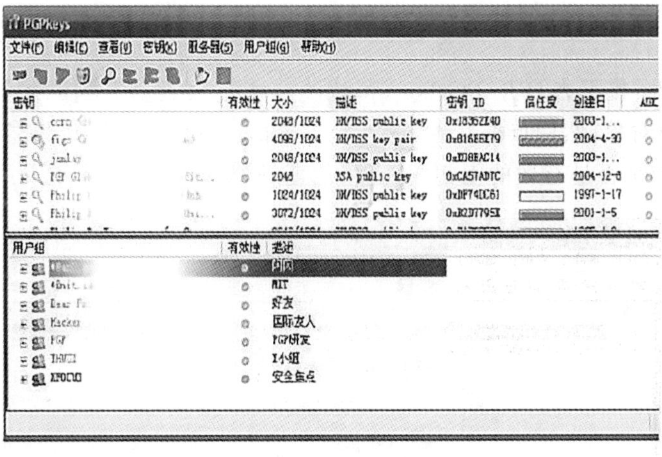

图 12-24　导出密钥

　　需要注意的是,这里的用户其实是以一个密钥对形式存在的,也就是说其中包含了一个公钥(公用密钥,可分发给任何人,别人可以用此密钥对要发给你的文件或者邮件等进行加密)和一个私钥(私人密钥,只有你一人所有,不可公开分发,此密钥用来解密别人用公钥加密的文件或邮件)。现在我们要做的就是要从这个密钥对内导出包含的公钥。单击显示有你刚才创建的用户那里,再在上面点击右键,选"Export…(导出)",在出现的保存对话框中,确认只选中了"Include 6.0 Extensions"(包含6.0公钥),然后选择一个目录,再点击"保存"按钮,即可导出你的公钥,扩展名为.asc。导出后,就可以将此公钥放在你的网站上(如果有的话),或者发给你的朋友,告诉他们以后给你发邮件或者重要文件的时候,通过PGP使用此公钥加密后再发给你,这样做一是能防止被人窃取后看到一些个人隐私或者商业机密的东西,二是能防止病毒邮件,一旦看到没有用PGP加密过的文件,或者是无法用私钥解密的文件或邮件,就能更有针对性地操作了,如删除或者杀毒。虽然比以前的文件发送方式和邮件阅读方式麻烦一点,但是却能更安全地保护你的隐私或公司的秘密。

4. 导入并设置其他人的公钥

导入公钥:直接点击(根据系统设置不同,单击或者双击)对方发给你的扩展名为.asc的公钥,会出现选择公钥的窗口,在这里你能看到该公钥的基本属性,如有效性、创建时间、信任度等,便于了解是否应该导入此公钥。选好后,点击"导入"按钮,即可导入PGP,如图12-25所示。

图 12-25　导入他人公钥

设置公钥属性:接下来打开PGPkeys,就能在密钥列表里看到刚才导入的密钥,如图12-26所示。选中对象,然后点击右键,选"Key Properties(密钥属性)",这里能查看到该密钥的全部信息,如是否是有效的密钥、是否可信任等,如图12-27所示。

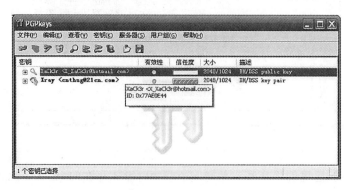

图 12-26　查看公钥

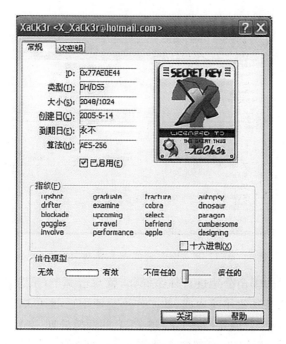

图 12-27 查看密钥详细信息

此时,如果直接拉动 Untrusted(不信任的)的滑块到 Trusted(信任的),将会出现错误信息。正确的做法应该是关闭此对话框,然后在该密钥上点击右键,选"Sign(签名)",在出现的"PGP Sign Key(PGP 密钥签名)"对话框中,点击"确定"按钮,会出现要求为该公钥输入 Passphrase 的对话框,这时你就得输入你设置用户时的那个密码短语,然后继续点击"确定"按钮,即完成签名操作,查看密码列表里该公钥的属性,应该在"Validity(有效性)"栏显示为绿色,表示该密钥有效,然后再点击右键,选"Key Properties(密钥属性)",将 Untrusted(不信任的)的滑块拉到 Trusted(信任的),再点击"关闭"按钮即可,这时再看密钥列表里的那个公钥,Trust(信任的)处就不再是灰色了,说明这个公钥被 PGP 加密系统正式接受,可以投入使用了。关闭 PGPkeys 窗口时,可能会出现要求备份的窗口,建议点击"Now Back-up(现在备份)"按钮选择一个路径保存,如"我的文档"。

5. 使用公钥加密文件

不用开启 PGPkeys,直接在你需要加密的文件上点击右键,会看到一个 PGP 的菜单组,进入该菜单组,选"Encrypt(加密)",将出现 PGP 外壳-密钥选择对话框,如图 12-28 所示。

文本输出:解密后以文本形式输出。

输入文本:选择此项,解密时将以另存为文本输入方式进行加密。

粉碎原件:加密后粉碎掉原来的文件,不可恢复。

常规加密:输入密码后进行常规加密,有局限性。

自解密文档:继承于"常规加密",此方式也经常使用,通常加密目录下的所有文件。在这里你可以选择一个或者多个公钥,上面的窗口是备选的公钥,下面的窗口是准备使用的公

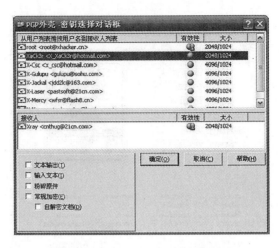

图 12-28　PGP 外壳-密钥选择对话框

钥,你想使用备选窗里的哪个公钥进行加密操作,就双击哪个,该公钥就会从备选窗口转到准备使用窗口,已经在准备使用窗内的,如果你不想使用它,也可以通过双击的方法,使其转到备选窗。选择好后,点击"确定"按钮,经过 PGP 的短暂处理,会在你想要加密的那个文件的同一目录生成一个格式为"你加密的文件名.pgp"的文件,这个文件就可以用来发送了,你刚才使用哪个公钥加密的,就只能发给该公钥所有人,别人无法解密,只有该公钥所有人才有解密的私钥。如果要加密文本文件,如.txt,并且想要将加密后的内容作为论坛的帖子发布,或者要作为邮件内容发布,那么就在刚才选择公钥的窗口,选中左下角的"Text Output(文本输出)",这样创建的加密文件格式为"你加密的文件名.asc"。你用文本编辑器打开时看到的就不是没有规律的乱码了(不选择此项,输出的加密文件将是乱码),而是很有序的格式,便于复制。将"测试一下"这几个字加密后,如图 12-29 所示。

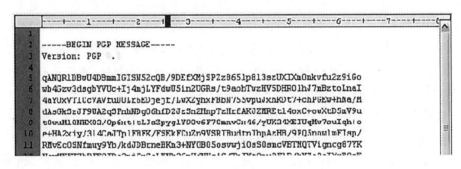

图 12-29　查看加密

　　PGP 还支持创建自解密文档,只需要在刚才选择公钥的对话框中选中"Self Decrypting Archive(自解密文档)",再点击"确定"按钮,输入一个密码短语,再确认一次,点击"确定"按钮,出现保存对话框,选一个位置保存即可。这时传创建的就是"你加密的文件名.sda.exe"这样的文件,这个功能支持文件夹加密,类似 WINZIP 以及 WINRAR 的压缩打包功能。值得一提的是,PGP 给文件进行超强的加密之后,还能对其进行压缩,压缩率比 WINRAR 小不了多少,有利于网络传输。

6. 文件、邮件解密

使用 PGPtray 解密：文本形式的 PGP 加密文件，可以使用 PGPtray 的两种方式解密。先用文本编辑器打开，在右下角找到 PGPtray 图标（锁的形状），在上面点击右键，选择"当前窗口""解密 & 效验"，如图 12-30 所示。

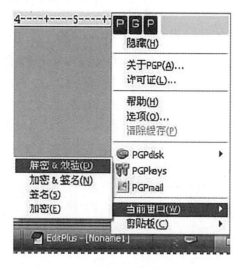

图 12-30　解密

根据提示输入密码短语，点击"确定"，就会弹出文本查看器，显示加密文本的明文内容，成功完成解密。还可通过复制加密文本的内容，然后在 PGPtray 图标上点击右键，选择"剪贴板""解密 & 效验"，也可以完成解密。

使用 PGPshell 解密：文本类型的加密文件可将内容复制后保存为一个独立的文件，如解密.txt，然后在文件上点击右键，选择 PGP 菜单组内的"Encrypt（加密）"，会弹出对话框，要求输入密码短语，输入正确的密码短语后，弹出保存解密后文件的对话框，选择一个路径保存即可。其他类型的加密文件重复上面的 PGP 菜单组内的 Encrypt（加密）操作即可完成解密。

7. 分发 PGP 公钥并发送 PGP 加密邮件

从 PGP 程序组打开 PGPmail，如图 12-31 所示。图 12-31 中所示功能依次为 PGPkeys、加密、签名、加密并签名、解密效验、擦除、自由空间擦除。

图 12-31　PGPmail

在 OE 中，如果安装了 PGPmail for OutLook Express 的插件，我们可以看到 PGPmail 加载到了 OE 的工具栏里，如图 12-32 所示（带有锁状的按钮）。

图 12-32　PGPmail 加载

OE 创建新邮件时，检查工具栏"加密信息（PGP）"和"签名信息（PGP）"按钮状态。

当书写完纯文本的加密邮件时，填入对方 Email 地址，点击发送，这时 PGPmail 就会对其使用主密钥和对方公钥进行加密，加密后的邮件也只能由双方使用自己的私钥才能进行解密。PGPkey 会在服务器上查找相应的公钥，以免对方更新密钥而造成无法收取邮件信息。

点击"取消"，弹出 Recipient Selection（接收者选择）窗口，从上方的列表中用鼠标进行双击添加到下面的接收者列表里面，点击"确定"，就可以发送通过 PGP 加密的邮件，或者可将文件事先进行加密，在邮件中以附件的形式进行发送。

12.5　使用 Snort 建立 IDS

入侵检测系统（IDS）是一个设备或者软件应用程序，检测计算机或者网络上未经授权的使用或攻击。依据检测，IDS 可以记录、警告或执行一些其他的动作，诸如运行另一个程序或重定向通信。

Snort 是个开源的 IDS。它由四部分组成：嗅探器、预处理器、检测引擎和报警。嗅探器行为非常类似于 Ethereal 或者 TCPDump，它会将通信转储到屏幕或其他指定的位置，用来聚集由预处理器和检测引擎所分析的通信。

预处理器执行几个功能，其中之一是检测网络上的反常通信，诸如残缺的数据包或异常的 ARP 回复。预处理器也能用于处理并准备被检测引擎使用的数据。检测引擎对比规则集来检查数据，寻找匹配。规则集是规则的集合，包含攻击或未经授权的行为的特征。

配置 IDS 的挑战之一是在定义规则太具体和太概括之间达到一种平衡。太概括的规则会在没有实际攻击时报警（误报）。虽然它可能包含攻击的特征，但其他的非恶意通信也可能有同样的特征。检测这个合法的通信并将它标注为可疑的通信，称为假阳性。太具体的规则可能不会在所有的情况下都捕捉到攻击（漏报）。

12.5.1　实验目的

（1）通过实验进一步理解 IDS 的原理和作用。

（2）学习安装、配置和使用 Snort 入侵检测系统。

（3）学习分析 Snort 警报文件。

（4）结合指定的攻击特征，学习如何创建检测规则。

12.5.2 实验设备和环境

（1）Windows 2000 advanced server 虚拟机（要求安装 web 服务器）。

（2）Snort-2_3_0.exe（或更高版本，本实验以该版本为准，要求安装 winpcap3.0），下载地址：http://www.snort.org。

（3）nmap4.23.exe（要求安装 winpcap4.1），下载地址：http://www.hackerdown.net/Soft/2.htm。

（4）winpcap3.0 和 winpcap4.1，下载地址：http://www.winpcap.org。本实验中 PC 机地址为 192.168.4.3，虚拟机地址为 192.168.32.128。

12.5.3 实验任务

（1）学习 Snort 基础知识。
（2）安装工具软件（Snort、Winpcap 和 Nmap）扫描工具。
（3）使用 Snort 进行 Xmax 扫描检测和目录遍历攻击。
（4）创建和测试规则。

12.5.4 实验步骤

1. 软件安装

（1）打开计算机安装 nmap4.23，安装时全部按照默认设置。
（2）双击 winpcap4.1，安装时全部按照默认设置。
（3）打开虚拟机，启动 Windows 2000 advanced server，安装 Snort2.3.0，将 Snort 安装在 C 盘，安装时全部按照默认设置。
（4）在虚拟机上安装 winpcap3.0，安装时全部按照默认设置。

2. 将 Snort 用作嗅探器

Snort 有三种工作模式：嗅探器、数据包记录器、网络入侵检测系统。嗅探器模式仅仅是从网络上读取数据包并作为连续不断的流显示在终端上。数据包记录器模式把数据包记录到硬盘上。网络入侵检测系统模式是最复杂的，而且是可配置的。我们可以让 Snort 分析网络数据流以匹配用户定义的一些规则，并根据检测结果采取一定的动作。

在虚拟机（IP：192.168.32.128）上进行如下操作。

（1）单击"开始""运行"，并输入"cmd"进入命令行。
（2）在命令行中键入"cd c:\snort\bin"，回车确认。
（3）键入"snort-h"，回车确认，显示可以与 Snort 一起使用的命令行选项的帮助文件，需要注意每一个选项的含义。

选项的含义如下。

—A：选择设置警报的模式为 full、fast、unsock 和 none。full 模式是默认警报模式，它记录标准的 alert 模式到 alert 文件中。fast 模式只记录时间戳、消息、IP 地址、端口到文件中。unsock 是发送到 Unix socket。none 模式是关闭报警。

—a:显示 ARP 包。

—b:以 tcpdump 格式记录 LOG 的信息包,所有信息包都被记录为二进制形式,用这个选项记。记录速度相对较快,因为它不需要把信息转化为文本时间。

—c:使用配置文件,这个规则文件是告诉系统什么样的信息要日志记录,或者要报警,或通过。

—C:只用 ASCII 码来显示数据报文负载,不用十六进制。

—d:显示应用层数据。

—D:使 Snort 以守护进程的形式运行,默认情况下警报将被发送到/var/log/snort. alert 文件中。

—e:显示并记录第二层信息包头的数据。

—F:从文件中读 BPF 过滤器(filters)。

—g:Snort 初始化后使用用户组标志(group ID),这种转换使得 Snort 放弃在初始化时必须使用 root 用户权限,从而更安全。

—h:设置内网地址,使用这个选项 Snort 会用箭头的方式表示数据进出的方向。

—i:在网络接口上监听。

—I:添加第一个网络接口名字到警报输出。

—l:把日志信息记录到目录中去。

—L:设置二进制输出的文件名。

—m:设置所有 Snort 的输出文件的访问掩码。

—M:发送 WinPopup 信息到包含文件中存在的工作站列表中,这选项需要 Samba 的支持。

—n:指定在处理 n 个数据包后退出。

—N:关闭日志记录,但 Alert 功能仍正常工作。

—o:将改变规则应用到数据包上的顺序,正常情况下采用 Alert→Pass→LOG order,而采用此选项的顺序是 Pass→Alert→LOG order,其中 Pass 是那些允许通过的规则,Alert 是不允许通过的规则,LOG 指日志记录。

—O:使用 ASCII 码输出模式时本地网 IP 地址被代替成非本地网 IP 地址。

—p:关闭混杂(promiscuous)嗅探方式,一般用更安全的调试网络。

—P:设置 Snort 的抓包截断长度。

—r:读取 tcpdump 格式的文件。

—s:把日志警报记录到 syslog 文件中,在 Linux 中警告信息会记录在 var/log/secure 中,在其他平台上出现在 var/log/message 中。

—S:设置变量 $n=v$ 的值,用来在命令行中定义 Snort rules 文件中的变量,如要在 Snort rules 文件中定义变量 HOME_NET,可以在命令行中给它预定义值。

—t:初始化后改变 Snort 的根目录到目录。

—T:进入自检模式,Snort 将检查所有的命令行和规则文件是否正确。

—u:初始化后改变 Snort 的用户 ID。

—v:显示 TCP/IP 数据报头信息。

—V:显示 Snort 版本并退出。

—y:在记录的数据包信息的时间戳上加上年份。

—?:显示 Snort 简要的使用说明并退出。

除了少数几个不常用的命令,大部分的命令都在这里了,掌握这些命令后,用户可以根据自己的需要来选择使用不同的工作模式,下面我们来看看这三种工作模式是如何具体工作的。

(4) 键入"snort-vde",并回车确认。

在 PC 机(IP:192.168.4.3)上:单击"开始""运行",并输入"cmd"进入命令行,键入"ping 192.168.32.128"。

在虚拟机上:注意 Snort 转储 ping 的内容到屏幕上。

3. 使用预处理器的 Snort 配置

在虚拟机上,使用记事本为 Snort 创建一个配置文件,将文件命名为 snort_preprocessor.conf。

(1) 在命令行上,键入"notepad c:\snort\etc\snort_preprocessor.conf"。

(2) 单击"Yes"创建文件。

(3) 在记事本中键入下列行:

> var HOME_NET 192.168.32.0/24
>
> var EXTERNAL_NET any
>
> var RULE_PATH c:\snort\rules
>
> preprocessor stream4:detect_scans

前三行是变量设定值,当需要知道内部或本地网络是什么,什么被认为是不可信赖的或外部的通信,以及在哪里发现规则文件时,预处理器和规则文件将会使用这些值。最后一行是处理通信和检测扫描的预处理器,完成并保存。

(4) 在命令行中键入"snort—l c:\snort\log—c c:\snort\etc\snort_preprocessor.conf",回车确认。其中,l 表示输出日志文件的位置,而—c 表示配置文件的位置。

在 PC 机上,单击"开始""运行",并输入"cmd"进入命令行。在命令行上键入"nmap—sX 192.168.32.128"。上述命令中的 X 是要发送一个 Xmax 扫描,该扫描是一种在正常的网络通信中不会被看到的数据包。接下来尝试针对虚拟机 web 服务器的目录遍历攻击。

在浏览器中键入"http://192.168.32.128/scripts/..%255c../winnt/system32/cmd.exe?/c+dir+\winnt",回车。

在虚拟机上,在命令行窗口上,按"CTRL+C",停止 Snort,得到 Snort 概要输出界面,如图 12-33 所示。

① Snort 收到了多少数据包?

② 有多少数据包是 TCP 的?

③ 有多少警报?

在 c:\snort\log 目录下用记事本打开 alert.ids 文件,如图 12-34 所示,[111:10:1]是 snort ID 和修改号。(spp_stream4) STEALTH ACTIVITY (XMAS scan) detection 是引发警报的与处理器。

U*PF 表示所捕获数据包设置了 Urgent、Push 以及 Fin 标记。

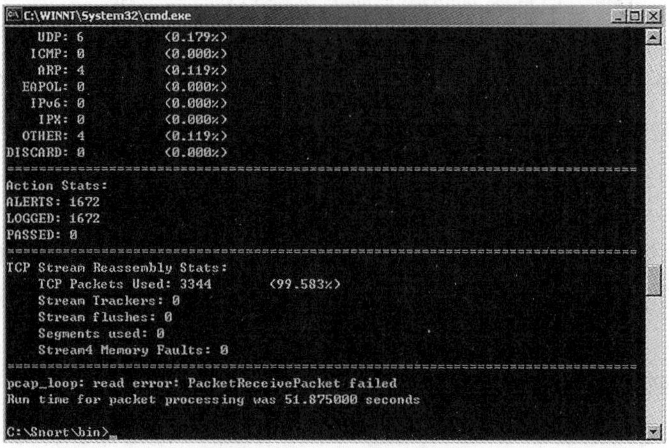

```
C:\WINNT\System32\cmd.exe
    UDP: 6          (0.179%)
   ICMP: 0          (0.000%)
    ARP: 4          (0.119%)
  EAPOL: 0          (0.000%)
   IPv6: 0          (0.000%)
    IPX: 0          (0.000%)
  OTHER: 4          (0.119%)
DISCARD: 0          (0.000%)
=============================================================================
Action Stats:
ALERTS: 1672
LOGGED: 1672
PASSED: 0
=============================================================================
TCP Stream Reassembly Stats:
    TCP Packets Used: 3344        (99.583%)
    Stream Trackers: 0
    Stream flushes: 0
    Segments used: 0
    Stream4 Memory Faults: 0
=============================================================================
pcap_loop: read error: PacketReceivePacket failed
Run time for packet processing was 51.875000 seconds

C:\Snort\bin>_
```

图 12-33　Snort 概要输出界面

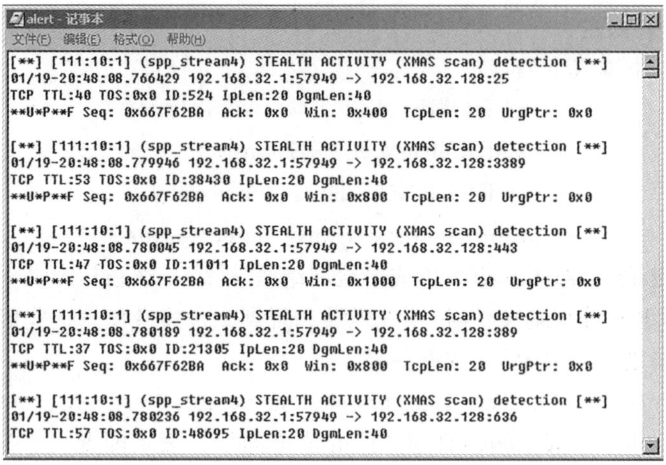

```
alert - 记事本
文件(F) 编辑(E) 格式(O) 帮助(H)
[**] [111:10:1] (spp_stream4) STEALTH ACTIVITY (XMAS scan) detection [**]
01/19-20:48:08.766429 192.168.32.1:57949 -> 192.168.32.128:25
TCP TTL:40 TOS:0x0 ID:524 IpLen:20 DgmLen:40
**U*P**F Seq: 0x667F62BA  Ack: 0x0  Win: 0x400  TcpLen: 20  UrgPtr: 0x0

[**] [111:10:1] (spp_stream4) STEALTH ACTIVITY (XMAS scan) detection [**]
01/19-20:48:08.779946 192.168.32.1:57949 -> 192.168.32.128:3389
TCP TTL:53 TOS:0x0 ID:38430 IpLen:20 DgmLen:40
**U*P**F Seq: 0x667F62BA  Ack: 0x0  Win: 0x800  TcpLen: 20  UrgPtr: 0x0

[**] [111:10:1] (spp_stream4) STEALTH ACTIVITY (XMAS scan) detection [**]
01/19-20:48:08.780045 192.168.32.1:57949 -> 192.168.32.128:443
TCP TTL:47 TOS:0x0 ID:11011 IpLen:20 DgmLen:40
**U*P**F Seq: 0x667F62BA  Ack: 0x0  Win: 0x1000  TcpLen: 20  UrgPtr: 0x0

[**] [111:10:1] (spp_stream4) STEALTH ACTIVITY (XMAS scan) detection [**]
01/19-20:48:08.780189 192.168.32.1:57949 -> 192.168.32.128:389
TCP TTL:37 TOS:0x0 ID:21305 IpLen:20 DgmLen:40
**U*P**F Seq: 0x667F62BA  Ack: 0x0  Win: 0x800  TcpLen: 20  UrgPtr: 0x0

[**] [111:10:1] (spp_stream4) STEALTH ACTIVITY (XMAS scan) detection [**]
01/19-20:48:08.780236 192.168.32.1:57949 -> 192.168.32.128:636
TCP TTL:57 TOS:0x0 ID:48695 IpLen:20 DgmLen:40
```

图 12-34　alert.ids 文件

4. 使用检测引擎的 Snort 配置

在虚拟机上进行如下操作。

(1) 在 snort_preprocessor.conf 中,删除最后一行。

(2) 增加下列行到文件末尾:

```
var HTTP_SERVERS 192.168.32.128
var HTTP_PORTS 80
preprocessor flow
include classification.config
include c:\snort\rules\web-misc.rules
```

(3) 将文件命名为 snort_detection.conf,并存到 c:\snort\etc 中。

在前述配置中,为 Web 服务器的 IP 地址和端口地址增加了变量。flow 预处理器用来帮助为检测引擎准备捕获的数据。web-misc.rules 规则包含检测引擎将要查找的特征文件。

现在我们来看一下 web－misc. rules 规则。

先用记事本打开 c:\snort\rules 下的 web-misc. rules 规则。再用关键词 1113 查找到下述规则内容：alert tcp ＄EXTERNAL_NET any → ＄HTTP_SERVERS ＄HTTP_PORTS（msg:"web-misc http directory traversal"；flow:to_server,established；content："../"；referenc e:arachnids,297；classtype:attempted－recon；sid:1113；rev:5;）。

规则由规则头和规则体组成。规则头包含规则动作、协议、源和目的地。

规则动作是指除规则之外的条件满足时将要发生的事，在本例中将会引发警报。规则正在检查的协议是 TCP。

源和目的地址是 ＄EXTERNAL_NET any → ＄HTTP_SERVERS ＄HTTP_PORTS。any 指的是任何端口，→表示通信方向是进入的。msg 的选项设置会显示在警报日志中。

flow:定义数据包的方向。

content:"../"告知检测引擎在数据包中查找这些字符，这是实际执行目录遍历的字符串。

reference:arachnids,297 是外部引用；sid:1113 是 snort id；rev:5 是规则修订号。

在虚拟机上，在命令行上键入"snort－l c:\snort\log－c c:\snort\etc\snort_detection. conf"，并回车。

在 PC 机上，在浏览器中键入"http://192.168.32.128/scripts/..%255c../winnt/system32/cmd. exe? /c＋dir＋\winnt"。

在虚拟机上，在命令行上，按"CTRL＋C"，停止 Snort，得到 Snort 概要输出界面。

① Snort 接收到多少数据包？

② 多少数据包是 TCP 的？

③ 有多少警报？

④ 为什么不同于之前的输出？

最后，再检查分析日志文件。

12.6　网络协议分析工具 Wireshark 的使用

Wireshark 是一个网络封包分析软件。Wireshark 前身是 Ethereal，Ethereal 与 Windows 系统中常用的 sniffer pro 并称网络嗅探工具双雄，不过与 sniffer pro 不同的是 Ethereal 在 Linux 类系统中应用更为广泛。而 Wireshark 软件是 Ethereal 的后续版本，是在 2006 年 Ethereal 被收购后推出的最新网络嗅探软件，在功能上比 Ethereal 更加强大。网络封包分析软件的功能是撷取网络封包，并尽可能显示出最为详细的网络封包资料。网络封包分析软件的功能可想象成电工技师使用电表来量测电流、电压、电阻的工作，只是将场景移植到网络上，并将电线替换成网络线。在过去，网络封包分析软件是非常昂贵的，或是专门属于营利用的软件。Ethereal 的出现改变了这一切。在 GNUGPL 通用许可证的保障范围内，使用者可以免费取得软件与其程序码，并拥有针对其源代码修改及定制化的权限。

Wireshark 是目前全世界最广泛的网络封包分析软件之一。Wireshark 官方主页：http://www.wireshark.org/。

Wireshark 是功能强大的网络数据捕获工具，可以帮助我们分析网络数据流量，在第一时间发现蠕虫病毒、木马程序和 ARP 欺骗等问题的根源。

12.6.1　Wireshark 的主要界面

（1）Display Filter(显示过滤器)，用于设置过滤条件进行数据包列表过滤。菜单路径：Analyze → Display Filters。

（2）Packet List Pane(数据包列表)，显示捕获到的数据包，每个数据包包含编号、时间戳、源地址、目标地址、协议、长度，以及数据包信息。不同协议的数据包使用了不同的颜色区分显示。

（3）Packet Details Pane(数据包详细信息)，在数据包列表中选择指定数据包，在数据包详细信息中会显示数据包的所有详细信息内容，如图 12-35 所示。数据包详细信息面板是最重要的，用来查看协议中的每一个字段。各行信息分别为：

① Frame：物理层的数据帧概况。

② Ethernet II：数据链路层以太帧帧头部信息。

③ Internet Protocol Version 4：互联网层 IP 包头部信息。

④ Transmission Control Protocol：传输层 T 的数据段头部信息，此处是 TCP。

⑤ Hypertext Transfer Protocol：应用层的信息，此处是 HTTP 协议。

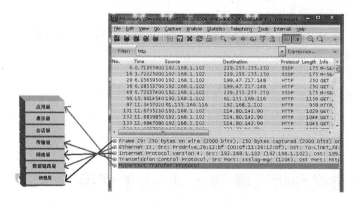

图 12-35　数据包详细信息

12.6.2　Wireshark 过滤器设置

初学者使用 Wireshark 时，将会得到大量的冗余数据包列表，以至于很难找到自己抓取的数据包部分。Wireshark 工具中自带了两种类型的过滤器，学会使用这两种过滤器会帮助我们在大量的数据中迅速找到我们需要的信息。

抓包过滤器。抓包过滤器的菜单栏路径为 Capture→Capture Filters，用于在抓取数据包前设置，如图 12-36 所示。

在用 Wireshark 截获数据包之前，应该为其设置相应的过滤规则，可以只捕获感兴趣的

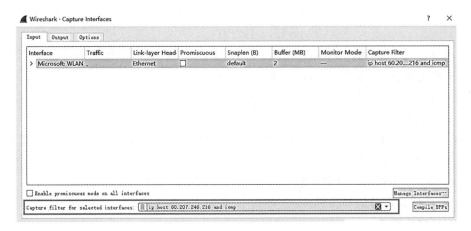

图 12-36 抓包过滤器设置

数据包。Wireshark 使用与 tcpdump 相似的过滤规则,并且可以很方便地存储已经设置好的过滤规则。要为 Wireshark 配置过滤规则,首先单击"Capture"选项,然后选择"Capture Filters..."菜单项,打开"Wireshark :Capture Filter"对话框。因为此时还没有添加任何过滤规则,因而该对话框右侧的列表框是空的。在 Wireshark 中添加过滤器时,需要为该过滤器指定名字及规则,如 ip host 60.207.246.216 and icmp 表示只捕获主机 IP 为 60.207.246.216 的 ICMP 数据包,过滤结果如图 12-37 所示。

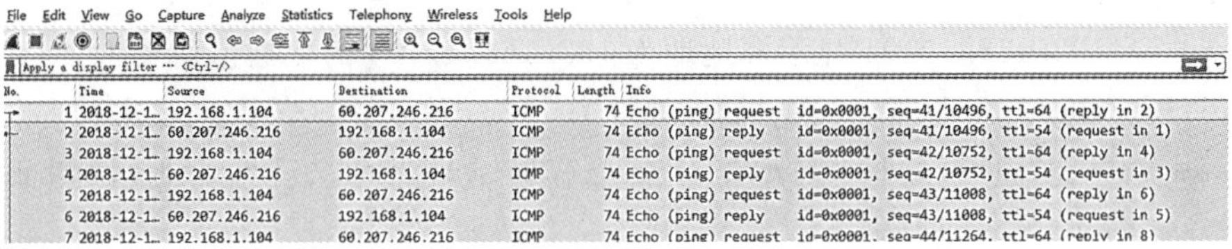

图 12-37 过滤结果

1. 显示过滤器

显示过滤器是用于在抓取数据包后设置过滤条件进而过滤数据包。通常是在抓取数据包时设置条件相对宽泛,抓取的数据包内容较多时使用显示过滤器设置条件过滤以便分析。同样上述场景,在捕获时未设置捕获规则,直接通过网卡进行抓取所有数据包。

2. Wireshark 过滤器表达式的规则

(1)抓包过滤器语法和实例。

抓包过滤器类型 Type(host、net、port)、方向 Dir(src、dst)、协议 Proto(ether、ip、tcp、udp、http、icmp、ftp 等)、逻辑运算符(&& 与、|| 或、! 非)。

① 协议过滤 :协议比较简单,直接在抓包过滤框中直接输入协议名即可。例如,TCP,只显示 TCP 协议的数据包列表;HTTP,只查看 HTTP 协议的数据包列表;ICMP,只显示 ICMP 协议的数据包列表。

② IP 过滤 ,例如:

host 192.168.1.104

src host 192.168.1.104

dst host 192.168.1.104

③ 端口过滤 。例如,port 80 、src port 80 、dst port 80。

④ 逻辑运算符:&& 与、|| 或、! 非。

例如,src host 192.168.1.104 && dst port 80 抓取主机地址为 192.168.1.80、目的端口为 80 的数据包。

host 192.168.1.104 || host 192.168.1.102 抓取主机为 192.168.1.104 或者 192.168.1.102 的数据包。

! broadcast 不抓取广播数据包。

(2)显示过滤器语法和实例。

① 比较操作符。

比较操作符有==等于、! =不等于、>大于、<小于、>=大于等于、<=小于等于。

② 协议过滤。

协议过滤比较简单,直接在 Filter 框中直接输入协议名即可。注意:协议名称需要输入小写。

tcp 只显示 TCP 协议的数据包列表。

http 只查看 HTTP 协议的数据包列表。

icmp 只显示 ICMP 协议的数据包列表。

③ ip 过滤。

ip.src==192.168.1.104 显示源地址为 192.168.1.104 的数据包列表。

ip.dst==192.168.1.104,显示目标地址为 192.168.1.104 的数据包列表。

ip.addr==192.168.1.104 显示源 IP 地址或目标 IP 地址为 192.168.1.104 的数据包列表。

④ 端口过滤。

tcp.port==80,显示源主机或者目的主机端口为 80 的数据包列表。

tcp.srcport==80,只显示 TCP 协议的源主机端口为 80 的数据包列表。

tcp.dstport==80,只显示 TCP 协议的目的主机端口为 80 的数据包列表。

⑤ Http 模式过滤。

http.request.method=="GET",只显示 HTTP GET 方法的。

⑥ 逻辑运算符为 and/or/not。

过滤多个条件组合时,使用 and/or。例如,获取 IP 地址为 192.168.1.104 的 ICMP 数据包表达式为 ip.addr == 192.168.1.104 and icmp。

⑦ 按照数据包内容过滤。假设我要以 ICMP 层中的内容进行过滤,可以单击选中界面中的码流,在下方进行数据选择。

(3)Capture Options 其他选项。

① Interface(接口)。

这个字段指定在哪个接口进行捕获。这是一个下拉字段,只能从中选择 Wireshark 识别出来的接口,默认是第一块支持捕获的非 loopback 接口卡。如果没有接口卡,那么第一个默认就是第一块 loopback 接口卡。在某些系统中,loopback 接口卡不能用来捕获(loopback 接口卡在 Windows 平台是不可用的)。

② IP address(IP 地址)。

所选接口卡的 IP 地址。如果不能解析出 IP 地址,则显示"unknown"。

③ Link-layer header type(链路层头类型)。

除非在极个别的情况下可能用到这个字段,大多数情况下保持默认值。

④ Buffer size:n megabyte(s)(缓冲区大小:n 兆)。

输入捕获时使用的 buffer 的大小。这是核心 buffer 的大小,捕获的数据首先保存在这里,直到写入磁盘。如果遇到包丢失的情况,则增加这个值可能解决问题。

⑤ Capture packets in promiscuous mode (在混杂模式捕获包)。

这个选项允许设置是否将网卡设置在混杂模式。如果不指定,则 Wireshark 仅仅捕获那些进入你的计算机的或送出你的计算机的包(而不是 LAN 网段上的所有包)。

⑥ Limit each packet to n bytes(限制每一个包为 n 字节)。

这个字段设置每一个数据包的最大捕获的数据量,有时称作 snaplen,如果 disable 这个选项默认是 65535,对于大多数协议来讲够了。

⑦ Capture Filter(捕获过滤)。

这个字段指定一个捕获过滤,意为"在捕获时进行过滤"部分进行讨论,它在默认情况下是空的,即没有过滤。使用时,可以点击标为 Capture Filter 的按钮,Wireshark 将弹出 Capture Filters(捕获过滤)对话框,来建立或者选择一个过滤。

12.6.3　用 Wireshark 分析互联网数据包实例

1. 实验目的

学习使用网络协议分析工具 Wireshark 的方法,并用它来分析一些协议。

2. 实验原理

(1) TCP/IP 协议族中网络层、传输层、应用层相关重要协议原理。

(2) 网络协议分析工具 Wireshark 的工作原理和基本使用规则。

3. 实验内容

(1) 用 Wireshark 观察 ARP 协议以及 ping 命令的工作过程。

① 用"ipconfig"命令获得本机的 MAC 地址和缺省路由器的 IP 地址;缺省路由器的 IP:192.168.7.93。

命令为:ipconfig/all。MAC 地址:00－E0－4C－56－76－C0。

② 用"arp"命令清空本机的缓存;命令为:arp －d。

③ 运行 Wireshark,开始捕获所有属于 ARP 协议或 ICMP 协议的包,并且源或目的 MAC 地址是本机的包(提示:在设置过滤规则时需要使用(1)中获得的本机 MAC 地址);

命令为:(arp or icmp) and ether host 00:E0:4c:56:76:C0。

④ 执行命令:ping 缺省路由器的 IP 地址,ping 命令如图 12-38 所示;写出①②中所执行的完整命令(包含命令行参数),③中需要设置的 Wireshark 的 Capture Filter 过滤规则,

以及解释用 Wireshark 观察到的执行④时网络上出现的结果,如图 12-39 所示。

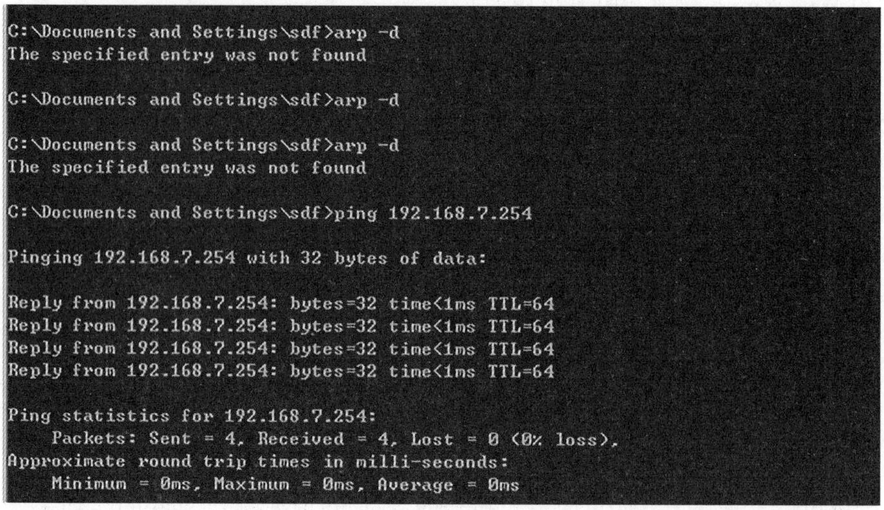

图 12-38　ping 命令

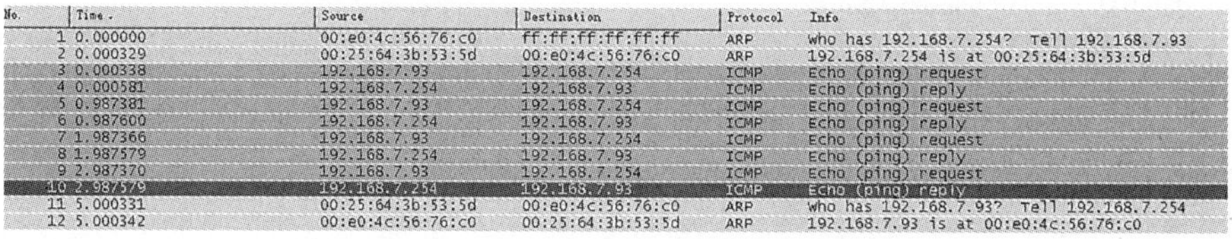

图 12-39　用 Wireshark 观察到的结果

(2) 用 Wireshark 观察 Tracert 命令的工作过程。

① 运行 Wireshark,开始捕获 Tracert 命令中用到的消息。

② 执行“tracert —d www. dlut. edu. cn”。

根据 Wireshark 观察到的现象思考并解释 Tracert 的工作原理。

过滤规则:icmp and ether host 00:E0:4c:56:76:C0。

命令为:tracert -d www. dlut. edu. cn。

Tracert 命令发送 icmp 回显报文来确定到目的节点的路径。发送的 icmp 报文有 TTL 限制,开始为 1,其后依次加 1,每个 TTL 值发送三个包,网络上当 TTL 到零时,路径上的每个节点都会返回三个 TTL 溢出报文,而当 TTL 够大,icmp 报文到达目的节点时,目的节点返回三个回显响应报文。

(3) 用 Wireshark 观察 TCP 连接的建立过程和终止过程。

① 启动 Wireshark,配置过滤规则为捕获所有源或目的地址是本机的 Telnet 协议中的包(提示:Telnet 使用的传输层协议是 TCP,它使用 TCP 端口号 23)。

② 在 Windows 命令行窗口中执行命令 “telnet bbs. dlut. edu. cn”,登录后再退出。

请设置出步骤(1)中需要设置的 Wireshark 的 Capture Filter 过滤规则:tcp port 23 and host 192.168.7.93。根据 Wireshark 所观察到的现象解释 TCP 三次握手的连接建立过程。

（4）用 Wireshark 观察使用 DNS 进行域名解析的过程。

① 在 Windows 命令窗口中执行命令"nslookup ↙"，进入该命令的交互模式。

② 启动 Wireshark，配置过滤规则为捕获所有源或目的地址是本机的 DNS 协议中的包（提示：DNS 使用的传输层协议是 UDP，它使用 UDP 端口号 53）。

③ 在提示符">"下直接键入域名 www.dlut.edu.cn，解析它所对应的 IP 地址。

④ 在提示符">"下键入命令"set type＝mx"，设置查询类型为 MX 记录。

⑤ 在提示符">"下键入域名"tom.com"，解析它所对应的 MX 记录。

⑥ 在提示符">"下键入命令"set type＝a"，恢复查询类型为 A 的记录。

⑦ 在提示符">"下键入 MX 记录的查询结果，从而查出"tom.com"邮件服务器的 IP 地址。

⑧ 在提示符">"下键入"exit"，退出 nslookup 的交互模式。

请先设置需要 Wireshark 的 Capture Filter 过滤规则：udp port 53 and host 192.168.7.93。

根据 Wireshark 所观察到的现象解释解析域名"www.dlut.edu.cn"所对应 IP 地址的过程。

参 考 文 献

[1] 吕秋云. 网络空间安全技术实践教程[M]. 西安:西安电子科技大学出版社,2017.

[2] 蔡晶晶,李炜. 网络空间安全导论[M]. 北京:机械工业出版社,2017.

[3] 黄晓芳. 网络安全技术原理与实践[M]. 西安:西安电子科技大学出版社,2017.

[4] 陈伟,李频. 网络安全原理与实践[M]. 北京:清华大学出版社,2014.

[5] 李浪,欧阳陈华,厉阳春. 网络安全与密码技术导论[M]. 武汉:华中科技大学出版社,2015.

[6] 段云所,魏仕民,唐礼勇,等. 信息安全概论[M]. 北京:高等教育出版社,2003.

[7] 郭亚军,宋建华,李莉. 信息安全原理与技术[M]. 北京:清华大学出版社,2008.

[8] 贾春福,钟安鸣,杨骏. 信息安全数学基础[M]. 北京:机械工业出版社,2017.

[9] 彭新光,王峥. 信息安全技术与应用[M]. 北京:人民邮电出版社,2013.

[10] 陈静. 基于模糊决策的云计算安全模型[J]. 现代电子技术,2017,40(23).

[11] 欧阳杰同,欧阳材彦. 信息安全、网络安全、网络空间安全的研究[J]. 信息与电脑(理论版),2018(1).

[12] 王保民. 一种基于可信计算平台的数字签名方案[J]. 河北大学学报(自然科学版),2010,30(6).

[13] 朱智强,余发江,张焕国,等. 一种改进的可信计算平台密码机制[J]. 武汉大学学报(理学版),2009(1).

[14] 朱俊,陈琳琳,朱娴,等. 面向云计算安全的无证书代理重加密方案[J]. 计算机工程,2017(8).

[15] 马李翠,黎妹红,柳贤洙. 基于云的信息安全攻防实践及竞赛平台开发[J]. 实验技术与管理,2016,33(4).

[16] [美]William Stallings. 密码编码学与网络安全——原理与实践[M]. 7版. 王后珍,译. 北京:电子工业出版社,2017.

[17] 陈家迁. 信息安全技术项目教程[M]. 北京:北京理工大学出版社,2016.

[18] [美]Bruce Schneier. 应用密码学:协议、算法与C源程序[M]. 2版. 吴世忠,祝世雄,张文政,译. 北京:机械工业出版社,2013.

[19] 张志华. 基于渗透测试的网络安全漏洞实时侦测技术[J]. 科学技术与工程,2018,18(20).

[20] 赵宇飞,熊刚,贺龙涛,等. 面向网络环境的SQL注入行为检测方法[J]. 通信学报,2016(2).